U0295540

应用型本科风景园林专业规划教材

园林树木栽培学

主　编　张祖荣

副主编　薛　梅

上海交通大学出版社

内容提要

本书是应用型本科院校风景园林专业教材。全书系统完整地介绍了园林树木的生长发育规律,园林苗木的培育,园林树林的栽植、整形修剪、土肥水管理、自然灾害防治、其他相关养护管理,以及古树名木的养护管理等知识与技能。

本书内容全面、图文并茂、案例丰富,可供高等院校园林、风景园林、园艺、城市规划、环境艺术、城乡建筑等相关专业使用,也可供园林、园艺工作者参考。

图书在版编目(CIP)数据

园林树木栽培学/张祖荣主编. —上海:上海交通大学出版社,2017(2019 重印)
ISBN 978 - 7 - 313 - 16590 - 9

Ⅰ.①园…　Ⅱ.①张…　Ⅲ.①园林树木－栽培学　Ⅳ.①S68

中国版本图书馆 CIP 数据核字(2017)第 026178 号

园林树木栽培学

主　　编:张祖荣

出版发行:上海交通大学出版社		地　　址:上海市番禺路 951 号	
邮政编码:200030		电　　话:021～64071208	
印　　制:江苏凤凰数码印务有限公司		经　　销:全国新华书店	
开　　本:787mm×1092mm　1/16		印　　张:16.75	
字　　数:410 千字			
版　　次:2017 年 9 月第 1 版		印　　次:2019 年 8 月第 2 次印刷	
书　　号:ISBN 978 - 7 - 313 - 16590 - 9/S			
定　　价:58.00 元			

版权所有　侵权必究
告读者:如发现本书有印装质量问题请与印刷厂质量科联系
联系电话:025 - 83657309

前　　言

随着我国城市建设的高速发展和人民生活水平的迅速提高，园林绿化和环境美化已成为整个社会物质文明和精神文明快速发展的标志之一。人们在节假日及每天的工作余暇，漫步于公园绿地、游览于名山大川，无不被千姿百态、琳琅满目的园林树木和万紫千红、馨香四溢的园林植物所吸引。

园林树木是园林绿化的主体材料，园林树木栽培是把园林树木应用于园林绿化工程的手段和过程，也是保持园林绿化成果、充分发挥园林树木的各种功能、保证园林绿化景观可持续发展的有效手段与措施。这项工作包括了园林树木的繁殖、栽植、管理与养护等相关技术与措施，是园林绿化工程从设计到施工过程中各个环节的专业技术人员都应掌握的一门技术，这些内容也正是本教材所要讨论和解决的问题。

尽管类似的教材已有不少，但由于各自的出发点和侧重点不同，每个版本的教材都有其特定的教学目标和服务对象。本教材则是以"培养应用型高级园林专业人才"为教学目标，以地方性、应用型本科院校的风景园林专业（或相关专业）学生为服务对象，以强调知识应用、突出技能培养为特点，基本概念和理论性知识本着"有用"和"够用"的原则，而应用性知识和技术则必须同时满足"有用、够用"和"能用、会用"的要求。

本教材由重庆文理学院张祖荣教授主编，参加编写的教师都是风景园林专业长期工作在教学一线、理论和实践经验都十分丰富的教师。具体的编写分工如下：绪论、第 3 章"园林树木的栽植"、第 8 章"古树名木的养护与管理"以及附录"我国南方地区园林树木栽植与养护管理月历"由张祖荣教授编写；第 1 章"园林树木的生长发育规律"和第 6 章"园林树木的自然灾害防治"由薛梅老师编写；第 2 章"园林树木的苗木培育"、第 5 章"园林树木的整形修剪"由张绍彬老师编写；第四章"园林树木的土肥水管理"、第 7 章"园林树木的其他养护与管理"由廖静老师编写。

本教材的策划、编写和出版，自始至终得到了重庆文理学院林学与生命科学学院的鼎力帮助和全力支持，特别是得到了谢吉容副院长全程的关心与帮助，并被列入学校"园林国家级特色专业建设"资助项目。在本教材编成出版之际，特向他们致以诚挚的谢意！

在本教材的编写过程中，由于时间较为紧迫，加之参编老师在编写水平、对相关资料的掌握程度等方面都存在差异，故此，真诚欢迎广大读者、同行与专家对其中的不足之处不吝指正，我们在此表示真诚的感谢！

张祖荣

2017 年 4 月

目　　录

0　绪　　论

0.1　园林树木栽培的概念及意义

0.1.1　概念

一般认为,园林树木是指能改善和美化环境、提供观赏、增添情趣的木本植物的总称,它是构成人类自然环境和风景名胜区、城市绿化以及室内装饰的基本材料。将各种园林树木与其他园林植物进行合理配置,辅以建筑、山石、水体等设施即可组成一个优雅、舒适、美观的园林环境,供人们休闲生活、游览观赏和陶冶情操,既丰富人们的生活,又能解除劳动后的疲劳。园林树木栽培就是按园林设计的要求将园林树木栽植到绿化地段并进行合理养护与管理的过程,是园林绿化工作最为重要的组成部分之一。

园林树木栽培学是研究园林树木的生长发育规律及园林树木的移栽定植、养护管理等相关理论与技术的一门应用学科。其涉及的知识面较为广泛,所以必须在具有相应专业基础知识的前提下才能学好这门课程。再者,由于园林树木栽培学是一门实践性很强的应用学科,所以在学习方法上要求多看、多做、多问、多想、多记。"多看"指的是多看书、多观察,了解园林树木栽培的意义、历史和现状,掌握树木栽培的理论基础与技术原理;"多做"是要求学生们在不断吸收和总结历史栽培经验与教训的基础上,注重理论联系实际,多动手实践,在实践中学习;"多问",就是要不懂就问,要善于向各种人学习,特别是那些具有实践经验的老师傅,他们多年的经验是宝贵的财富,应该虚心向他们学习,不断向他们求教;"多想"是指应该把在学习中学到的(无论是书本上的还是实践中的)理论知识和技术措施进行分析研究和归纳总结;"多记"是指在学习中把所见所闻、所思所想及时完整地记在笔记本上,从而避免边学边忘。只有这样才能在学习理论知识的同时,提高动手能力,掌握实践技术,从而培养在园林树木栽培实践中分析问题和解决问题的能力。

通过学习园林树木栽培学,一是要了解园林树木栽植与养护管理在园林建设事业中的重要作用;二是要掌握园林树木生长发育的规律和国内外园林树木栽培管护的理论原理与技术措施;三是学完本课程,应该初步具有园林树木绿化施工与养护管理实际操作和解决生产实际问题的能力。

0.1.2　园林树木的分类

通俗地讲,园林树木就是应用于园林绿化的木本植物。所以,它们的分类情况也与其他植物一样,主要是两种分类方法——自然分类法和人为分类法。

0.1.2.1　自然分类法

自然分类法就是按照树木之间亲缘关系的远近来进行分类。这种分类方法在园林树木的种类鉴定、遗传育种和嫁接繁殖等方面有着不可替代的重要作用。

0.1.2.2　人为分类法

人为分类法是指根据某一方面的需要而把植物的某些特征作为分类依据的分类方法。对园林树木而言,常用的主要有以下几种。

（1）根据树木的生长类型分为:乔木、灌木、丛木和藤木。

（2）根据树木的生长习性分为:常绿树、落叶树、半常绿或半落叶树。

（3）根据观赏特性分为:观形树、观叶树、观花树、观果树、观根树和观赏枝干的树。

（4）根据园林用途分为:孤植树、行道树、庭荫树、防护树、垂直绿化树、桩景树和绿篱绿雕塑类。

（5）根据耐寒性分为:耐寒树、半耐寒树和不耐寒树。

（6）根据对水分条件的适应性分为:耐旱树、耐湿树和耐水树。

（7）根据对光照条件的适应性分为:阳性树种、中性树种和耐荫树种。

（8）根据对土壤条件的适应性分为:耐酸性树种、耐碱性树种和耐瘠薄树种。

（9）根据对空气条件的适应性分为:抗风树种、抗有毒气体树种、抗粉尘树种和卫生保健树种（能分泌和挥发杀菌素或有益于人类的芳香物质）。

0.1.3　园林树木栽培的意义与作用

随着我国经济的迅速发展,城市人口急剧增长,人们深刻认识到城市化的急剧发展对城市环境带来的严重破坏已成为城市健康发展和人民生活质量提高的潜在制约因素。城市园林绿化作为城市环境建设中不可缺少的重要组成部分,在城市可持续发展战略的实施中发挥着重要作用。园林树木是城市园林景观中必不可少的造景要素,因此,园林树木栽培是园林绿化工作最为重要的组成部分之一。

园林树木除了具有组景、衬景、观景的景观艺术价值外,还具有明显的改善环境条件、调节局部小气候及环保抗灾的生态作用。具体来讲,园林树木栽培主要可以产生以下作用。

0.1.3.1　美化环境

树木各具优美的姿态:或冬夏长青,或婀娜多姿,或色彩鲜艳,或果实累累,具有极高的观赏价值,给城市增添了情趣,美化了环境,减少了城市建筑的生硬化和直线化,能起到建筑设计所不能起到的艺术效果。园林树木色彩变化丰富,时迁景变,不仅具有美学意义,还能使人得到休息,给人们创造安静舒适的休息环境,供广大人民工作之余享受。此外,园林树木和森林一样,还有保护各种野生动物、招引各种鸟类的作用。

0.1.3.2　改善环境条件,提高环境质量

1. 平衡大气中二氧化碳和氧气

树木在进行光合作用时能吸收二氧化碳和释放氧气,对地球上氧气和二氧化碳平衡起着重要作用。在城市环境中,由于人口的增加,氧气消耗大,二氧化碳浓度高,这种平衡更需要绿色植物来维持。据测定,1 hm² 的树林每天可吸收 1 t 二氧化碳,释放 0.75 t 氧气。

2. 净化空气,吸烟滞尘

城市绿地对城市工业和交通所排放的大量污染气体有阻挡、吸收、滞留和过滤作用。据有关专家测定,每公顷加拿大杨平均每年可吸收大气二氧化硫 246 kg,每公顷胡桃林每年可吸收二氧化硫 34 kg。二氧化硫通过 15 m 宽悬铃木林带后,平均浓度下降 53.7%。树木的树冠可截留空气中的降尘和飘尘,从而大大减少人类疾病。据测定,绿化林带或树丛比没有绿化的空旷地降尘量减少 23%~52%,飘尘量减少 37%~60%。因此,园林树木和其他园林绿化植物一起称为城市中消除粉尘污染的"过滤器"。

3. 减弱噪声

噪声污染是城市特有的一种无形污染。城市中的噪声主要来自工厂、建筑工地、机械车辆及人为喧哗等,这些噪声既影响人们的生活,又损害人类的身心健康。研究表明,在没有植被覆盖的嘈杂街道上,噪声强度比很好地覆盖了树木的街道高 5 倍以上。在沿街建筑与街道之间,营建一条宽 5~7 m 的绿化林带,能够明显减轻车辆发出的噪声。测定表明,在一个结构合理的 9 m 宽绿化林带周围,噪声实际有效降低 11~13 dB,而 35 m 宽的绿带能够让噪声降低 25~29 dB。因此,园林绿化是减弱噪声的"消声器",可以减弱和避免噪声对居民的干扰。

4. 改善城市小气候

研究表明,市区气温通常比有大量植被覆盖的郊区高 2~5℃,出现"城市热岛"效应。而园林绿地中树木枝叶形成的浓荫覆地,直接遮挡来自太阳的辐射热,而且也阻隔了来自地面、墙面和其他相邻物体的反射热。同时,城市绿化地段有强烈蒸散作用,它可消耗太阳辐射能量的 60%~75%,因而能够有效地调节气温,起到冬暖夏凉的作用。树木利用叶面来蒸发水分,不但可以降低自身的温度,同时还可以提高周围的空气湿度。因此,夏季绿地附近的气温比没有植被覆盖的地区低 3~5℃,植被覆盖区内的建筑物气温可降低 10℃左右。

0.1.3.3　具有生产功能

有许多园林树木既有较高的观赏价值,又能产生一定的经济效益。园林苗圃在运营过程中,通过有计划的新品种选育、科学繁殖、栽培与管理,可生产优良的绿化产品,这些产品运用于各种园林绿地中,对园林景观的改善产生很大作用。如当今园林行业中各种类型的苗圃、花圃、苗木生产基地、花木公司等,均以生产苗木而营利。因此园林树木栽培毋庸置疑地会产生一定的经济效益。此外,有些植物的枝、叶、花或果实是药用、食用或工业用原料,如厚朴、铁线莲、红豆杉、杜仲等都是有名的药用植物;核桃、板栗、榛、香榧、香椿都是食用植物;漆树、山核

桃、青钱柳、麻栎、栓皮栎等都是工业用植物；乌桕、山桐子、油桐、毛来、光皮树等都是重要的能源植物。

0.2　我国园林树木栽培的历史及近况

0.2.1　栽培历史

我国园林树木栽培具有悠久的历史。古代人们最早栽培的主要是具有经济价值的果树以及桑树、茶树等树木。早在《诗经》中就记载了桃、李、杏、梅、榛及板栗等经济树木的栽培。当时的栽培目的主要是为了食用，同时也能起到遮荫、纳凉、观赏等作用。至秦代，已有主持山林之政令者，称"四府"，兼司栽植宫中与街道的园林绿化树木。西汉盛世，园林树木栽培有了很大发展，汉武帝营建的上林苑别宫，种植了大量的奇花异草、珍贵树木。

北魏贾思勰著的《齐民要术》是中国现存最早、最系统的农学专著，也是世界科技史上最宝贵的农学文献之一。书中说道："凡栽树正月为上时，谚曰：正月可栽大树，言得时则易生也。二月为中时，三月为下时。然枣鸡口，槐兔目，桑虾蟆眼，榆负瘤，散自余杂木鼠耳、虻翅各其时。此等名目，皆是叶生形容之所象似。以此时栽种者，叶皆即生。早栽者，叶晚出。虽然大率宁早为佳，不可晚也。"意思是说，移植树木以正月为上时，农谚说"正月可移大树"，就是说，只要适时便易成活。二月为中时，三月为下时。但当枣树芽像鸡嘴时，槐树芽像兔子眼时，桑树芽像虾蟆眼时，榆树芽像小瘤时，其余杂树芽分别像鼠耳或虻翅时，它们都到了适于移栽的时候了。这些名目都是按叶芽发育时的形象称呼的。在此时移栽的，叶就发生得早。移栽早了，叶就发生得晚，但宁可早栽，切勿太晚。

唐代是我国园林发展的繁盛期，出现了各种奇花异草、珍稀花木，说明当时的栽培技术已经相当成熟。柳宗元在《郭橐驼传》中介绍了一位驼背老人种树的经验，即"能顺木之天以致其性""其本欲舒，其培欲平，其土欲故，其筑欲密，既然已，勿动勿虑"。意思是说，种树要根据树木本身的习性，并要尽量满足其习性的要求，栽种树木时根系要舒展、培土要均匀、根上带旧土、覆土要紧密，这样种好后就不要再去随意动它。

明代《种树书》中除了介绍大量树木的作用和栽培技术外，还专门详细介绍了种植竹子的技术措施。"种竹无时，雨过便移，多留宿土，记取南枝"，就是说趁雨后移栽，根上要多带原土，还要记住阴阳面，但在冬至前后各半月不能移种，因为天气寒冷不能成活。明代王象晋的《群芳谱》，除了详细介绍大量树木的形态特征外，还记载有不少树木的栽培方法。

清代汪灏的《广群芳谱》，把植物分为桑、麻、蔬、茶、花、果、竹、卉、药等各个谱系，园林树木则被分列于花、果、木、竹四大谱系之中，记述详细明了，体例清晰醒目，为后人的学习与研究做出了不小的贡献。清代后期，尤其是清末，随着外来园林文化的输入，在中国园林树木资源严重外流的同时，客观上为我们引进了国外的一些优良的园林树木品种和先进的栽培管理技术。

0.2.2　发展近况

中华人民共和国成立以后，我国的园林事业不断发展，从园林绿化的机构建设到人才培养以及园林树木和其他园林植物的栽培管理都得到了较好的发展。"绿化祖国"的号召促使园林树木的引种、栽培得到重视,观赏栽培得以恢复。1949—1952年,全国各个城市在园林绿化方面都在大兴土木,或提升改造旧有公园绿地,或开辟绿地重新建设公园,同时积极发展苗圃,大量育苗,为以后的园林绿化建设准备物质基础。1958年,中央提出实现大地园林化,园林树木得以广泛栽培和应用,如北京市在当年新植树木944万株,比过去9年植树总数还多。1959年建国十周年,北京完成了天安门广场、首都机场干道和"十大建筑"的绿化任务,栽植了大量40~50年生的油松大树,绿化效果十分显著。

20世纪七八十年代,园林部门对城市树木生长衰老的原因开展细致研究,提出城市园林树木由于人为的践踏、车辆的碾压、地面的铺装及地下侵入体等诸多原因,造成土壤孔隙度降低、通气不良,致使树木生长势下降,出现衰老。为了解决土壤通气问题,园林部门进行了大量的科学研究,研制出多种透气的铺装材料及防止土壤孔隙度降低的技术措施。同时注意到树木的营养问题,采用土壤分析和叶面分析的方法准确地了解衰老树木的营养状况。复壮技术也有很大的进步,不仅给树木进行土壤施肥和叶面喷肥,同时还研制出了给树木打针输液的技术。这种技术既给树木输入了急需的营养,还可以同时输入防虫治病的农药,提高了病虫害防治效果。在老弱树的复壮措施方面,不仅施入无机肥料,更重视施用有机肥,同时增施复壮剂、菌根剂、微量元素等。

大树移栽方面进展更快。因移植大树需要较高的技术水平和较多的经费,过去只有少数重点工程才移栽大树,而且大多数采用软材包扎进行移栽。现在为了加速绿化的步伐,尽快呈现绿化景观效果,应用大树进行绿化、美化环境已是很普通的事情。包扎的材料也有很大的改进,软材包扎不单纯用草绳和草席,很多地方应用麻绳和塑料布或用铅丝网进行包扎移植,效果很好,这种包扎材料可以反复利用,节省费用。在木箱包扎移栽大树方面,上海市绿化局作了很大的改进,为了节省木料,简化包扎手续,采用预制铁板包扎移植大树。这一改进,不但节约了木材,同时也提高了移植的速度和成活率。

为了提高园林树木的栽植成活率和养护管理水平,园林部门自己研制或引进了很多先进有效的技术措施,如容器育苗技术、抗蒸腾(干燥)剂的使用、测土配方施肥方法、微孔缓释施肥技术、新型高效低毒农药的使用、生物防治技术等。

尽管我国园林部门在园林树木栽培方面取得了较为显著的成绩,但由于种种原因,存在不足也在所难免,主要表现在以下几个方面。首先,在观念上只注重种植而忽视养护,平时养护工作不够规范。在许多园林绿地中,我们常常看到新栽的树木不能存活,取而代之的是补栽的小苗或荒芜裸地,这不仅破坏了原先的设计效果,还造成了重大的经济损失。其次,许多技术人员缺乏扎实的专业知识或实际工作技能。例如,南京市某学校几年前引栽一批香樟大树,刚开始树体生长较好,绿色浓荫,而不久后就病入膏肓、垂死挣扎。究其原因,是植株在移植前就已有病害,而专业人员在选苗时没注意,或全然不知,导致无法挽回的损失。312国道南京至镇江段几年前新栽了一批香樟树,这批苗木在短期内大量死亡,最后几乎全军覆没,正是由于栽植技术不规范导致的结果。再次,高、精、尖技术在园林树木栽培中应用稀少。当前,城市绿地建设中经常需要在一些特殊、极端的立地条件下栽植和培养园林树木,常规的栽植及养护技术已不能满足其要求,这就要求园林树木栽植技术的研究领域朝更高更新更尖的方向发展,如园林树木的安全性管理、预警系统、植物问题诊断及对策等,同时在苗木培育、大树移植、古树修复、反季节栽植等方面的栽植技术也有待提高。

0.3 园林树木栽培技术的研究热点

0.3.1 育苗技术

苗木是园林绿化的物质基础,它的供应数量影响着绿化植树工程的规模和工期,其质量的好坏、规格的大小则直接影响着栽植的成活率和栽后的绿化效果。所以,苗木生产一直是园林绿化中最为基础、也是最为重要的一个环节。近年来,为了满足迅速扩大的园林苗木市场的需求,育苗技术随之得到了快速的发展和提高。目前,发展较为成熟、效益比较明显的主要有以下几种。

0.3.1.1 容器控根快速育苗

该技术是一种以调控植物根系生长为核心的新型育苗方法,它由控根育苗容器独特的设计原理和专用育苗基质的科学配方,以及辅助控根培育管理技术组成。与普通育苗技术相比,育苗周期平均缩短50%左右,后期管理工作量减少50%~70%,苗木侧根的总数可以增加20~30倍,并且彻底解决了大苗全冠移栽的季节限制和成活率低下的技术难题,被誉为"可移动的森林"。

0.3.1.2 全光照自动间隙喷雾扦插育苗

这种技术能充分利用自然界的光能、热能资源,自动化程度高、管理简便,且密度大、易生根,产量高、速度快,成本低、见效快,不仅有效地解决了许多价值大、难生根的优良品种的扦插繁殖问题,还大大缩短了优良苗木的培育周期,经济效益和社会效益都十分可观。

0.3.1.3 高位嫁接改冠换头育苗

在园林绿化中,运用大规格的彩叶树种(如红继木)和观花树种(如樱花)进行绿化和美化,可以立竿见影地迅速发挥园林树木的生态功能和景观效果,达到立即成型、成景的绿化和美化目的。但由于受园林树木,特别是乔木树种自身生长特性的限制,运用播种、扦插、压条等繁殖方法培育大规格苗木时,育苗周期过长,从而严重影响了这些树种在园林绿化中特殊作用的发挥以及新建园林景观的品质和档次。针对这种情况,就可采用高位嫁接的方法来改换原来的普通树冠,彻底改变和提高树冠的观赏性,迅速满足园林绿化对它们的特殊要求。这种技术最先用于果树的高接换种,后来才应用到园林育苗上。

0.1.3.4 工厂化无土育苗

工厂化无土育苗是指不用土壤,用珍珠岩、蛭石、岩棉、矿棉等人工或天然无土栽培基质来进行的机械化、规模化、集约化育苗。这种方法不仅可以减少劳动强度、不受季节限制、缩短育苗时间,更重要的是有利于苗木的根系发育,还能明显提高移植成活率、加快生长发育和减少病虫害发生。

0.1.3.5 组培工厂化育苗

这种育苗方法就是把植物组培技术和工厂化育苗相结合,除了具有工厂化育苗的所有优点外,还具有植物组培技术独特的优势,主要包括繁殖增倍最大化、培育去病毒幼苗、能尽量保持母本的优良性状等几个方面。这些优势在防止病毒病的传染和挽救珍稀濒危植物方面,有着不可替代的重要作用。

0.3.2 特殊立地环境的树木栽植

随着我国城市化进程的加快和园林绿化事业的迅速发展,目前的园林树木栽植范围早已不再局限于城市公园和小区绿地,而是广泛涉及盐碱地、干旱地、铺装地面、无土岩石地、道路和桥梁边坡、屋顶等特殊立地环境。因此,如何攻克特殊立地植物栽植技术难关,是急待解决的问题。

1991 年全国盐碱土绿化开发协作组成立,该机构就如何利用和改良盐碱土进行了广泛研究。山东省德州市盐碱土绿化研究所探索出微区改土绿化方法,并成功研制盐碱土绿化专用肥,填补了国内没有盐碱土绿化专用肥的空白。

由于全球气候变暖,加上人们对城市自然地理水文的人为破坏,自然气候因素和人为影响因素引起的干旱地越来越多。中国有着历史悠久的抗旱栽培经验,为园林绿化抗旱栽培提供了丰富的经验借鉴。目前,我国的园林工作者在园林植物的抗旱机理、抗旱驯化、选择标准以及栽培管理技术等方面都取得了较为突出的成绩,特别是环保高效、经济实惠的新型保水剂的研发和应用,成为园林植物抗旱栽培技术研究的重点和热点。

为了方便城市居民的生活,铺装地面成为城市园林中不可缺少的一部分。受我国城市发展的水平所限,城市地面铺装多为没有透性的水泥铺装或沥青铺装。这种地面铺装阻碍了土壤与大气的气体交换,并使雨水从地表流失,大大减少了对树木根系氧气与水分的供应,还会减少土壤微生物及其活动,导致树木根系代谢失常、功能减弱,降低树木的生长势,严重时会引起植株死亡。因此,在园林绿地采用通气透水性铺装已经成为共识。怎样的铺装材料和铺装方法才能同时满足良好的通透性、长久的牢固性、明显的舒适性、应用的便捷性和费用的廉价性等诸多特点,正是园林工作者们努力的方向。

国外早在 17 世纪中叶就开始岩生植物的研究和应用。国内在这方面的起步较晚,发展更慢。我国第一个岩石园是由陈封怀先生于 20 世纪 30 年代在庐山植物园创建,但后来几乎处于停滞不前的状态,直到进入 21 世纪后,随着我国园林绿化事业的蓬勃发展,才又引起了人们的注意。我国是一个多山多岩的国家,具有非常丰富的岩生植物资源可供开发利用,岩石园的建设为它们的引种驯化和应用展示提供了有利的场所和难得的机会。同时,许多耐干旱、耐寒冷、耐瘠薄的岩生植物,经过引种驯化后还能在园林绿化中发挥更好的作用。因此,在岩生植物的调查摸底、引种驯化、园林应用及栽培管理等方面都还有大量的工作值得我们去探索和尝试。

随着城市化进程的快速推进和我国交通事业的蓬勃发展,公路、铁路及城市建设日新月异,加之我国是一个多山国家,许多公路、铁路、港口、机场以及各级各类的城镇都建在山区。这样的基建工程必然会有大量土石方的开挖和填砌,带来大量的裸露边坡,不仅破坏了原有生态环境,导致水土流失,还会为地质灾害留下安全隐患。为此,边坡绿化发展迅速,形成了一些边坡绿化特有的栽培管理方式,如植生袋法、等离子喷播技术、挂网客土喷播技术、厚层基材技术(TBS)、植被混凝土技术、喷混植生技术等。但针对一个特定自然环境和人文背景下的具体边坡,究竟采用什么样的绿化技术,才能让它们的工程功能、生态功能和观赏功能充分发挥,是需要我们广大园林工作者去不断探索和尝试的。

由于屋顶绿化不仅可以增加城市绿地面积,还能增强屋顶的隔热效果、隔音作用和蓄水作用,因此屋顶绿化也是目前园林绿化发展的一个热点,但同时也有不少等着我们去探索和克服的技术难点。近年来,对轻型屋顶绿化栽培基质的研究已取得不错的进展,屋顶绿化栽培基质的发展越来越趋向于有机与无机材料的配合使用,以及对工农业废弃物的资源化再利用;同时,为了解决屋顶绿化的排水和节水问题,美观大方、节能实用的屋顶水分循环系统越来越受到人们的追捧。

0.3.3　施肥方法

测土配方施肥是以土壤测试和肥料田间试验为基础,根据植物的需肥规律、土壤供肥性能和肥料效应,在合理施用有机肥料的基础上,提出氮、磷、钾及中、微量元素的施用数量、施肥时期和施肥方法。这种施肥方法除了应用于农田作物上,还可用于园林树木的栽植上。我国测土配方施肥工作始于20世纪70年代末的全国第二次土壤普查。首先,农业部土壤普查办公室组织了由16个省(市、自治区)参加的"土壤养分丰缺指标研究",其后农业部开展了大规模配方施肥技术的推广。1992年组织了UNDP平衡施肥项目的实施,1995年前后在全国部分地区进行了土壤养分调查,并在全国组建了4 000多个不同层次的多种类型土壤肥力监测点,分布在16个省的70多个县,代表20多种土壤类型。国外土壤测试技术于20世纪30年代初有了明显的发展,主要建立了土壤有效养分的浸提和测定方法,同时还建立了土壤有效磷测试方法。美国在20世纪60年代就已经建立了比较完善的测土施肥体系,每个州都有测土工作委员会,负责相关研究、校验与方法制定。目前,美国配方施肥技术覆盖面积达到80%以上。此外,在树木施肥方面目前已研制了微孔注射平衡施肥法、微孔缓释袋施肥法、Jobes树木营养钉施肥法等。

0.3.4　大树移植技术

0.3.4.1　树木移植机的应用

树木移植机是20世纪60年代在美国首先出现的一种新型植树机械,可分别移植直径为5~25 cm的各种树木。1979年北京市园林局引进了一台美国大约翰(Big John)树木移植机,随后北京林业大学等单位研制出比较适合我国国情的悬挂式直铲树木移植机。树木移植机的应用可明显减小树木的死亡率、减少移植每株成活苗木的费用、提高劳动生产率、改善作业条件、延长苗木的移植作业时间。

0.3.4.2　地下支撑技术的应用

对于规格较大的乔木,仅凭地上部分的传统支撑桩无法抗拒夏季台风的侵袭,目前已开发出一套地下支撑技术以达到对大树整体的固定。这一支撑系统是将置于土球底部的金属骨架底座打入种植穴侧壁或底部,并对其上的土球进行连绑固定,使土球与金属骨架底座紧密连为一体,共同抵御树木地上部分所受的侧向风力,因此具有较高的稳定性。

0.3.4.3 抑制蒸腾剂的应用

抑制蒸腾剂可以减弱树体蒸腾作用,减少水分散失,提高大树移栽成活率。尤其在温度高的季节,树体蒸腾作用强,水分散失快,通过整株喷施,能有效防止树体脱水。

0.3.4.4 输液促活技术应用

大树移植时,如果采用树干注射器注射、喷雾器压输、挂输液瓶输导等树体内部给水的输液新技术,可解决移植大树水分供需矛盾,从而促进其成活。

0.3.4.5 菌根生物技术应用

根据植物根分泌物能促进菌根真菌萌发和生长的原理,研发了截根菌根化育苗和栽植技术。有些树种如松树、橡胶树等在没有外生菌根菌的立地上移植后生长不良甚至死亡,但在其根部接种菌根菌后,成活率得到很大提高。

0.3.5 古树保护与复壮

古树是悠久历史与文化的象征,素有"绿色活化石""绿色文物"的美誉。它见证着环境与历史的变迁,承载着历史、人文与环境的信息,是不可再生、不可替代的活文物,具有很高的历史文化价值、科学研究价值和园林景观价值,被人们称为"活的里程碑",成为一个特定地点和历史的标识。保护和利用好古树,不仅在自然科学和社会科学研究领域,而且在城市建设、传统文化传承以及旅游景观开发等方面都有十分重要的现实意义和深远的战略意义。

尽管我国的古树保护与复壮工作一直都在进行,但由于受到科技水平和经济实力的限制,长期以来没有取得明显的突破,直到改革开放后的 20 世纪末,这种状况才有了显著的改变。特别是进入 21 世纪以来,古树保护与复壮工作得到了前所未有的重视与发展。2009 年,古树保有量最多的北京市政府颁布了我国第一个古树保护与复壮的地方标准——《DB11/T632—2009:古树名木保护复壮技术规程》,给古树保护与复壮工作提供了基本的技术保障。此外,在广大园林工作者的共同努力下,近年来,在古树衰老的原因分析、古树保护与复壮的技术创新等方面都取得了可喜的突破,如应用探地雷达探测古树根系分布和生长情况,复壮树笼的综合运用,复壮基质的选择与配置等。但由于古树保护与复壮工作涉及植物生理、树木栽培、环境保护、地质水文等众多学科的知识和技术,所以值得我们去探索和尝试的东西还很多很多。

0.3.6 化学整形技术的应用

园林树木的整形不仅可以美化外形、提高观赏价值,还有调节生长发育、改善生长环境、防止病虫发生以及消除安全隐患等诸多重要作用,也是园林树木栽培中一项十分重要的常规工作之一。一方面,由于是常规工作,经常要做,所以工作量很大;另一方面,又由于其重要性和专业性,所以对技术要求较高。因此,找到一种节约高效的整形技术是人们长期追求的目标。利用生物化学物质对植物生长发育的调节作用,来达到植物整形目的的化学整形技术的应用,在一定程度上实现了人们在植物整形工作中追求节约高效的目标。但化学整形就像化学除草一样，具有非常明显的双面性，科学合理的使用可以大大地节约资源、提高效益；一旦使用不当，造成的损失也是灾难性，有时甚至于是毁灭性的。因此，化学整形剂的发现与发明、筛选与配置以及使用对象和使用过程中各个环节的技术规范与标准，都有赖于我们去不断地试验和摸索。

0.3.7 其他方面

进入 21 世纪以来，科学技术的发展日新月异，学科与学科之间、行业与行业之间的相互交叉、相互支持和相互促进更加明显。在这种情况下，由于相关学科和行业在基础理论和实践技术两个方面的支持和促进，在园林树木栽培方面也出现了一些新理论和新技术，如"生态园林系统"理论、"海绵城市"理论、"互联网＋"技术、无人机技术、遥感灾害预警技术等。这些新理论和新技术的出现，必将给本学科和本行业带来新的发展动力和发展机遇。

1 园林树木的生长发育规律

生长是一切生理代谢的基础,发育必须在生长的基础上才能进行。生长发育一方面受遗传基因的制约,另一方面与外界环境条件有着密不可分的联系。不同园林树木种类具有不同的生长发育规律,不同种和不同品种的园林树木在整个生长发育过程中对环境条件的要求也不同。只有在充分了解植物自身生长发育规律的前提下,根据园林树木在不同生长发育阶段的特点采取适当的栽培手段和养护措施,才能达到预期的生产与应用目的。

1.1 园林树木的生命周期

园林树木的生命周期是指树木从形成新的生命体开始,经过多年的生长、开花或结实,出现衰老、更新,直到树体死亡的整个时期。它反映了树木全部生长发育的过程。树木的生长发育既受树木遗传特性的控制,也受外界环境的影响。树木是多年生植物,其整个生命周期中,不但受一年中季节性气候变化的影响,还会受到各年份的温度、湿度等因子变化的影响。

1.1.1 树木的生命周期

树木一生中生长发育的外部形态变化呈现出明显的阶段性。植物体从产生合子开始到个体死亡这一生命过程中,经过胚胎、幼年、青年、成年、老年的变化,这种年龄阶段的表现过程称为"生物学年龄时期",也称"生命周期"。

在树木栽培中提到的个体,严格地说,是有性繁殖的实生单株。这样的单株都是经历由合子开始至有机体死亡的过程,苗木培育中称为实生苗。在苗木繁殖中,也可从母体植株上采取营养器官的一部分,采用无性繁殖方法繁殖形成新植株。这类植株是母体植株相应器官和组织发育的延续,可叫做无性或营养繁殖个体,也称为营养繁殖树。

因此,在树木中存在着两种不同起点的生命周期。一种是起源于种子的实生树的生命周期,另一种是起始于营养器官的营养繁殖树的生命周期。

1.1.1.1 实生树木的生命周期

实生树的生命周期包含了植物由合子开始至个体死亡的生命周期的全过程。根据个体发育状态,可以将实生树木的发育周期分成五个不同的发育阶段。

1. 胚胎期

胚胎期是从卵细胞经受精作用形成合子开始,到胚具有萌发能力并以种子形态存在,至种子萌发时为止的这段时期。胚胎期可以分为前后两个阶段:前一阶段是从受精作用到种子形成,此阶段是在母体植株内,借助于母体植株预先形成的激素和其他复杂的代谢产物发育成胚,并进行营养积蓄,逐渐形成种子;后一阶段是种子脱离母体到开始萌发这一时期。前一阶段对植物物种的繁衍具有极大的意义,种子的形成过程是植物体生命过程中最重要的时期。在这个时期,胚内将形成植物物种的全部特性,这种特性将在以后由种子发育成植株时表现出来。种子在完全成熟脱离母体之后,即使处于适宜的环境条件下,一般并不发芽而呈现休眠状态。这种休眠状态实际上是在系统发育过程中形成的一种适应外界不良环境条件、延续种子生存的特性。由于树种的不同和原产地的差异,其休眠长短也千差万别,也有少数树木种子无休眠期,如枇杷、柑橘、杨树和柳树等。

2. 幼年期

幼年期是从种子萌发形成幼苗到具有开花潜能(有形成花芽的生理条件,但不一定开花)时为止的这段时期。它是实生苗过渡到性成熟以前的时期,也是树木地上、地下部分进行旺盛的离心生长的时期。这段时期,树木在高度、冠幅、根系长度和根幅方面生长很快,体内逐渐积累起大量的营养物质,为从营养生长转向生殖生长打下基础。俗话说"桃三杏四李五年",就是指不同树种幼年期长短的差异。一般木本植物的幼年阶段需要经历较长的年限才能开花,且不同树种或品种也有较大的差异。如有的紫薇、月季、枸杞等当年播种当年就可开花,幼年阶段不到一年;而梅花需 4～5 年;松树和桦树需 5～10 年;核桃除个别品种只需 2 年外,一般为5～12年;银杏 15～20 年;而红松可达 60 年以上。在这一阶段完成之前,采取人为任何措施都不能诱导开花,但可以通过育种或采取一些措施来缩短。

至今还没有明确的形态和生理指标来表示幼年阶段的结束。有些学者认为,幼年期树木的形态结构指标比用树木有无开花能力来判别要实用得多。而在各种植物中,幼年的形态表现能提供更有意义的有关幼年期的判断特性。例如,与成年树相比,幼年期的叶片较小、细长,叶的边缘多锐齿或裂片,芽较小而尖,树冠趋于直立,生长期较长,落叶较迟,扦插容易生根等;还有些树种,如柑橘、苹果、梨、枣、光叶石楠、刺槐等,可明显表现出多刺的特性;栎类(如栓皮栎、板栗、水青冈等)的一些幼年树会待到来年春天发芽时落叶。在这一时期,树冠和根系的离心生长旺盛,光合和呼吸面积迅速扩大,开始形成树冠和骨干枝,逐步形成树体特有的结构,同化物质积累逐渐增多,为首次开花结实做好形态上和内部物质上的准备。

幼年期的时间长短因树木种类、品种类型、环境条件及栽培技术而异。如在干旱、瘠薄的土壤条件下,树木生长弱,幼年阶段经历的时间短,可提前进入成熟阶段;反之,在湿润肥沃的土壤上,营养生长旺盛,幼年阶段较长;空旷地生长的树木和林缘受光良好的树木,第一次开花的年龄要比郁闭林区内或浓荫中的树木早。

在幼年期,园林树木的遗传特性尚未稳定,易受外界环境的影响,可塑性较大。所以,在此期间应根据园林建设的需要搞好定向培育工作,如养干、促冠、培养树形等。这一期间的栽培措施是加强土壤管理、充分供应水肥,促进营养器官健康而匀称地生长。轻修剪、多留枝条,使其根深叶茂,形成良好的树体结构,制造和积累大量的营养物质,为早见成效打下良好的基础。对于观花、观果树木则应促进其生殖生长,在定植初期的 1～2 年中,当新梢生长至一定长度后,可喷布适当的抑制剂,促进花芽的形成,达到缩短幼年期的目的。园林中的引种栽培、驯化也适宜在此时期进行。

3. 青年期

青年期是指树木生长经过幼年期生理状态以后,具有开花的潜能而尚未真正成花诱导的一段时期,至开花、结果的性状逐渐稳定时为止,也可称为过渡阶段。当树木营养生长到一定阶段,才能感受开花所需要的条件,也才能接受成花诱导,如接受人为措施的成花诱导(如环剥、使用生长调节剂等)。青年期树木的离心生长仍然比较快,生命力亦很旺盛,但花和果实尚未达到本品种固有的标准性状。此时期树木能年年开花结实,但数量较少。

青年期的树木遗传性已渐趋稳定,有机体可塑性已大为降低,所以在该期的栽培养护过程中应给予良好的环境条件,加强肥水管理,使树木一直保持旺盛的生命力,加强树木内营养物质的积累。花灌木应采取合理的整形修剪,调节树木长势,培养骨干枝和丰满优美的树形,为壮年期的大量开花结实打下基础。

为了使青年期的树木多开花,不能采用重修剪,过重修剪会从整体上削弱树木的总生长量,减少光合产物的积累,同时又会在局部刺激部分枝条进行旺盛的营养生长,新梢生长较多,也会大量消耗贮藏养分。故应当采取轻度修剪,在促进树木健壮生长的基础上促进开花。

4. 成年期

此期为树冠及开花、结实的稳定期。在成年期,树种或品种的性状得到了充分的表现,并有很强的遗传保守性。故在苗木繁殖时应选用成年期的植株做母树最好。在正常情况下,这个阶段树木可通过发育的年循环而反复多次开花结实。这个阶段经历的时间最长,如板栗属、园柏属中有的树种成年期可达 2 000 年以上;侧柏属、雪松属可经历 3 000 年以上;红杉甚至可超过 5 000 年。这类树木个体发育时间特别长的原因在于其一生都在生长,连续不断地形成新的器官,甚至在几千年的古树上还可以发现几小时以前产生的新梢、嫩芽和幼根。但是木本植物达到成熟阶段以后,由于生理状况和环境因子可以控制花原基的形成与发育,也不一定每年都开花结实。尽管如此,但对于栽培目的来讲,成年期时间仍然是愈长愈好。

树木在成年期的后期易出现园林树木结实间隔期,即大小年现象。隔年开花结果现象是果树和采种母树经常发生的现象,就是今年结果多,第二年结果少,果树上称为"大小年现象"。造成隔年开花结果现象的原因很多,主要是营养和激素平衡问题,同时与外界环境条件(风、雨、雹和病虫害等)和栽培技术有密切关系。例如,果树今年花芽形成很正常,可在翌年春天开花时遇到了暴风雨,花受到了损害,结果很少,成为小年;而下一年因前一年结的果少,消耗的营养少,营养物质积累多,又没有遇到不利的环境影响,所以结的果多,成为大年。大小年现象如果不加以解决,会恶性循环。

需要指出的是,结实间隔期并不是树木固有的特性,也不是必然的规律,因此可以通过加强管理,改善营养、水分、光照等环境条件,克服病虫害等自然灾害,协调树木的营养生长和开花结实的关系,以消除或减轻大小年现象,获得花果高产稳产。

5. 老年期

此期树冠逐渐缩小,开花、结实量也逐渐减少,树势下降最后直至死亡。实生树经多年开花结实以后,营养生长显著减弱,开花、结果量越来越少,器官凋落,枯死量加大,对干旱、低温、病虫害的抗性下降,从骨干枝、骨干根逐步回缩枯死,最后导致树木的衰老,逐渐死亡。树木的衰老过程也可称为老化过程。其特点是骨干枝、骨干根由远及近大量死亡,开花结果越来越少,枝条纤细且生长量很小,树冠更新复壮能力很弱,抵抗力降低,树体逐渐衰老死亡。

针对老年期,在栽培技术管理上,应视栽培目的的不同采取相应的措施。对于古树名木来说,应采取施肥、浇水、修剪等各种更新复壮措施,延续其生命周期。对于一般花灌木来说,可以萌芽更新,也可以砍伐重新栽植。

1.1.1.2 营养繁殖树的生命周期

选取树体上一定部位的枝条、根段、芽和叶束等,通过扦插、嫁接等无性繁殖的方法,也可培育成许多独立的营养繁殖树。

营养繁殖起源的植物,没有胚胎期和幼年期(或幼年期很短)。因为用于营养繁殖的材料一般都已通过幼年期(从幼年母树或根蘖上取的除外),因此没有性成熟过程,只要生长正常,环境适宜,就能很快开花,一生只经历青年期、成年期和衰老期。

1.1.2 树体发育阶段

1.1.2.1 树体发育阶段的空间特点

树木是多年连续生长的木本植物,它的发育是随着植株的细胞分裂、伸长和分化逐渐完成的。不同的阶段,要满足树木一定的条件,才能使生长的细胞发生质的变化。这种变化只限于生长点,而且只能通过细胞分裂传递,并在生长发育过程中由一个发育阶段发展到另一个发育阶段。由此可见,由于发育阶段具有的局限性、顺序性及不可逆性的特点,使得树木不同部位的器官和组织可能存在着本质差异。成年的实生树越靠近根颈部位年龄越大,阶段发育越年轻;反之,离根颈部位越远则年龄越小,阶段发育越老。

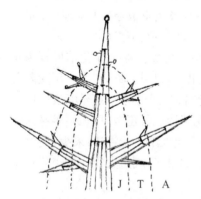

图 1-1 实生果树的阶段分区
A 成年区 T 转变区 J 幼年区

在果树树体或树冠范围内根据发育进程和生理、形态的特点,可以分为幼年区、转变区(过渡区)和成年区(见图1-1)三部分。通常以花芽开始出现的部位作为幼年阶段过渡的标志。最低花芽着生部位以下空间范围内不能形成花芽的区域称为幼年区,即树冠下部和内膛枝条处于幼年阶段的范围。在这个范围内,枝、叶和芽等器官表现出幼年特性。

实生树幼年阶段发育完成后就具有了成花潜能,已经能够进入成年阶段而开花,但幼年阶段结束和第一次开花有时是一致的,有时是不一致的。当不一致的时候,其中那个插入的阶段称为过渡阶段。这样,在树冠范围内也形成了一个转变期(过渡区)。现在一般以第一次开花来鉴定幼年阶段结束的依据,转变区与幼年区并没有明显的界限,因此过渡阶段很难从幼年阶段区分出来。同时,有些实生树在具有开花能力时,还表现出某些幼年或过渡的特征,有些则可能表现成年型特征。

成年实生树上最下部花芽着生部位以上的树冠范围,即树冠的上部和外围是成年区。已

度过幼年阶段发育而开花结果的部位称为成年区或结果
区,说明实生树已完成幼年阶段的发育,已达到性成熟,具
备了生理成熟的条件,可以形成花芽、开花结果。已经进
入成年阶段的树木,在合适的外界条件下,随时可以开花
结实。

在树木生长发育的过程中,具有分裂能力的分生组织
可重复产生新的细胞、组织和器官,只要不因其他因素致
死,它们是不会死亡的。但是把树木作为一个整体,则不
会永远处于幼龄状态,而是会通过不同发育阶段逐渐成熟
和衰老的。因而一棵实生成年大树的发育阶段,是随其离
心生长的扩展逐渐完成的。树体的不同空间也就有不同
的发育阶段(见图1-2)。

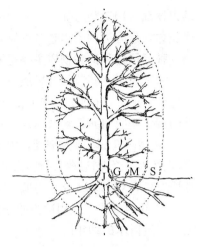

图1-2　树木生长发育阶段分区
J 幼年阶段　G 生长阶段
M 成熟阶段　S 开始衰老阶段

营养繁殖树的树体发育阶段分区因其繁殖材料取自
实生树的不同部位或不同发育阶段的不同而不同。营养
繁殖树在成活时如果就具备了开花的潜能,虽然要经过一
定年限的营养生长才能开花结实,但已形成整株成年区或结果区,达到性成熟,具备了生理成
熟的条件,可以形成花芽、开花结果。利用年轻的实生的幼树或成年植株下部的幼年区的萌
条、根蘖条繁殖形成的新植株,因其发育阶段同样处于幼年阶段,所以这种营养繁殖树的树体
发育阶段分区与成年实生树的相似。

如何缩短实生树的幼年阶段,加速性成熟过程以及维持成年阶段和延缓老化(或衰老)过
程,是树木栽培者和育种工作者的重要任务之一。

1.1.2.2　缩短幼年阶段和延长成年阶段的方法

1. 缩短幼年阶段

(1) 实生树的早花现象。一般需经数年才能开花的树木,也偶见很早就开花的现象。例
如,需经 5~10 年才能开花的油松,曾见有 1 年生苗就产生了雌球花;柑橘类的许多种、板栗、
核桃、苹果、椿树、无花果等实生苗中,均见有少数植株当年即开花的现象。上述树木的早花现
象说明有些树木的实际幼年期可能比习惯认为的要短,或可以通过树木育种和早期改变栽培
条件来缩短。

(2) 缩短幼年阶段的途径。实生树必须经过幼年阶段(不可逾越),在幼年阶段任何人为
的措施都不能使之开花。但是可以采用育种技术、控制生长环境和改变栽培技术等方法来缩
短幼年阶段。目前生产上常见使用的方法主要有下面几种。

① 沙藏处理(又称层积处理)。沙藏处理的生理实质是种子内抑制物质的解除过程。去
掉外壳的核果类种子,在低温下沙藏处理,能显著地促进发芽、加速生长。种子或早期幼苗经
过沙藏处理,使核桃(个别类型)、沙樱桃、日本樱桃和其他种类实生苗一年生的就能开花结实;
经过人工催芽但未经低温处理的,在数月甚至数年内保持矮生(叶丛)状态。所以认为沙藏处
理是花木类缩短幼年阶段,加速开花比较行之有效的方法。

② 激素的作用。从生理生化角度分析,抑制剂与促进剂的平衡关系,决定植物休眠还是

结束休眠。抑制剂对促进剂的比率高,会诱导休眠;比率低,则会终止休眠或解除休眠。种子终止休眠是因为种子内越冬抑制物质慢慢减少,或者是这些抑制物质被另一种刺激物质所抵消。种子里这种抑制物质主要是脱落酸。

激素与生长调节剂诱导成花与实生树阶段发育程度有关。在实生树生长的早期阶段,应用生长促进剂,有利于促进生长,因而也有利于提早开花。若在幼年阶段的后期和具有成花条件的转变期应用赤霉素(GA)等生长促进剂,则可能延迟开花。

③ 增施氮、磷、钾及锌肥。为了缩短幼年阶段,可增施氮、磷、钾肥料以提高 RNA/DNA 的比率,以及为了降低核酸酶活性,必须在新梢内保持适宜的锌浓度。如果锌不足,会导致核酸酶活性增加和 RNA/DNA 比率降低,从而阻碍花芽形成,所以为了提早形成花芽应增施锌肥。

④ 其他方法。运用适当的修剪和嫁接技术以及科学的土壤与水分管理措施,也可以明显缩短一般树木的幼年阶段。

2. 延长成年阶段、限制老化过程

延长园林树木成年阶段、限制其老化过程,使其最大限度的发挥园林绿化的作用,是园林栽培养护工作者的重要任务。

(1) 老化的原因。老化是由于树冠中枝条的复杂性逐渐增加,而使各枝条间对养分的竞争加强所致。但从生理上看,不能单纯归咎于养分的竞争,还与再生作用的逐渐降低、新根量的减少、吸收减少、运输压力加大、蒸腾量的降低等有关。

开花结实多的树木,存在着新梢生长、新芽的形成与分化、开花与果实发育、根系生长这四者间的对立统一关系。从养分竞争和整体营养水平方面来看,最先进行的开花和发育着的果实和种子,消耗了大量的贮藏营养,从而使其他花、果、种子、新梢和根系的生长受阻,同时植物也会以落花落果来自我调节。根系弱了,会影响吸收,无机营养少了,新梢长势减退,进而会使整个植物处于光合产物不足的状态,常引起部分小枝和侧根等的衰老与死亡,这是树体老化的主要原因之一。

脱落酸含量增加也是树木衰老的原因之一。繁茂的枝叶合成大量的脱落酸,脱落酸抑制生长,促进休眠,具有拮抗赤霉素的作用。树木组织的老化和树木的遗传性也是树木衰老的原因。

除上述内因外,促使衰老的外因更多,诸如不适宜的环境条件(如高温、干旱、土壤通气不良等)和错误的栽培技术以及污染物、病虫害的危害等。外因催老的总体特点是破坏树体组织和促进细胞蛋白质水解。不论对单个器官还是整个树体,衰老的含义包括代谢强度的衰退和蛋白质合成的降低,与酶也有密切关系。

(2) 防止树木衰老的措施。

① 合理使用激素。细胞激动素、生长素和赤霉素三者具有促进生长延缓衰老的功能。如细胞激动素被认为有抗衰老的作用,能维持蛋白质和核酸的合成,调节蛋白质和可溶性氮素物质的平衡,使叶片保持绿色,延长叶片寿命,并使芽内分生组织活跃,分化不断进行,促进侧芽萌发、幼果细胞分裂以及吸收根大量发生。

生长素有诱导蛋白质合成、刺激生长点和形成层细胞分裂及输导组织分化、加速节间伸长和营养物质的调动等作用。

赤霉素除具有解除脱落酸抑制、促进萌发作用之外,它与生长素一样具有促进营养生长的作用。因此赤霉素和生长素被认为是树木更新复壮、延迟衰老的内在因素之一。栽培中的强剪和重肥（氮）等更新措施都与提高这些激素的含量水平有关。

秋天在绿叶上喷洒生长素或赤霉素，可延迟绿叶的衰老。处理过的叶片不仅颜色保持翠绿，而且光合作用和蛋白质含量都保持很高的水平。

② 合理灌水与施肥。按物候期规律进行合理的施肥与灌水，保证有足够的营养供给树木。特别是可以满足根系和新梢的需要，维持其一定的长势，并缓和或防止老化进程。因为根系和新梢是全树营养物质的合成基地，是生长、开花结果和长寿的保证。

③ 合理深翻和松土。树木常年生长，不但会造成营养缺乏，还会使土壤的孔隙度降低，从而引起树木衰老和死亡。通过深翻和松土（结合施用有机肥）可以增加土壤营养和孔隙度，特别是改善通气孔隙度，使树木的根系得到足够氧气。同时也要注意排水，积水会造成根系因缺乏氧气而窒息死亡。

④ 疏除过多的花和果。开花结果会消耗大量的营养，致使枝梢和根系生长不良，引起树木衰老。为了使开花结果枝、营养新梢和根系之间营养平衡，使枝梢和根系得到足够营养，满足其生长发育的需要，应该疏除过多的花和果。

⑤ 合理的更新修剪。成年期树木的内膛和外围会出现一些衰老枝，此时应进行合理的更新修剪，疏除衰老枝和细弱枝，并进行适当的回缩，培养充实、健壮的更新枝，从而使树体健壮、饱满而不徒长。

总之，对成年阶段的树木要做到科学的养护与管理，克服那种认为此阶段树木已经长大成型、不再需要细致养护的错误做法。只有很好的养护，才能使树木"青春常驻"并最大限度地发挥其功能。

1.1.3　树木生命周期中生长发育的一些特点

1.1.3.1　离心生长，离心秃裸

1. 离心生长

树木自播种发芽或经营养繁殖成活后，以根颈为中心，根和茎均以离心的方式进行生长。根具向地性，在土中逐年发生并形成各级骨干根和侧生根，向纵深发展；地上芽按背地性发枝，向上生长并形成各级骨干枝和侧生枝，向空中发展。这种由根颈向两端不断扩大其空间的生长，叫"离心生长"。树木因受遗传性和树体生理以及所处土壤条件等的影响，其离心生长是有限的，也就是说根系和树冠只能达到一定的大小和范围。

2. 离心秃裸

根系在离心生长过程中，随着年龄的增长，骨干根上早年形成的须根由基部向根端方向出现衰亡，这种现象称为"自疏"。同样，地上部分，由于不断地离心生长，外围生长点增多，枝叶茂密，使内膛光照恶化。壮枝竞争养分的能力强，而内膛骨干枝上早年形成的侧生小枝由于所处地位低，得到的养分较少，长势较弱。侧生小枝起初有利积累养分，开花结实较早，但寿命短，逐年由骨干枝基部向枝端方向出现枯落，这种现象叫"自然打枝"。这种在树体离心生长过程中，以离心方式出现的根系自疏和树冠的自然打枝，统称为"离心秃裸"。有些树木（如棕榈类的许多树种），由于没有侧芽，只能以顶端逐年延伸的离心生长为主，没有典型的离心秃裸，

但从叶片枯落而言仍是按离心方向的。

1.1.3.2　树木主侧枝的周期性更替

树木由于离心生长与离心秃裸,造成地上部大量的枝条生长点及其产生的叶、花果都集中在树冠外围,造成主枝、侧枝的枝端重心外移,分枝角度开张,枝条弯曲下垂,先端的顶端优势下降,离心生长减弱。由于失去顶端优势的控制,导致在主枝弯曲高位处附近潜伏芽、不定芽萌发生长成直立旺盛的徒长枝,以替代先端的生长,形成新的主枝,徒长枝仍按离心生长和离心秃裸的规律向树冠外围生长形成新的树冠,全树在生长过程中逐渐由许多徒长枝替代老主枝,形成树冠新的组成部分。但是新形成的部分多是徒长枝,侧枝少,在整体树冠叶枝量大、光合作用能力下降、无机营养恶化的条件下,这类枝条达不到原有树冠的分布高度,当随着时间的延长达到树冠外围枝条分布区以后,枝条先端下垂,顶端优势下降,生长减弱,再次造成枝条的更替,这种枝条的更替往往出现多次,形成周期。作为树体,其主侧枝周期性更替规律是不变的,但更替的周期长短、枝条生长的好坏常常受到很多因素的影响,如光合作用条件、水分养分状态、离心生长能力等。从一些现象看,有时侧枝的生长甚至超过主枝的生长范围和时间。总体上看,在自然状态下,更替枝条的生长空间随树冠枝量增加而逐渐缩小,并导致主侧枝更替的周期越来越短,形成衰弱式更替。

1.1.3.3　树木的向心更新和向心枯亡

随着树龄的增加,由于离心生长与离心秃裸,造成地上部大量的枝芽生长点及其产生的叶、花、果都集中在树冠外围,受重力影响,骨干枝角度变大,枝端重心外移,甚至弯曲下垂。离心生长造成分布在远处的吸收根与树冠外围枝叶间的运输距离增大,使枝条生长势减弱。当树木生长接近其最大树体时,某些中心干明显的树种,其中心干延长枝发生分杈或弯曲,称为"截顶"或"结顶"。

当树木失去顶端优势的控制,整个树体老化,在土壤无机营养恶化、树木生理状况衰老的条件下,枝条衰老枯死的现象从高级骨干枝条逐渐向初级骨干枝转移。这种由冠外向内膛、由顶部向下部,直至根颈进行的逐渐衰老枯死的现象称为"向心枯亡"。而出现先端衰弱、枝条开张、向心枯亡后,引起树体顶端优势部位下移,即在枯死部位下部又可萌生新徒长枝来更新。这种更新的发生一般是由冠外向内膛,由顶部向下部,直至根颈进行的,故叫"向心更新"。向心枯亡和向心更新在树体老化上是一对相关的现象。

有的树种先出现枝条衰老枯死,后萌生徒长枝来更新;有些树种先出现枝条衰老,衰老枝条下部开始萌生徒长枝,然后上部枝条逐渐因养分不足枯死。这种现象主要发生在有潜伏芽和不定芽的树种里,可以通过修剪、施肥、浇水等措施更新复壮。没有潜伏芽和不定芽或潜伏芽寿命短的树种则没有这种现象。

树木的离心生长与离心秃裸、树木主侧枝周期性更替、向心枯亡与向心更新导致树木在生长、衰老过程中出现不同的体态变化(见图1-3)。树木离心生长持续的时间,离心秃裸的快慢、向心更新的特点等与树种、环境条件及栽培技术有关。根颈的萌生枝条可像小树一样进行离心生长和离心秃裸,并按上述规律进行第二轮的生长与更新。有些实生树也能进行多次这种循环的更新,但树冠一次比一次矮小,甚至死亡。根系也会发生类似的枯死与更新周期,但比地上部分发生要晚。由于受土壤条件影响较大,周期更替不那么规则,在更新过程中常有一

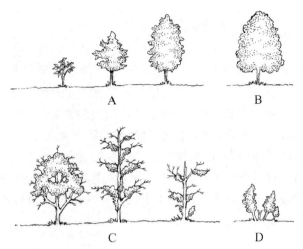

图 1-3　(具中心干)树木生命周期的体态变化

A 幼年期、青年期　B 成年期　C 老年更新区　D 第二轮更新初期

些大根出现间歇死亡的现象。

1.1.3.4　不同类别树木的更新特点

不同类别的树木,其更新方式和能力大小很不相同。

1. 乔木类

由于树冠骨干部分寿命长,有些具长寿潜伏芽的树种,在原有母体上可靠潜伏芽所萌生的徒长枝进行多次主侧枝的更新。有些具潜伏芽但寿命短,也难以向心更新,如桃等,由于其潜伏芽寿命短(仅个别寿命较长),一般很难自然发生向心更新,即使由人工更新,锯掉衰老枝后,由下部发出枝条的部位也不确定,树冠多不理想。

凡无潜伏芽的,只有离心生长和离心秃裸,而无向心更新。如松属的许多种,虽有侧枝,但没有潜伏芽,也就不会出现向心更新,而多半出现顶部先端枯梢,或由于衰老,易受病虫侵袭造成整株死亡。只具顶芽无侧芽的树种,只有顶芽延伸的离心生长,而无侧生枝的离心秃裸,也就无向心更新,如棕榈等。有些乔木除靠潜伏芽更新外,还可靠根蘖更新,有些只能以根蘖更新,如乔木型竹子等。竹笋当年在短期内就达到离心生长的最大高度,生长很快,只有地下的侧芽才具有萌发能力,地上部分不能向心更新,而以竹鞭萌芽更新为主。

2. 灌木类

灌木离心生长时间短,地上部分的枝条衰亡较快,寿命多不长。有些灌木的干、枝也可向心更新,但多从茎枝基部及根上发生萌蘖更新为主。

3. 丛木类

干、枝可向心更新,但多从茎枝基部及根上发生萌蘖更新为主。

4. 藤木类

藤木的先端离心生长常比较快,主蔓基部易光秃。其更新有的类似乔木,有的类似灌木,也有的介于两者之间。

1.2　园林树木的年生长周期

　　树木的年生长发育周期是指树木每一年随着环境(主要是气候因素,如水、热状况等)的周期性变化,在形态和生理上产生与之相适应的生长和发育的规律性变化。

　　树木有规律的年复一年地生长,构成了树木一生的生长发育。树木有节律的与季节性气候变化相适应的树木器官动态时期,称为生物气候学时期,即树木在一年中随着气候变化各生长发育阶段开始和结束的具体时期,简称物候期。而发生相应的形态(萌芽、抽枝、展叶、开花、结实及落叶、休眠等)有规律性变化的现象,称之为物候现象。年周期是生命周期的组成部分,物候期则是年周期的组成部分。研究树木的年生长发育规律对于园林树木造景设计、园林树木的栽培与养护具有十分重要的意义。

1.2.1　物候的形成与应用

　　我国人民对物候的观测已有3000多年的历史,北魏贾思勰的《齐民要术》一书记述了通过物候观察了解树木的生物学和生态学特性,直接用于农业、林业生产的情况。林奈于1750—1752年在瑞典第一次组织全国18个现代意义的物候观测站,历时3年;于1780年第一次组织了国际物候观测网,1860年在伦敦第一次通过《物候观测规程》。我国从1962年起,由中国科学院组织了全国物候观察网。利用物候预报农时,比依靠节令、平均温度和积温为标准更加准确。因为节令的日期是固定的,温度虽能测量出来,但对于季节的迟早还无法直接表示,积温固然可以表示各种季节冷暖之差,但如不经过农事实验,这类积温数字对预告农时意义还是不大。物候的数据是从活的生物上得来的,能准确反映气候的综合变化,用来预报农时更加直接和简单。

　　多年的物候观测资料可作为指导园林树木繁殖、栽培与养护管理的依据。在园林树木栽培过程中,通过物候观察,不但可以研究树木随气候变化而变化的规律,为合理利用树木提供依据,而且可以了解它们在不同物候期中的姿态、色泽等景观效果的季节性变化,为园林设计提供依据。也可以通过物候观察,为园林树木栽培的周年管理如移栽、定植、嫁接、整形修剪以及灌溉施肥提供依据。

1.2.2　树木物候的特点

1.2.2.1　树木的物候具有一定的顺序性和连续性

　　树木的物候具有连续性和顺序性是受树种遗传的控制。每一个物候期都是在前一个物候期通过的基础上进行,同时又为下一个物候期做好准备。例如萌芽、开花物候期是在芽分化的基础上发生,又为抽枝、展叶和开花做好了准备。必须说明的是,不同树种,甚至不同品种,萌芽、展叶、开花的顺序是可以不同的。如连翘、紫荆、梅花和玉兰是先花后叶,而木槿、紫薇、合欢等是先叶后花。由于器官的变化是连续的,所以有些物候期之间的界限不明显,如萌芽、展叶和开花在一棵树上会同时出现。亚热带树木在同一时间内可以进入不同的物候期,如有的树木在开花,为开花物候期,同时另外一些树木在结果,为果实发育物候期,彼此交错进行,出现重叠现象。

1.2.2.2 树木物候具有重演性

很多树种的一些物候现象一年中只出现一次,但由于环境条件变化而出现非节律性变化,如灾害性的因子与人为因子的影响,可能造成器官发育的中止或异常,使一些树种的物候在一年中出现非正常的重复。如树木在秋初遇到不良的外界条件,如久旱突降暴雨、病虫害等或实施不正确的技术措施(如去叶施肥、过多地浇水等),导致叶子脱落(此时花芽已形成),树木被迫进入休眠,以后再遇到适合发芽和开花的外部条件,就可能造成再次的萌芽和开花。这就是常说的二次发芽或二次开花。这种由于环境条件的非节律变化而造成的重演性往往对绿化树木的生长不利。

根据某些植物具备的物候重演性,在实际生产中可以效法自然条件,进行催花。如果欲使"十一"期间丁香、山桃、榆叶梅等春季开花的树木开花,则可在 8 月下旬将这些植物的叶片剪去一半,9 月上旬将剩余的一半叶片全部剪除,并进行施肥、灌水等精细管理,则 9 月底或 10 月初可以开花。这是因为叶片剪除后,脱落酸(ABA)的合成受阻,解除了对腋芽的抑制作用,于是在合适的气候条件下,芽就萌发、抽枝展叶或开花、结果。

这里要指出的是,在生活中有很多植物,如月季、米兰等有多次开花和多次生长现象,并未受到外界不良环境的危害。这种具有多次萌发和多次开花的习性是遗传因子决定的,不是物候期的重演现象。

1.2.2.3 树木的各个物候期可交错重叠,但高峰相互错开

树木各个器官的形成和发育习性不同,所以不同器官的同名物候期并不是在同一时间通过,具有重叠交错出现的特点。如同属于生长期,根和新梢开始或停止生长的时间并不相同,根的萌动期一般早于芽的萌动期。如温州蜜柑的根系生长与新梢生长交替进行,春、夏、秋梢停止生长之后,都出现一次根系生长高峰。苹果根系与新梢的生长高峰也是交替发生的。花芽分化与新梢生长的高峰也是错开的,大多数树木的花芽分化均在每次新梢停止生长之后,出现一次分化高峰。新梢生长往往抑制坐果和果实发育。通过摘心、环剥、喷抑制剂等技术措施抑制新梢生长,可以提高坐果率和促进果实生长高峰的出现。

有的树种可以同时进入不同的物候期,如油茶可以同时进入果实成熟期和开花期,人们称之为"抱子怀胎"。

1.2.3 影响树木物候期变化的因素

物候期受外界环境条件(温度、雨量、光照、风等气象因子和生态环境等)、树种和品种的制约,同时还受年份、海拔及栽培技术措施的影响。

1.2.3.1 同一地区,同样气候条件,树种不同,则物候期不同

不同树种的遗传特性不同,物候先后出现的顺序不同。如迎春和连翘在北京是 3 月中下旬或 4 月初开花;黄刺玫、紫荆则在 4 月下旬开花;紫薇、珍珠梅等在夏秋开花。梅花、腊梅、紫

荆、玉兰为先花后叶型,在早春开花;而紫薇、木槿等则是先叶后花,在夏季开花。在南京地区树木的开花基本上按以下顺序进行:银芽柳、毛白杨、榆、山桃、侧柏、桧柏、玉兰、加杨、小叶杨、杏、桃、垂柳、绦柳、紫荆、紫丁香、胡桃、牡丹、白蜡、苹果、桑、紫藤、构树、栓皮栎、刺槐、苦楝、枣、板栗、合欢、梧桐、木槿、槐等。

1.2.3.2 同一树种,相同外界环境条件,品种不同,则物候期不同

同一树种不同品种间的遗传特性不但在形态上有差异,而且在物候变化方面也会不同。在南京地区,桃花中的"白桃"花期为 4 月上中旬,而"绯桃"花期则为 4 月下旬到 5 月初。在杭州地区,桂花中的"金桂"花期为 9 月下旬,而"银桂"花期在 10 月初或上旬。"四季桂""日香桂"一年中可多次开花。南山茶中的"早桃红",花期为 12 月至翌年 1 月,而"牡丹茶"的花期则为 2~3 月。

1.2.3.3 相同树种或品种,地区不同,则物候期不同

同树种、品种的树木的物候阶段受当地温度的影响,而温度的周期变化又受制于纬度和经度的不同。同一树种在春天开花时间顺序是由南往北,秋天是由北往南。如梅花在武汉 2 月底或 3 月初开花,在无锡 3 月上旬开花,在青岛 4 月初开花,在北京 4 月上旬开花。又如,无花果是在温带和亚热带均可栽种的树木,在华北地区秋末落叶后有明显的休眠,生长期较短;而在亚热带地区落叶后很快长出新叶,几乎没有明显的休眠期,比在华北地区生长期延长很多。

物候的东西差异,主要是由于气候的大陆性强弱不同。凡大陆性强的地方,冬季严寒、夏季酷热;凡海洋性强的地方,则冬春较冷,夏季较热。一般说来,我国是具有大陆性气候特征的国家,但东部沿海因受海洋影响而具海洋气候的特征。因此我国各种树木的始花期,内陆地区早,近海地区迟,推迟的天数由春季到夏季逐渐减少。据宛敏渭研究,四川仁寿与浙江杭州几乎在同一纬度上,但经度相差 16°,仁寿刺槐盛花期(4 月 9 日)比杭州(5 月 1 日)早 22 天,经度平均每差 1°,由西向东延迟 1.4 天。洛阳的迎春始花期(2 月 22 日)比盐城(3 月 3 日)早 12 天,平均经度每差 1°,花期由西向东延迟 1.5 天。

综上所述,春季随着太阳北移,低纬度、西部地区物候早于高纬度、东部地区;秋季随着太阳南移,西北风刮起,低纬度、东部地区物候晚于高纬度、西部地区。

1.2.3.4 树种、品种地区都相同,海拔不同,物候期也不同

一个地区,如果地形有很大起伏,海拔高度差异大,会引起植物物候的变化。一般来说,海拔上升 100 m,植物的物候阶段在春天延迟 4 天;夏季树木的开花期则会延迟约 1~2 天;在秋天则相反,会提早。例如西安在洛阳的西部,纬度比洛阳低 27°,经度约相差 3°,海拔高度比洛阳高 280 m,西安的紫荆始花期比洛阳迟 13 天,夏季西安刺槐盛花期比洛阳迟 5 天。因此春季开花的物候期低处早于高处,秋季落叶的物候期高处早于低处,故有"人间四月芳菲尽,山寺桃花始盛开"的佳句。

1.2.3.5 年份不同,物候期不同

每个地区的气候年变化有着周期性变化规律,但每一年的气候变化(如气温、湿度、降水

等)也会有很大差异,这种年际间温度的变化,必然会影响到物候期的提早或推迟。如北京春季开花时间通常与3月平均温度有关,与4月的最高温度有关。也有人认为与开花前40天的平均温度有关,如榆叶梅一般在北京4月中旬前后开花,而2002年则3月下旬开花。

1.2.3.6　同一树木的部位不同,物候期不同

同一地区不同部位小气候存在差异,造成物候期有差异。同是一棵树,树冠外围的花比内膛的花先开,朝阳面比背阴面的花先开。

1.2.3.7　年龄不同则物候期不同

树木的不同年龄,同名物候期出现的早晚也有不同。一般成年树木春天萌动早,秋天落叶早;幼小树木春天萌动晚,秋天落叶迟。两者物候期明显不同。

1.2.3.8　栽培条件不同,则物候期不同

栽培条件好的比栽培条件差的物候期早,否则相反。施肥、灌水、防寒、病虫防治及修剪等,都会引起树木内部生理机能的变化,进而导致物候期的变化。在春天树干涂白、灌水会使树体增温减慢,推迟萌芽和开花期;在夏季进行高强度的修剪和多施氮肥,可推迟落叶和休眠期;应用生长调节剂,可控制树木的休眠。

总之,树木的物候期受多种因素影响,但主要与温度有关,每一个物候期的来临都需要一定的温度。如刺槐在南京地区日平均温度为8.9℃时叶芽开放,11.8℃时开始展叶,17.3℃始花,27.4℃荚果初熟,18℃时叶开始变色,10.5℃叶全部脱落。

1.2.4　园林树木的物候期

树木都具有随外界环境条件的季节变化而发生与之相适应的形态和生理机能变化的能力。不同树种或品种对环境反应不同,因而在物候进程上也会有很大的差异。差异最大的是落叶树种和常绿树种两类。

1.2.4.1　落叶树的主要物候期

大部分亚热带和温带地区的气候在一年中有明显的四季。作为落叶树种与气候相对应的物候季相变化尤为明显。落叶树在一年中可明显地分为生长和休眠两大物候期。从春季开始进入萌芽生长后,在整个生长期中都处于生长阶段,表现为营养生长和生殖生长两个方面。到了冬季为适应低温和不利的环境条件,树木处于休眠状态,为休眠期。在生长期与休眠期之间又各有一个过渡期,即从生长转入休眠的落叶期和由休眠转入生长的萌芽期。

1. 萌芽期

从芽萌动膨大开始,经芽的开放到叶展出为止,是休眠转入生长的过渡阶段。休眠的解除,对一个植株来说,通常是以芽的萌动为准,它是树木由休眠期转入生长期的形态标志。而树木生理活动进入比较活跃的时期要比芽膨大的时间早。芽一般是在前一年的夏天形成的,在生长停止的状态下越冬,春天再萌芽绽开。

　　树木由休眠转入生长要求一定的温度、水分和营养条件。土壤过于干旱,树木萌动推迟,空气干燥有利于芽萌发。当温度和水分适合时,经过一定时间,树体开始生长,首先是树液流动,根系加大活动,有些树木(如葡萄、核桃、枫杨等)出现伤流。树木萌芽主要决定于温度。北方树种,当气温稳定在3℃以上时.经一定积温后,芽开始膨大。南方树种芽膨大要求的积温较高,花芽萌发需要的积温低于叶芽。树体贮藏养分充足时,芽萌动较早而且整齐,进入生长期快。但树木在此期抗寒能力较低,如遇突然降温,萌动的芽会发生冻害,在北方特别容易受到晚霜的危害。可通过早春灌水、萌动前涂白、施用 B₉ 和青鲜素(MH)等生长调节剂,延缓芽的开放,或在晚霜发生之前,对已开花展叶的树木根外喷洒磷酸二氢钾等,提高花、叶的细胞液浓度,增强抗寒能力。

2. 生长期

　　在萌动之后,幼叶初展至叶柄形成离层,开始脱落为生长期。这一时期在一年中占有的时间较长,也是树木的物候变化最大、最多的时期,反映着物候变化的连续性和顺序性,同时也显示各树种的遗传特性。树木在外形上发生极显著的变化。其中成年树的生长期表现为营养生长和生殖生长两个方面。每个生长期都经历萌芽、抽枝展叶、芽的分化与形成、开花结果等过程。

　　树木由于遗传性和生态适应性的不同,其生长期的长短、各器官生长发育的顺序、各物候期开始的迟早和持续时间的长短也会不同。即使是同一树种,各个器官生长发育的顺序也有不同。

　　生长期是落叶树的光合生产时期,也是其生态效益与观赏功能发挥最好的时期。这一时期的长短和光合效率的高低,对树木的生长发育和功能效益都有极大的影响。

　　人们只有根据树木生长期中各个物候期的特点进行栽培,才能取得预期的效果。如在树木萌发前通过松土、施肥、灌水等措施,提高土壤肥力,使形成较多的吸收根,促进枝叶生长和开花结果,此时可追施以氮肥为主的液体肥料,减少与幼果争夺养分的矛盾;在枝梢旺盛生长时,对幼树新梢摘心,可增加分枝次数,提前达到整形要求;在枝梢生长趋于停滞时,根部施肥应以磷肥为主,叶面喷肥则有利于促进花芽分化。

3. 落叶期

　　落叶期从叶柄开始形成离层至叶片落尽为止。枝条成熟后的正常落叶是生长期结束并将进入休眠的形态标志,说明树木已做好了越冬的准备。秋季日照变短、气温降低是导致树木落叶、进入休眠的主要因素。

　　温度下降是通过影响光合作用、蒸腾作用、呼吸作用等生理活动以及生长素和抑制剂的合成而影响叶片衰老和植物衰老的。光是生物合成的重要能源,它可影响植物的多种生理活动,包括生长素和抑制剂(如脱落酸)的合成而改变落叶期。如果用增加光照时间来延长正常日照的长度,即可推迟落叶期的到来;当接受的光照短于正常日照时,可使树木的落叶期提早。如在武汉,路灯附近的悬铃木枝条,是整株树木上最后落叶的枝条。此外,树木所处的环境发生变化,如干旱、寒潮、光化学烟雾以及极端高温和病虫危害、大气与土壤污染或因开花结实消耗营养过多、土壤水肥状况和树木光合产物不能及时补充等恶劣的条件,都会引起非正常落叶,但在条件改善以后,有些树木在数日内又可发出新叶;如果条件不能改善,则树木会提前进入休眠状态。

过早落叶影响树体营养物质的积累和组织的成熟;但该落叶时不落叶,树木还没有做好越冬准备,容易遭受冬季异常低温的危害。在有些地区,秋季温暖时,树木推迟落叶而被突然袭来的寒潮冻死;即使不被冻死,由于树体的营养物质来不及转化贮藏,也必然对翌年树木的生长和开花结果带来不利影响。

通常春天发芽早的树种,秋天落叶也早,但是萌芽迟的树种不一定落叶也迟。同一树种的幼小植株比壮龄植株和老龄植株落叶晚,新移栽的树木落叶早。

在树木栽植与养护中,应该抓住树木落叶物候期的生理特点,在生长后期停止施用氮肥,不要过多灌水,并多施磷、钾肥等,促进组织成熟,增加树体的抗寒性。在大量落叶时进行树木移栽可使伤口在年前愈合,第二年早发根、早生长。在落叶期开始时,对树干涂白、包裹和基部培土等,可防止形成层冻害。

4. 休眠期

休眠期是从秋季叶片落尽至来年春天树液开始流动、芽开始膨大为止的时期。树木休眠是在进化中为适应不良环境,如低温、高温、干旱等所表现出来的一种特性。正常的休眠有冬季、旱季和夏季休眠。树木夏季休眠一般只是某些器官的活动被迫休止,而不是表现为落叶。温带、亚热带的落叶树休眠,主要是对冬季低温所形成的适应性。休眠期是相对生长期而言的一个概念,从树体外部观察,休眠期落叶树地上部的叶片脱落、枝条变色成熟、冬芽成熟,没有任何生长发育的表现,而地下部的根系在适宜的情况下可能有微小的生长,因此休眠是生长发育暂时停顿的状态。

在休眠期中,树体内部仍然进行着各种生理活动,如地上部分的呼吸、蒸腾,根的吸收、合成,芽的进一步分化,以及树体内的养分转化等,但这些活动比生长期要微弱得多。

根据休眠期的生态表现和生理活动特性,可分为两个阶段,即自然休眠(生理休眠或长期休眠)和被迫休眠(短期休眠)阶段。

(1) 自然休眠。自然休眠是树木器官本身生理特性或由树木遗传性所决定的休眠。它必须经历一定的低温条件才能顺利通过。即使给予适合树体活动的环境条件,也不能使之萌发生长。

自然休眠期的长短,与树木的原产地有关。大体上,原产寒温带的落叶树通过自然休眠期要求 0~10℃的一定累积时数;原产于暖温带的落叶树通过自然休眠期所需的温度稍高,5~15℃的一定累积时数。具体还因树种、品种、生态类型、树龄、不同器官和组织而异。一般幼年树进入休眠晚于成年树,而解除休眠则早于成年树,这与幼树生活力强、活跃的分生组织比例大、表现出生长优势有关。树木的不同器官和组织进入休眠期的早晚也不一致,一般小枝、细弱枝比主干、主枝休眠早,根颈部进入休眠晚,但解除休眠最早,故易受冻害。同一枝条的不同组织进入休眠期的时间不同,皮层和木质部较早,形成层最迟,所以进入初冬遇到严寒低温,形成层部分最易受冻害;然而,一旦形成层进入休眠后,比木质部和皮层的抗寒能力强,隆冬树体的冻害多发生在木质部。

在秋冬季节,落叶树枝条能及时停止生长,按时成熟,生理活动逐渐减弱,内部组织已做好越冬准备,正常落叶以后就能顺利进入并通过自然休眠期。因此凡是影响枝条停止生长和正常落叶的一切因素,都会对其能否顺利通过生理休眠期产生影响。

(2) 被迫休眠。被迫休眠是指通过自然休眠后,已经开始或完成了生长所需的准备,但因外界条件不适宜,使芽不能萌发而呈休眠状态,一旦条件合适,就会开始生长。自然休眠和被迫体眠从外观上不易辨别。树木在被迫休眠期间如遇回暖天气,可能已开始活动,如果又遇寒潮,就容易遭早春寒潮和晚霜的危害。因此,在某些地区应采取延迟萌芽的措施,如树干涂白、灌水等。冬春干旱的地区,灌水可延迟花期,减轻晚霜危害。

休眠期是树木生命活动最微弱的时期,在此期间栽植树木有利于成活;对衰弱树进行深挖切根有利于根系更新而影响下一个生长季的生长。因此,树木休眠期的开始和结束,对园林树木的栽植和养护有着重要的意义。

1.2.4.2　常绿树的物候特点

常绿树各器官的物候动态表现极为复杂,其特点是没有明显的落叶休眠期。叶片在树冠中不是周年不落,而是在春季新叶抽出前后,老叶才逐渐脱落。不同树种,叶片脱落的叶龄也不同,一般都在一年以上。从整体上看,树冠终年保持常绿。这种落叶并不是适应改变了的环境条件,而是叶片老化失去正常机能后,新老叶片交替的生理现象。常绿树中不同树种,乃至同一树种在不同年龄和不同的气候区,物候进程也有很大的差异。如马尾松分布的南带,一年抽二三次梢,而在北带则只抽一次梢;又如柑橘类的物候,大体分为萌芽、开花、枝条生长、果实发育成熟、花芽分化、根系生长、相对休眠等物候期,其物候项目与落叶树似乎无多大差别,而实际进程则不同。如一年中常绿树可多次抽梢(春梢、夏梢、秋梢和冬梢),各次梢间有相当的间隔期。有的树种一年可多次开花结果,如柠檬、四季柑等。有的树种一年抽一次梢结一次果,如金柑。四季桂和月月桂则可常年开花。有的树种同一棵树同时有开花、抽梢、结果、花芽分化等物候期重叠交错的现象,如油茶。有的树种果实生长期很长,如伏令夏橙,春季开花,到第二年春末果实才成熟;金桂秋天(9—10 月)开花,第二年春天果实成熟;红花油茶的果实生长成熟也要跨两年。

在赤道附近的热带雨林终年无四季,常年有雨,全年可生长而无休眠期,但也有生长节奏快与慢的区别。在离赤道稍远的季雨林地区,因有明显的旱、湿季,多数树木在雨季生长和开花,在旱季落叶,因高温干旱而被迫休眠。在热带高海拔地区的常绿阔叶树也受低温影响而被迫休眠。

1.2.5　园林树木的物候观测

1.2.5.1　观测的目的与意义

园林树木的物候观测,除具有生物气候学方面的一般意义外,主要还有以下目的:
(1) 掌握树木的季相变化,为园林树木种植设计、选配树种,形成四季景观提供依据。
(2) 为园林树木栽培提供生物学依据,以此确定栽植季节及树木周年养护管理措施。

1.2.5.2　观测注意事项

(1) 观测目标与地点的选定。在进行物候观测前,按照以下原则选定观测目标或观测点:按统一规定的树种名单从露地栽培或野生树木中,选开花结实 3 年以上的生长发育正常的树木。如果有许多株时,应选 3~5 株有代表性的作为观测对象。对雌雄异株的树木最好同时选雄株和雌株,并分别记载。

（2）观测植株选定后,应作好标记,并绘制平面图注明位置,存档备用。

1.2.5.3　观测时间与方法

（1）根据物候期的进程速度和记载的繁简确定观察间隔时间。萌芽至开花物候期一般每隔2～3天观察一次;生长季的其他时间,则可5～7天或更长时间观察一次。有的植物开花期短,需几个小时或一天观察一次。休眠期间隔的时间较长。

（2）在详细的物候期观察中,有些项目的完成必须配合定期测量,如枝条的加长加粗生长、果实体积的增加、叶片生长等应每隔3～7天测量一次,并画出曲线图,这样生长的情况一目了然。有些项目的完成需定期取样观察,例如花芽分化期应每隔3～7天取样做切片观察一次。还有的项目需要统计数字,例如落果期调查,除每日计数外,还应配合开花期和落花后的定期统计。

（3）物候期观测取样要注意地点、树龄、生长状况等方面的代表性。一般应选生长健壮的成年树木,植株在生长地要有代表性,观察株数可根据具体情况确定,一般每种3～5株。进行测定和统计的内容,应选择典型部位,挂牌标记,定期进行。

（4）应靠近植株观察各发育期,不可站在远处粗略估计和凭感觉判断。

1.2.5.4　观测记录

物候观测应随看随记,不能凭印象事后补记。

1.2.5.5　观测人员

物候观测须细心、认真负责,观测人员责任心要强,人员要固定,不能轮流值班。

1.2.5.6　观察项目及标准

应根据具体要求确定物候期观测记录项目的繁简;如果需要对某种树木进行具体详细的研究,则需要观测所有的物候期,同时对其处的地形、地貌、土壤、气候、植被以及养护情况都要详细调查并记录(见表1-1)。如果专题研究某种树的某个物候期(如开花期或萌芽、新梢生长和落叶物候期),则可分项详细调查并记录各个物候期。

观测物候应有统一的标准,这样得出的观测结果才不会混乱。

1. 萌芽、展叶期记录项目及标准

（1）树液开始流动期:在树木休眠解除后芽开始萌动之前,温度适宜树木生长,地上部分与地下部分树液流动加快的时期。

（2）芽膨大始期:当鳞芽的芽鳞开始分离、侧面显露出浅色的线形或角形时,为芽膨大始期(裸芽者,如枫杨、山核桃等,此期不明显,所以不记录)。

（3）芽开(绽)放期或显蕾期:当鳞芽的鳞片裂开,顶部出现新鲜颜色的幼叶或花蕾顶部时,为芽开放期(裸芽者没有此期或不明显,所以不记录)。

（4）展叶开始期:从芽苞中伸出的卷曲或按叶脉折叠着的小叶,出现第一批有1～2片平展时,为展叶开始期。

表 1-1　园林树木物候观测记录卡

观测单位：　　　　观测组长：　　　　观测地点：　　　　观测组成员及分工情况：

编号　　　省（市）　　　县（区）　　　北纬　　　东经　　　海拔

生境：　　地形　　土壤　　小气候　　养护情况

物候期＼树种	树液开始流动期	萌芽期				展叶期				开花期							果实发育期						新梢生长期								秋叶变色与脱落期							备注
		花芽膨大开始期	花芽（绽）开放期	叶芽膨大开始期	叶芽开放期	展叶开始期	展叶盛期	春色叶呈现期	春色叶变绿期	开花始期	开花盛期	开花末期	最佳观花期起止日	再度开花期	二次梢开花期	三次梢开花期	幼果出现期	果实生理落果期	果实成熟期	果实开始脱落期	果实脱落末期	可供观果起止日	春梢始长期	春梢停长期	二次梢始长期	二次梢停长期	三次梢始长期	三次梢停长期	四次梢始长期	四次梢停长期	秋叶开始变色期	秋叶全部变色期	落叶开始期	落叶盛期	落叶末期	可供观赏秋色叶期	最佳观秋色叶期	

（5）展叶盛期：阔叶树以其半数枝条上的小叶完全平展时为准；针叶类以新针叶长度达老针叶长度 1/2 时为准。有些树种开始展叶后，就很快完全展开，此时可以不记录展叶盛期。

（6）春色叶呈现始期：以春季所展之新叶整体上开始呈现有一定观赏价值的特有色彩时为准。

（7）春色叶变色期：以春色叶特有色彩整体上消失时为准，如由鲜绿转暗绿，由各种红色转为绿色。

2. 开花期记录项目及标准

（1）开花始期（始花期）：在选定观测的同种树上，一半以上的植株，有 5% 的花蕾（只有一株亦按此标准）完全展开时为开花始期。

（2）开花盛期（盛花期）：在观测树上有一半以上的花蕾都展开花瓣或一半以上的柔荑花序松散下垂或散粉时，为盛花期。

（3）开花末期：在观测树上残留约 5% 的花朵时，为开花末期。

（4）多次开花期：一些一年一次春季开花的树木，如某些年份于夏秋间或初冬再度开花，应另行记录；另有一些树种，一年内能多次开花，其中有的有明显的间隔期，有的几乎连续。但从盛花上可以看出有几次高峰，也应分别加以记录。

3. 果实生长发育与落果期记录项目及标准

（1）幼果出现期：子房开始膨大时，为幼果出现期。

（2）生理落果：幼果开始膨大后出现较多数量幼果变黄脱落时为生理落果期。

（3）果实（种子）成熟期：全树有 50% 果实或种子从色泽、品质等具备了该品种成熟的特征，摘采时果梗容易分离。

（4）果实开始脱落期：成熟种子开始散布或开始连同果实脱落。

（5）果实脱落末期：成熟种子或连同果实基本脱完。但有些树木的果实和种子在当年结束以前仍留树上不落，应在"果实脱落末期"栏目中写上"宿存"，并在第二年记录表中记录下脱落的日期。

4. 新梢生长周期记录项目及标准

由叶芽萌动开始，至枝条停止生长为止。新梢的生长分一次梢（习称春梢）、二次梢（习称夏梢或秋梢或副梢）、三次梢（习称秋梢）。

（1）新梢开始生长期：选定的主枝一年生延长枝上顶部营养芽（叶芽）开放为一次（春）梢开始生长期；一次梢顶部腋芽开放为二次梢开始生长期；以及三次以上梢开始生长期，其余类推。

（2）新梢停止生长期：以所观察的新梢形成顶芽或梢端自枯不再生长为止。

5. 秋叶变色与脱落期记载项目及标准

（1）秋叶开始变色期：全树有 5% 的叶片变为可供观赏的红色或黄色。

（2）可供观赏的秋色叶期：全树有 30%～50% 叶片呈现秋色叶。其标准因树种不同，观测时应标明该树开始变色的部位与比例。

（3）秋叶全部变色期：全株所有的叶片完全变色。

（4）落叶期：当无风时，树叶落下，或用手轻轻摇树枝有 3%～5% 的叶片脱落，为落叶始期，30%～50% 叶片脱落为落叶盛期。90%～95% 叶片脱落为落叶末期。

在比较正规和准确的物候期观测中，还应对自然环境进行调查与测定。因为只有将植物的物候变化与自然环境的变化相联系,才能充分了解物候变化的规律。由于每年自然环境中的气象、土壤等因子都会有变化,所以物候期观测至少要观察3年以上,才能得到正确的物候期记录结果。物候观测和气象观测一样,连续观测时间越长,其资料在分析时越有价值,所得结论越可靠,越能有效地指导生产管理和做出预报。

1.3　园林树木各器官的生长发育特点

树木是由多种不同器官组成的统一体。一株正常的树木,主要由树根、枝干(或藤木枝蔓)、树叶组成,当达到一定树龄以后,还会有花、果、种子等。习惯上把树根称为地下部分,把枝干及其分枝形成的树冠(包括叶、花、果)称为地上部分,地上部分与地下部分交界处,称为根颈。了解各器官的生长习性及其相互关系,有利于深入地掌握和调控树木的生长发育。

1.3.1　根系的生长

根是树木的重要器官,它除了把植株固定在土壤之内,吸收水分、矿质养分和少量的有机物质以及贮藏一部分养分外,还能将无机养分合成为有机物质,如将无机氮转化成酰胺、氨基酸、蛋白质等。根还能合成某些特殊物质,如激素(细胞分裂素、赤霉素、生长素)和其他生理活性物质,对地上部分生长起调节作用。庞大的根系还是树木营养物质贮藏的场所,许多树木的根内具有发达的薄壁组织,能够贮藏有机和无机营养物质。根具有输导功能,由根毛吸收的水分和无机盐通过根的维管组织输送到枝叶。而叶制造的有机养料则经过茎输送到根,以维持根系的生长和生活的需要。根系的分泌物还能将土壤微生物吸引到根系分布区来,并通过微生物的活动将氮及其他元素的复杂有机化合物转变为根系易于吸收的类型。另外,还可以利用根系来繁殖和更新树体。“根深叶茂”不仅客观地反映出树木地下部分与地上部分密切相关,也是对树木生长发育规律和栽培经验的总结。

一株植物所有根的总体称为根系。正常情况下,树木根系生长在土壤中,但有少数树种,如榕树、红树、水松、薜荔、常春藤等,为适应特定环境的需要,常产生根的变态,在地面上形成支柱根、呼吸根、板根或吸附根等气生根,有特定的观赏价值。

1.3.1.1　树木根系的分类

1. 按根系的来源分类

生产实践中常常根据根系发生的来源(繁殖方法)分为实生根系、茎源根系和根蘖根系。

(1)实生根系。实生繁殖和用实生砧嫁接的树木的根系均为实生根系。其特点是:一般主根发达,根系较深,年龄发育阶段较轻,生活力较强,对外界环境有较强的适应能力;实生根系个体间的差异要比无性繁殖树木的根系大,但在嫁接情况下,会受到地上接穗品种的影响。

(2)茎源根系。来源于母体茎上的不定芽,用扦插、压条繁殖所形成的根系称为茎源根系。如悬铃木、杨树、月季、无花果扦插繁殖的根系;荔枝、白兰花高压繁殖的根系;香蕉、菠萝吸芽繁殖的根系等。其特点是主根不明显,根系较浅;生理年龄较老,生命力相对较弱,但个体间比较一致。

（3）根蘗根系。有的树种在根上能发生不定芽而形成根蘗，而后与母体分离形成单独的植株，其根系称为根蘗根系。如枣、石榴、桂花、银杏等分株繁殖成活的植株。根蘗根系的特点与茎源根系相似（见图1-4）。

2. **按根系的形态分类**

植物学上形态的不同，根系分为直根系和须根系。

（1）直根系。由胚根发育产生的初生根及次生根组成，主根发达，较各级侧根粗壮而长，能明显的区分出主根和侧根，如麻栎、马尾松等。由扦插、压条等无性繁殖长成的树木，它们的根系由不定根组成，虽然没有真正

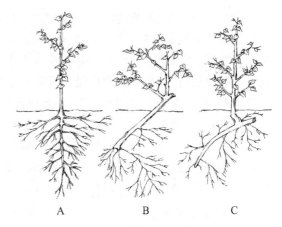

图1-4　树木根系的类型
A 实生根系　B 茎源根系　C 根蘗根系

的主根，但其中的一两条不定根往往发育粗壮，外表上类似主根，具有直根系的形态，习惯上也把这种根系看成直根系。

（2）须根系。主根不发达或早期停止生长，由茎的基部形成许多粗细相似的不定根，这种根系称为须根系，如竹子、棕榈等。

3. **按根系的结构分类**

从树木根系结构来看，完整的根系包括主根、侧根、须根和根毛。

（1）主根由种子的胚根发育而成。它上面产生的各级较粗的大分支，统称侧根。生长粗大的主根和各级侧根构成树木根系的基本骨架，通称为骨干根。这种根寿命长，主要起固定、输导和贮藏养分的作用。

（2）须根是着生在主根、侧根上的细小根系，这种根短而细，一般寿命短，但却是根系最活跃的部分。根据须根的形态结构与功能，一般可分生长根、吸收根、输导根。

（3）根毛是树木根系吸收养分和水分的主要部位，是须根吸收根上根毛区表皮细胞形成的管状突起物。其特点是数量多、密度大，是树木根系吸收养分和水分的主要部位。

1.3.1.2　树木根系在土壤中的分布

地球上的植物一旦发根，都有向下生长的特性，是受地球引力的影响，也可以说是植物的本能。各类根系在土壤中生长分布的方向不同，根据根系在土壤中生长的方向分为水平根和垂直根。根据树木根系在土壤中生长的深浅情况又分为深根性根系和浅根性根系。

1. **根系的水平分布和垂直分布**

根系依其在土壤中伸展的方向，可以分为水平根和垂直根两种。

水平根多数沿着土壤表层几乎呈平展状态向四周横向发展，它在土壤中分布的深度和范围根据地区、土壤、树种、繁殖方式、砧木等不同而变化。根系的水平分布一般要超出树冠投影的范围，甚至可达到树冠投影的2~3倍。水平根分布范围的大小主要受环境中的土壤质地和养分状况影响，在深厚、黏紧、肥沃及水肥管理较好的土壤中，水平根系分布范围较小，分布区范围内的须根特别多。但在干旱、瘠薄、疏松的土壤中，水平根可伸展到很远的地方，但须根稀

少。水平根须根多、吸收功能强,对树木地上部的营养供应起着极为重要的作用。

垂直根是树木大体垂直向下生长的根系,其入土深度一般小于树高。垂直根的主要作用是固着树体、吸收土壤深层的水分和营养元素。树木的垂直根发育好、分布深,树木的固地性就好,其抗风、抗旱、抗寒能力也强。根系入土深度取决于土层厚度及其理化特性,在土质疏松通气良好、水分养分充足的土壤中,垂直根发育较强;而在地下水位高或土壤下部有不透水层的情况下,则限制根系向下发展。

树木水平根与垂直根伸展范围的大小,决定着树木营养面积和吸收范围的大小。凡是根系伸展不到的地方,树木是难以从中吸收土壤水分和营养的。因此,只有根系伸展既广又深时,才能最有效地利用水分与矿物质。

2. 根系生长类型

树木根系受遗传特性的影响,在土壤中分布的深浅变异很大,可概括为两种基本类型,即深根性和浅根性。

深根性有一个明显的近乎垂直的主根深入土中,从主根上分出侧根向四周扩展,由上而下逐渐缩小。此类树种根系在通透性好而水分充足的土壤里分布较深,故又称为深根性树种,在松、栎类树种中最为常见,又如银杏、樟树、臭椿、柿树等。浅根性的树种没有明显的主根或主根不发达,大致以根颈为中心向地下各个方向作辐射扩展,或由水平方向伸展的扁平根组成,主要分布在土壤的中上部,如杉木、冷杉、云杉、铁杉、槭树、水青冈以及一些耐水湿树种的根系,特别是在排水不良的土壤中更为常见。同一树种的不同变种、品种里也会出现深根性和浅根性的不同,如乔化种和矮化种。

1.3.1.3 根颈、菌根及根瘤

1. 根颈

根和茎的交接处称为根颈。因树木的繁殖类型不同,又分为真根颈与假根颈。实生树是真根颈,由种子下胚轴发育成;营养繁殖的树为假根颈,由枝、茎生出不定根后演化而成。根颈是地上与地下交接处,是树体营养物质交流必经的通道。

根颈的特点是,进入休眠最迟,解除休眠最早,对外界环境条件变化比较敏感,容易遭受冻害。根颈部分埋得过深或全部裸露,对树木生长发育均不利。

2. 菌根

许多树木的根系常与某些真菌共生形成菌根。菌根的菌丝体能组成较大的生理活性表面和较大的吸收面积,可以吸收更多的养分和水分,在土壤含水量低于萎蔫系数时,能从土壤中吸收水分,又能分解腐殖质,并分泌生长素和酶,促进根系活动和活化树木生理机能。菌根真菌还能产生抗性物质,排除菌根周围的微生物,菌壳也可成为防止病原菌侵入的机械组织。菌根的生长一方面要从寄主树木根系中吸取糖类、维生素、氨基酸和生长促进物质,另一方面,对树木的营养和根的保护起着有益的作用,树木和菌根真菌通过物质交换形成互惠互利的关系。

3. 根瘤

一些植物的根与微生物共生形成根瘤,这些根瘤具有固氮作用。豆科植物的根瘤是一种称为根瘤菌的细菌从根毛侵入,而后发育形成的瘤状物。菌体内产生豆血红蛋白和固氮酶进行固氮并将固氮产物输送到植物的地上部分,供给植物合成蛋白质之用。豆科植物与根瘤菌的共生不但使豆科植物本身得到氮素的供应,而且还可以增加土壤的氮肥,这就是在实际生产中种植豆科植物作为绿肥改良土壤的原因。迄今为止,已知约有1200种豆科植物具有固氮作用,而在农业上利用的还不到50种。木本豆科植物中的紫穗槐、槐树、合欢、金合欢、皂荚、紫藤、胡枝子、紫荆、锦鸡儿等都能形成根瘤。

近年来的研究表明,一些非豆科植物如桦木科、木麻黄科、鼠李科、胡颓子科、杨梅科、蔷薇科等的许多种以及裸子植物的苏铁、罗汉松等也能形成根瘤,具有固氮能力,有的种类已被应用于固沙、改良土壤。非豆科植物固定的氮量与豆科植物相近,据相关资料表明,桤木的根瘤在森林内每年每公顷可为地表土壤积累氮素 61~157 kg;成年的木麻黄林每年每公顷可固定氮素约 58 kg。

1.3.1.4　影响树木根系生长的因素

树木根系的生长没有自然休眠期,只要条件适宜,就可全年生长或随时可由停顿状态迅速过渡到生长状态。其生长势的强弱和生长量的大小,随土壤的温度、水分、通气与树体内营养状况以及其他器官的生长状况而异。

1. 土壤温度

树种不同,开始发根所需的土温很不一致。一般原产温带寒地的落叶树木需要温度低;而热带亚热带树种所需温度较高。根的生长都有最佳温度和上、下限温度。一般根系生长的最佳温度为 15~20℃,上限温度为 40℃,下限温度为 5~10℃。温度过高或过低对根系生长都不利,甚至会造成伤害。由于不同深度土壤的土温随季节变化,分布在不同土层中的根系活动也不同。以我国长江流域为例,早春土壤解冻后,离地表 30 cm 以内的土温上升较快,湿度也适宜,表层根系活动较强烈;夏季表层土温过高,30 cm 以下土层温度较适合,中层根系较活跃;90 cm 以下土层,周年温度变化较小,根系往往常年都能生长,所以冬季根的活动以下层为主。

2. 土壤水分

土壤水分与根系的生长也有密切关系。土壤含水量达最大持水量的 60%~80%时,最适宜根系生长。过干易促使根系木栓化和发生自疏;过湿则影响土地通透性而缺氧,抑制根的呼吸作用,导致根的停长或烂根死亡。

3. 土壤通气

土壤通气对根系生长影响很大,通气良好条件下的根系密度大、分枝多、须根也多;通气不良时,发根少,生长慢或停止,易引起树木生长不良和早衰。城市由于铺装路面多、市政工程施工夯实以及人流踩踏频繁,造成土壤坚实,影响根系的穿透和发展。城市环境中的这类土壤内外气体不易交换,以致有害气体(二氧化碳等)积累中毒,影响根系的生长并对根系造成伤害。

4. 土壤营养

在一般土壤条件下,其养分状况不至于使根系处于完全不能生长的程度,所以土壤营养一般不是限制因素。但土壤营养可影响根系的质量,如发达程度、细根密度、生长时间的长短等。但根总是向营养丰富的地方生长,在肥沃的土壤里根系发达、细根密、活动时间长;相反,在瘠薄的土壤中,根系生长瘦弱,细根稀少,生长时间较短。施用有机肥可促进树木吸收根的发生,适当增加无机肥料对根系的发育也有好处。如施氮肥通过叶的光合作用能增加有机营养和生长激素,以促进发根;磷和微量元素(硼、锰等)对根的生长都有良好的影响。但如果在土壤通气不良的条件下,有些元素会转变成有害的离子(如铁、锰会被还原为二价的铁离子和锰离子),且提高了土壤溶液的浓度,使根受害。

5. 树体有机养分

根的生长与功能的发挥依赖于地上部分所供应的碳水化合物。土壤条件好时,根的总量取决于树体有机养分的多少。叶受害或结实过多,会导致树体营养亏缺,根的生长也受阻碍,即使施肥,一时作用也不大,需要通过保叶或疏果来改善根的生长状况。

6. 其他因素

根的生长还与土壤类型、土壤厚度、母岩分化状况及地下水位高低等因素有密切的关系。

1.3.1.5　根系的年生长动态

树木根系由于没有自然休眠,只要满足所需条件,可以周年生长,但是在很多情况下,由于外界环境条件恶劣,根会被迫停止生长而进入休眠。由于气候在一年中呈周期性的变化,树木根系的生长在一年中也是有周期性的。

根的生长周期与地上部分不同,其生长与地上部分密切相关,往往交错进行。与树体地上部分芽萌动和休眠相比,通常根系春季提早生长,秋季休眠延后,这样可以很好地满足地上部分生长对水分、养分的需求。在春末与夏初之间以及夏末与秋初之间,不但温度适宜根系生长,而且树木地上部分运输至根部的营养物质量也大,因而在正常情况下,许多树木的根系都在一年中的这两个时期分别出现生长高峰。根系在一年中的生长状况取决于树木的种类、原产地、当年的生长结实状况以及外界环境条件(土壤温度、土层的厚度、水分、通气以及土壤肥力等)。根系生长的快慢是上述因素综合作用的结果(但某个因素在某个时期可能起主导作用)。有机营养与内源激素的积累是根系生长的内因,冬季低温和夏季高温、干旱是抑制根系生长的外因。在夏季,根系的主要任务是供给蒸腾耗水,于是根系的生长相应处于低谷,有的甚至停止生长。不过,实际情况可能更复杂。生长在南方或温室内的树木,根系的年生长周期多不明显。

树木根系生长出现高峰的次数和强度与树种、年龄和环境的变化有关。根在年周期中的生长动态还受当年地上部生长和结实状况的影响,同时还与土壤温度、水分、通气及营养状况等密切相关。因此,树木根系年生长过程中表现出高峰和低谷交替出现的现象,是上述因素综合作用的结果,只是在一定时期内某个因素起着主导作用而已。

1.3.1.6　根系的生命周期

树木根系生命周期的变化与地上部有相似的特点,也经历着发生、发展与衰亡的过程。从生命活动的总趋势看,树根的寿命应与该树种的寿命长短相一致。长寿命树种如牡丹,根能活三四百年。但根的寿命受环境条件的影响很大,并与根的种类及功能密切相关。不良的环境条件,如严重的干旱、高温等,会使根系逐渐木质化,加速衰老,丧失吸收能力。一棵树上的根,寿命由长至短的顺序大致是:支持根、贮藏根、运输根、吸收根。

许多吸收根,特别是根毛,它们对环境条件十分敏感,存活的时间很短,有的仅存活几小时,处于不断死亡与更新的动态变化之中。当然,也有部分吸收根能继续增粗,生长成侧根,进而变为高度木质化的、寿命几乎与整个植株的寿命相当的永久性支持根。但对多数侧根来说，一般寿命为数年至数十年。

研究表明，根系的生长速度与树龄有关。在树木的幼年期，一般根系生长较快，常常超过地上部分的生长，并以垂直向下生长为主，为以后树冠的旺盛生长奠定基础，所以，壮苗应先促根。树冠达最大时，根幅也最大。在此期间，不仅根系的生物量达最大值，而且根系的功能也不断地得到完善和加强，尤其是根的吸收能力显著提高。随着树龄的增加，根系的生长趋于缓慢，并在较长时期内与地上部分的生长保持一定的比例关系，直到吸收根完全衰老死亡，根幅缩小，整个根系结束生命周期。

1.3.2 枝条的生长与树体骨架的形成

树木除了少数具有地下茎或根状茎外，茎是植物体地上部分的重要营养器官。植物的茎枝起源于芽，又制造了大量的芽。茎枝联系地上、地下各组织器官，形成庞大的分枝系统，连同茂密的叶丛，构成完整的树冠结构，主要起着支撑、联系、运输、储藏、分生、更新等作用。树体枝干系统及所形成的树形，决定于枝芽特性，芽抽枝、枝生芽，两者关系极为密切。了解树木的枝芽特性，对整形修剪有重要意义。

1.3.2.1 芽的分类与特性

芽是多年生植物为适应不良环境条件和延续生命活动而形成的一种重要器官，是树体各器官的原始体。芽与种子有相似的特点，在适宜的条件下，可以形成新的植株。

1. 定芽与不定芽

树木的顶芽、腋芽或潜伏芽(树木枝条最基部的几个芽或上部的某些副芽往往暂时不萌发，成为潜伏芽)的发生均有一定的位置，称为定芽。定芽又可分为定芽和腋芽两种。顶芽是生在主干或侧枝顶端的芽，腋芽是生在枝的侧面叶腋内的芽，也称为侧芽(见图 1-5)。一般来讲，多年生落叶植物在落叶后，枝上部的腋芽非常显著，接近枝基部的腋芽往往较小。在一个叶腋内，通常只有一个腋芽，但有些植物(如桃、桂、桑、棉等)的部分或全部叶腋内腋芽却不止一个，其中后生的芽称为副芽。有的腋芽生长的位置较低，被覆盖在叶柄基部内，直到落叶后芽才显露出来，称为叶柄下芽(见图 1-6)，如悬铃木、刺槐等。有叶柄下芽的叶柄，基部往往膨大。

图 1-5 顶芽和侧芽

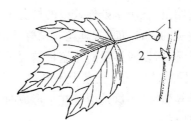

图 1-6 悬铃木的叶柄下芽

1—叶柄基部 2—芽

在根插、重剪或老龄的枝、干上常出现一些位置不确定的芽,称为不定芽。不定芽常用作更新或调整树形。老树更新有赖于枝、干上的潜伏芽,若潜伏芽寿命短,则可利用不定芽萌发的枝条来进行更新。

2. 芽的特性

(1) 芽序。定芽在枝上按一定规律排列的顺序称为"芽序"。因为定芽着生的位置是在叶腋间,所以芽序与叶序相同。不同树种的芽序也不同,多数树种的芽序是互生的,如葡萄、榆树、板栗等;芽序为对生的树种有腊梅、丁香、白腊等;芽序为轮生的树种有松类、灯台树、夹竹桃等。有些树木的芽序,也因枝条类型、树龄和生长势而有所变化。

树木的芽序与枝条的着生位置和方向密切相关,所以了解树木的芽序对整形修剪、安排主侧枝的方位等有重要的作用。

(2) 萌芽力与成枝力。树木母枝上叶芽的萌发能力称为萌芽力,常用萌芽数占该枝条芽总数的百分率(萌芽率)来表示。各种树木与品种的萌发力不同。有的强,如松属的许多种、紫薇、桃、小叶女贞、女贞等;有的较弱,如悬铃木、核桃、苹果和梨的某些品种等。凡枝条上的叶芽有一半以上能萌发的则为萌芽力强或萌芽率高,如悬铃木、榆树、桃等;凡枝条上的芽多数不萌发,而呈现休眠状态的,则为萌芽力弱或萌芽率低,如悬铃木、广玉兰等。萌芽率高的树种,一般来说耐修剪,树木易成形。

枝条上的叶芽萌发后,并不是全部都能抽长成枝。枝条上的叶芽萌发后能够抽长成枝的能力称为"成枝力"。不同树种的成枝力不同,如悬铃木、葡萄、桃等萌芽率高,成枝力强,树冠密集,幼树成形快,效果也好。这类树木若是花果树,则进入开花结果期也早,但也会使树冠过早郁闭而影响树冠内的通风透光,若整形不当,易使内部短枝早衰。而如银杏、西府海棠等,成枝力较弱,所以树冠内枝条稀疏,幼树成形慢,遮荫效果也差,但树冠通风透光较好。

(3) 芽的早熟性与晚熟性。枝条上的芽形成后到萌发所需的时间长短因树种而异,有些树种在生长季的早期形成的芽,当年就能萌发;有些树种一年内能连续萌生 3~5 次新梢并能多次开花(如月季、米兰、茉莉等),具有这种当年形成、当年萌发成枝的芽,称为"早熟性芽"。这类树木当年即能形成小树的样子。也有些树种,芽虽具早熟性,但一般不受刺激不萌发,当遭受病虫等自然伤害和人为修剪、摘叶时才会萌发。

当年形成的芽,需经一定的低温时期来解除休眠,到第二年才能萌发成枝的芽称为"晚熟性芽",如银杏、广玉兰、毛白杨等。也有一些树种两者兼有,如葡萄,其副芽是早熟性芽,而主芽是晚熟性芽。

芽的早熟性与晚熟性是树木比较固定的习性,但在不同的年龄时期、不同的环境条件下,也会有所变化。如生长在较差环境条件下的适龄桃树,1 年只萌发 1 次枝条;具晚熟性芽的悬铃木等树种的幼苗,在肥水条件较好的情况下,当年常会萌生 2 次枝;叶片过早的衰落也会使一些具晚熟性芽的树种,如梨、垂丝海棠等 2 次萌芽或 2 次开花,这种现象对第二年的生长会带来不良的影响,所以应尽量防止这种情况的发生。

(4) 芽的异质性。同一枝条上不同部位的芽存在着大小、饱满程度、萌发能力等的差异现象,称为"芽的异质性"。这是由于在芽形成时,树体内部的营养状况、外界环境条件和着生的位置不同而造成的。

枝条基部的芽,是在春初展叶时形成的。这一时期,新叶面积小、气温低、光合效能差,故这时叶腋处形成的芽瘦小,且往往为隐芽。其后,展现的新叶面积增大,气温逐渐升高,光合效率也高,芽的发育状况得到改善,叶腋处形成的芽发育良好,充实饱满。

有些树木(如苹果、梨等)的长枝有春梢、秋梢,即一次枝春季生长后,在夏季停长,于秋季温度和温度适宜时,顶芽又萌发成秋梢。秋梢常组织不充实,在寒冬时易受冻害。如果长枝生长延迟至秋后,由于气温降低,枝梢顶端往往不能形成新芽。所以,一般长枝的基部和顶端部分或者秋梢上的芽质量较差,中部的最好,中短枝中、上部的芽较为充实饱满,树冠内部或下部的枝条,因光照不足,生长其上的芽质量欠佳。

了解芽的异质性及其产生的原因后,在选择插条和接穗时,就知道应在树冠的什么部位采取为好,整形修剪时也可知道剪口芽应怎样选留了。

(5) 芽的潜伏力。树木枝条基部的芽或上部的某些副芽,在一般情况下不萌发而呈潜伏状态。当枝条受到某种刺激(上部或近旁受损、失去部分枝叶时)或树冠外围枝处于衰弱状态时,能由潜伏芽萌发抽生新梢的能力,称为"芽的潜伏力"(也称"潜伏芽的寿命")。潜伏芽也称"隐芽"。潜伏芽寿命长的树种容易更新复壮,复壮得好几乎能恢复至原有的冠幅,甚至能多次更新,所以这种树木的寿命也长;否则反之。如桃树的潜伏芽寿命较短,所以桃树不易更新复壮,寿命也短。

1.3.2.2　茎枝的生长特性

1. 茎枝的生长类型

树木地上部分茎枝的生长与地下部分根系的生长相反,表现出背地性,多数是垂直向上生长,也有少数呈水平或下垂生长的。茎枝一般有顶端的加长生长和形成层活动的加粗生长。禾本科的竹类不具有形成层,只有加长生长而无加粗生长,且加长生长迅速。园林树木茎枝生长大致可分为以下三种类型:

(1) 直立生长。茎干以明显的背地性垂直地面,枝直立或斜生于空间,多数树木都是如此。在直立茎的树木中,也有变异类型,枝的伸展方向可分为紧抱型、开张型、下垂型、龙游(扭旋或曲折)型等。

(2) 攀援生长。茎长得细长柔软,自身不能直立,但能缠绕或具有适应攀附他物的器官(卷须、吸盘、吸附气根、钩刺等),借助他物为支柱,向上生长。在园林上,把具有缠绕茎和攀援茎的木本植物统称为木质藤本(简称藤木)。

(3) 匍匐生长。茎蔓细长,自身不能直立,又无攀附器官的藤木或无直立主干的灌木,常匍匐于地面生长。在热带雨林中,有些藤木如绳索状爬伏或呈不规则的小球状匍匐于地面,如偃柏、铺地柏等。攀援藤木在无物可攀时,也只能匍匐于地面生长,这种生长类型的树木,在园林中常用作地被植物。

2. 分枝方式

除少数树种不分枝(如棕榈科的许多种)外,大多数树木的分枝都有一定的规律性,在足够的空间条件下,长成不同的树冠外形。归纳起来,主要有三种分枝方式(见图1-7)。

(1) 单轴分枝(总状分枝)。枝的顶芽具有生长优势,能形成通直的主干或主蔓,同时依次发生侧枝,侧枝又以同样方式形成次级侧枝,这种有明显主轴的分枝方式称为"单轴分枝"(总状分枝),如松柏类、雪松、冷杉、云杉、水杉、银杏、毛白杨、银桦等。这种分枝方式以裸子植物为最多。

（2）合轴分枝。枝的顶芽经一段时间生长后，先端分化出花芽或自枯，而由邻近的侧芽代替延长生长，以后又按上述方式分枝生长。这样形成了曲折的主轴，这种分技方式称为"合轴分枝"，如成年的桃、杏、李、榆、柳、核桃、苹果、梨等。合轴分枝以被子植物为最多。

（3）假二叉分枝。具有对生芽的树木，顶芽自枯或分化为花芽，则由其下对生芽同时萌发生长所代替，形成叉状延长枝，以后照此继续分枝。其外形上似二叉分枝，因此称为"假二叉分枝"。这种分枝方式实际上是合轴分技的另一种形式，如丁香、梓树、泡桐等。

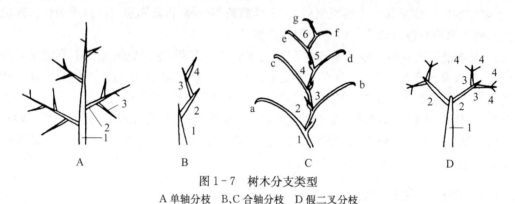

图 1-7　树木分支类型
A 单轴分枝　B、C 合轴分枝　D 假二叉分枝

树木的分枝方式不是一成不变的。许多树木年幼时呈单轴分枝，生长到一定树龄后，就逐渐变成为合轴或假二叉分枝。因而在幼、青年树木上，可见到两种不同的分枝方式，如玉兰等可见单轴分枝与合轴分枝及其转变的痕迹。

了解树木的分枝习性，对培养观赏树形、整形修剪、提高光能利用率或促使早成花等都有重要的意义。

3. 顶端优势

树木顶端的芽或枝条比其他部位的生长占有优势的地位称为"顶端优势"，它是枝条背地性生长的极性表现。

一个近于直立的枝条，其顶端的芽能抽生最强的新梢，而侧芽所抽生的枝，其生长势（常以长度表示）多呈自上而下递减的趋势，最下部的一些芽则不萌发。如果去掉顶芽或上部芽，即可促使下部腋芽和潜伏芽的萌发。顶端优势也表现在分枝角度上，枝自上而下开张，如去除先端对角度的控制效应，则所发侧枝又呈垂直生长。另外也表现在树木中心干生长势比同龄主枝强，树冠上部枝比下部的强。一般乔木都有较强的顶端优势，越是乔木化的树种，其顶端优势也越强，反之则弱。

4. 干性与层性

树木中心干的强弱和维持时间的长短，称为"树木的干性"，简称"干性"。凡顶端优势明显的树种，中心干强而持久。凡中心干明显，能长期处于优势生长的树种，称为干性强。这是高大乔木的共性，即中轴部分比侧生部分具有明显的优势，反之称为干性弱。如弱小灌木的中轴部分长势弱，维系时间短，侧生部分具有明显的优势。

树木层性是指中心干上的主枝、主枝上的侧枝在分层排列方面的明显程度。层性是顶端优势和芽的异质性共同作用的结果。从整个树冠看，在中心干和骨干枝上有若干组生长势强的枝条和生长势弱的枝条交互排列,形成了各级骨干枝分布的成层现象。有些树种的层性,一开始就很明显,如油松等;而有些树种则随年龄增大,弱枝衰亡,层性才逐渐明显起来,如雪松、马尾松、苹果、梨等。具有明显层性的树冠,有利于通风透气。层性能随中心主枝生长优势保持年代长短而变化。

不同树种的干性和层性强弱不同。雪松、龙柏、水杉等树种干性强而层性不明显;南洋杉、黑松、广玉兰等树种干性强,层性也较明显;悬铃木、银杏、梨等树种干性比较强,主枝也能分层排列在中心干上,层性最为明显。香樟、苦楝、构树等树种,幼年期能保持较强的干性,进入成年期后,干性和层性都明显衰退;桃、梅、柑橘等树种自始至终都无明显的干性和层性。

树木的干性与层性在不同的栽培条件下会发生一定变化,如群植能增强干性,孤植会减弱干性,人为修剪也能左右树木的干性和层性。干性强弱是构成树冠骨架的重要生物学依据。了解树木的干性与层性特定,对树木的整形修剪有着重要的意义。

1.3.2.3　茎枝的年生长

树木每年都通过枝茎生长来不断增加树高和扩大树冠。枝茎生长包括加长生长和加粗生长两个方面。在一年内树木生长增加的粗度与长度,称为年生长量。对于乔木是指每年的树高、胸径和冠幅生长量;对于灌木是指每年的树高、冠幅和枝条生长量。在一定时间内,枝条加长加粗生长的快慢称为生长势。这些是衡量树木生长状况的常用指标,也是评价栽培措施是否合理的依据之一。

　1. 枝条的加长生长

随着芽的萌动,树木的枝、干也开始了一年的生长。加长生长主要是茎、枝尖端生长点的向前延伸(竹类为居间生长),生长点以下各节一旦形成,间间长度就基本固定。加长生长不是匀速的,而是按慢—快—慢的节律进行,生长曲线呈“S”形。加长生长的起止时间、速增期长短、生长量大小与树种特性、年龄、环境条件等有密切关系。幼年树的生长期较成年树长;在温带地区的树木,一年中枝条多只生长一次,而生长在热带、亚热带的树木,一年中能抽梢生长 2~3 次。

树木在生长季的不同时期抽生的枝,其质量不同。生长初期和后期抽生的枝,一般节间短,芽瘦小;速生期抽生的枝,不但长而粗壮、营养丰富,且芽健壮饱满、质量好,为扦插、嫁接繁殖的理想材料。速生期树木对水、肥需求量大,应加强养护管理。

　2. 加粗生长

树木枝、干的加粗生长都是形成层细胞分裂、分化、增大的结果。加粗生长比加长生长稍晚,其停止也稍晚。在同一株树上,下部枝条停止加粗生长比上部稍晚。

当芽开始萌动时,在接近芽的部位,形成层先开始活动,然后向枝条基部发展。因此,落叶树种形成层的开始活动稍晚于萌芽,同时离新梢较远的树冠下部的枝条,形成层细胞开始分裂的时期也较晚。由于形成层的活动,枝干出现微弱的增粗,此时所需的营养物质主要靠上年的贮备。此后,随着新梢不新加长生长,形成层活动也持续进行。新梢生长越旺盛,形成层活动也越强烈而且持久。秋季由于叶片积累大量光合产物,因而枝干明显加粗。

1.3.2.4　树体骨架的形成

枝、干为构成树木地上部分的主体,对树体骨架的形成起重要作用。了解树体骨架的形成,对树木整形修剪、调整树体结构以及观赏作用的发挥均具重要意义。树木的整体形态构造,依枝、干的生长方式,可大致分为以下三种主要类型。

1. 单干直立型

具有一明显的、与地面垂直生长的主干,包括乔木和部分灌木树种。常见的如松柏类、桂花、山茶花等。

这种树木顶端优势明显,由骨干主枝、延长枝及细弱侧枝等三类枝构成树体的主体骨架。通常树木以主干为中心轴,着生多级饱满、充实、粗壮、木质化程度高的骨干主枝,起扩大树冠、塑造树型、着生其他次级侧枝的作用。由于顶端优势的影响,主干和骨干主枝上的多数芽为隐芽,长期处于潜伏状态。由骨干主枝顶部的芽萌发形成延长枝,进一步扩展树冠。延长枝进一步生长,有的能加入到骨干枝的行列。延长枝上再着生细弱侧枝,完善树体骨架。细弱枝相对较细小,养分有限,可直接着生叶或花。

各类树种寿命不同,通常细弱枝更新较频繁,但随树龄的增加,主干、骨干主枝以及延长枝的生长势也会逐渐转弱,从而使树体外形不断变化,观赏效果得以丰富。

2. 多干丛生型

以灌木树种为主,由根颈附近的芽或地下芽抽生形成几个粗细接近的枝干,构成树体的骨架,在这些枝上,再萌生各级侧枝。常见的如毛叶丁香、杜鹃、小叶女贞等。

这类树木离心生长相对较弱,顶端优势也不十分明显,植株低矮,芽的抽枝能力强。有些种类反而枝条中下部芽较饱满,抽枝旺盛,使树体结构更紧密,容易更新复壮。这类树木主要靠下部的芽逐年抽生新的枝干来完成树冠的扩展。

3. 藤蔓型

有一至多条从地面生长出的明显主蔓,藤蔓兼具单干直立型和多干丛生型树木枝干的生长特点。但藤蔓自身不能直立生长,因而无确定冠形。

藤蔓型树种,如九重葛、紫藤等,主蔓自身不能直立,但其顶端优势仍较明显,尤其是在幼年时,主蔓生长很旺,壮年以后,主蔓上的各级分枝才明显增多,其衰老更新特性常介于单干直立型和多干丛生型之间。

1.3.3 叶和叶幕的形成

叶是进行光合作用制造有机养分的主要器官。植物体内90%左右的干物质是由叶片合成的。光合作用制造的有机物不仅供植物本身的需要,而且是地球上有机物质的基本源泉。

植物体生理活动的蒸腾作用和呼吸作用主要也是通过叶片进行的,因此了解叶片的形成对树木的栽培有重要作用。

1.3.3.1 叶片的形成

叶片是由叶芽中前一年的叶原基发展起来的,其大小与前一年或前一生长时期形成叶原基时的树体营养和当年叶片生长期的长短有关。单个叶片自展叶到叶面积停止增加所用的时间及叶片的大小,不同树种、品种和不同枝梢是不一样的。梨和苹果的外围长梢上,春梢段基部叶和秋梢叶生长期都较短,叶都较小。而旺盛生长期形成的叶片生长时间较长,叶就较大。

短梢叶片除基部叶片发育时间短外,其余叶片大体比较接近。因此,不同部位和不同叶龄的叶片,其光合能力也是不一样的。初展之幼嫩叶,由于叶组织量少,叶绿素浓度低,光合生产效率较也低,随着叶龄增加,叶面积增大,生理上处于活跃状态,光合效能大大提高,直到达到一定的成熟度为止,然后随叶片的衰老而降低。展叶后在一定时期内光合能力很强,常绿树以当年的新叶光合能力为最强。

由于叶片出现的时期有先后,同一树体上就有各种不同叶龄的叶片,并处于不同发育时期。总的说来,在春季,叶芽萌动生长,此时枝梢处于开始生长阶段,基部先展之叶的生理活动较活跃。随着枝的伸长,活跃中心不断向上转移,基部之叶逐渐衰老。

1.3.3.2 叶幕的形成

叶幕是指叶在树冠内的集中分布区域,它是树冠叶面积总量的反映。园林树木的叶幕随树龄、整形、栽培目的与方式不同,其形状和体积也不相同。幼年树,由于分枝尚少,内膛小枝内外见光,叶片充满树冠,其树冠的形状和体积也就是叶幕的形状和体积。自然生长无中心干的成年树,叶幕与树冠体积并不一致,其枝叶一般集中在树冠表面,叶幕往往仅限树冠表面较薄的一层,多呈弯月形叶幕。

具中心干的成年树,树冠多呈圆头形,老年树多呈钟形叶幕,具体依树种而异。成片栽植的树林的叶幕,顶部呈平面形或立体波浪形。为结合花果生产,多经人工整形修剪使其充分利用光能,或为避开高架线的行道树。常见的还有杯状整形的杯状叶幕;用层状整形的,则形成分层形叶幕;按圆头形整形的呈圆头形、半圆头形叶幕。

藤木的叶幕随攀附的构筑物体形状而异。落叶树木的叶幕在年周期中有明显的季节变化。其叶幕的形成也是按慢—快—慢的规律进行的。叶幕形成的速度与强度因树种和品种、环境条件和栽培技术的不同而不同。一般幼龄树长势强,或以抽生长枝为主的树种或品种,其叶幕形成时期较长,出现高峰较晚;树木长势弱、年龄大或短枝品种,其叶幕形成与高峰到来早。如桃树以抽生长枝为主,其树冠叶面积增长最快是长枝旺长之后,叶幕高峰形成较晚;而梨和苹果的成年树以短枝为主,其树冠叶面积增长最快是在短枝停长期,故其叶幕形成早,高峰出现也早。

落叶树的叶幕,从春天发叶到秋天落叶,大致能保持 5~10 个月的生长期。而常绿树由于叶片的生存期长,多半可达 1 年以上,而且老叶多在新叶形成之后逐渐脱落,故其叶幕比较稳定。对生产花果的落叶树来说,较理想的叶面积生长动态是前期增长快,后期合适的叶面积保持期长,并要防止叶幕过早下降。

1.3.4 花芽的分化与开花

花在园林树木观赏中具有很重要的地位,要达到花繁、果丰的目标,或在绿化中促进花期提前或采取抑制手段拖延花期,都需要首先了解树木花芽的分化规律及特点。对于园林绿化来说,掌握花芽分化的规律,促进花、果类树木的花芽形成和提高花芽分化质量,是保证花期景观效果的主要基础,对增加园林美化效果具有很重要的意义。

植物的生长点既可以分化为叶芽,也可以分化为花芽。这种生长点由叶芽状态开始向花芽状态转变的过程,称为"花芽分化"。也有指包括花芽形成全过程的,即从生长点顶端变得平坦,四周下陷开始,逐渐分化为萼片、花瓣、雄蕊、雌蕊以及整个花蕾或花序原始体的全过程,称为"花芽形成"。由叶芽生长点的细胞组织形态转为花芽生长点的组织形态过程,称为"形态分化"。在出现形态分化之前,生长点内部由叶芽的生理状态(代谢方式)转向形成花芽的生理状态(用解剖方法还观察不到)的过程称为"生理分化"。因此树木花芽分化概念有狭义和广义之说。狭义的花芽分化是指形态分化;广义的花芽分化包括生理分化、形态分化、花器官的形成与完善直至性细胞的形成。

1.3.4.1 花芽分化的过程

花芽分化一般分为生理分化期、形态分化期和性细胞形成期三个分化期,由于树种遗传特性不同,因此树种间的花芽分化时期具有很大差异。

1. 生理分化时期

此时期是芽内生长点的叶芽生理状态向分化花芽的生理状态变化的过程,是花芽能否得以分化的关键时期。此时植物体内各种营养物质的积累状况、内源激素的比例状况等方面的调节都已为形成花芽作好准备。据研究,生理分化期约在形态分化期前1~5周。由于生理分化期是花芽分化的关键时期,且又难以确定,故以形态分化期为依据,称生理分化期为分化临界期。

2. 形态分化期

此时期是花芽分化具有形态变化发育的时期。在这个时期,根据花或花序的各个器官原始体形成,分成以下五个时期。

(1)分化初期。是芽内生长点由叶芽形态转向花芽形态的最初阶段,往往因树种不同而稍有不同。一般是由芽内突起的生长点逐渐肥厚变形,顶端高起形成半球形状,四周下陷,从形态上和叶芽生长点有着明显区别,从细胞组织形态上改变了芽的发育方向,是判断花芽分化的形态标志,利用解剖方法可以确定。但此时花芽分化不稳定,如果内外条件不具备,可能会出现可逆变化,退回叶芽状态。

(2)萼片形成期。下陷四周产生突起物,形成萼片原始体,到此阶段才可以肯定为花芽,以后的发展是不可逆的发展。

(3)花瓣形成期。在萼片原始体内侧发生突出体,即为花瓣原始体。

(4)雄蕊形成期。在花瓣原始体内侧发生的突起物即为雄蕊原始体。

(5)雌蕊形成期。在花瓣原始体的中心底部发生的突起物,即为雌蕊原始体。

形态分化期的长短取决于树种、分化类型等因素。

3. 性细胞形成期

当年进行一次或多次花芽分化并开花的树木,花芽的性细胞都在年内较高温度的时期形成。夏秋分化型的树木经过夏秋花芽分化后,经冬春一定时期的低温累积条件,形成花器官并进一步分化完善,随着第二年春季气温逐渐升高,直到开花前,整个性细胞的形成才完成。此时,性细胞的形成受树体营养状况影响,条件差时会发生退化,影响花芽质量,引起大量落花落果。因此,在花前和花后及时追肥灌水,对提高坐果率有明显的好处。

1.3.4.2 花芽分化的类型

花芽分化开始时期和延续时间的长短以及对环境条件的要求,因树种与品种、地区、年龄等的不同而不同。根据不同树种花芽分化的特点,花芽分化的类型可以分为以下四种。

1. 夏秋分化型

绝大多数早春和春夏之间开花的观花树木,它们都是于前一年夏秋(6—8月)间开始分化花芽,并延迟至 9—10 月间,完成花器官分化的主要部分。如海棠、榆叶梅、樱花、迎春、连翘、玉兰、紫藤、泡桐、丁香、牡丹等,以及常绿树种中的枇杷、杨梅、杜鹃等。但也有些树种,如板栗、柿子分化较晚,在秋天只能形成花原始体,需要延续更长的时间才能完成花器分化。

2. 冬春分化型

原产暖地的某些树种,一般秋梢停止生长后,至第二年春季萌芽前,即于当年 11 月—次年 4 月间,花芽逐渐分化与形成,如龙眼、荔枝等。柑橘类的橘、柑、柚等一般从 12 月至次年春天分化花芽,其分化时间较短,并连续进行。此类型中,有些延迟到年初才开始分化,而在冬季较寒冷的地区,如浙江、贵州等地有提前分化的趋势。

3. 当年分化型

许多夏秋开花的树木都是在当年新梢上形成花芽并开花,不需要经过低温,如木槿、槐树、紫薇、珍珠梅、荆条等。

4. 多次分化型

在一年中能多次抽梢,每抽一次梢就分化一次花芽并开花的树木,如月季、四季橘、四季桂等。此类树木中,春季第一次开花的花芽有些可能是去年形成的,各次分化交错发生,没有明显停止期。

此外还有不定期分化型,主要为原产热带的乔木性草本植物,如香蕉、番木瓜等。

1.3.4.3　影响树木花芽分化的因素

花芽分化受树木本身遗传特性、生理活动及各个器官之间关系的影响,各种因素都有可能抑制花芽分化。

1. 花芽分化的内因

(1) 花芽分化的基本内在条件:

① 生长点细胞必须处于分裂又不过旺的状态。形成顶花芽的新梢必须处于停止加长生长或处于缓慢生长状态,才能进入花芽的生理分化状态;而形成腋花芽的枝条必须处于缓慢生长状态,即在生理分化状态下生长点细胞不仅进行一系列的生理生化变化,还必须进行活跃的细胞分裂才能形成结构上完全不同的新的细胞组织,即花原基。正在进行旺盛生长的新梢或已进入休眠的芽是不能进行花芽分化的。

② 营养物质的供应是花芽形成的物质基础。由简单的叶芽转变为复杂的花芽,要有比形成叶芽更丰富的结构物质,以及在花芽形态生成中所需要的能源、能量贮藏和转化物质。

对此,近百年来不同学者提出了以下几种学说:碳氮比学说,认为细胞中氮的含量占优势,促进生长,碳水化合物稍占优势时有利于花芽分化;细胞液浓度学说,认为细胞分生组织进行分裂的同时,细胞液的浓度增高,才能形成花芽;氮代谢方向学说,认为氮的代谢转向蛋白质合成时,才能形成花芽;成花激素学说,认为叶中制造某种成花物质,输送到芽中使花芽分化。究竟是什么成花物质,至今尚未明确,有人认为它是一种激素,是花芽形成的关键,有的则认为是多种激素水平的综合影响。

③ 源激素的调节是花芽形成的前提。花芽分化需要激素启动与促进，与花芽分化相适应的营养物质积累等也直接或间接与激素有关，如内源激素中的生长素(IAA)、赤霉素(GA)、细胞分裂素、脱落酸(ABA)和乙烯等，还有在树体内进行物质调节、转化的酶类。

④ 遗传基因是花芽分化的关键。在花芽分化中起决定作用的脱氧核糖核酸(DNA)和核糖核酸(RNA)，影响芽的代谢方式和发育的方向。

(2) 树木各器官对花芽分化的影响：

① 叶的生长与花芽分化。枝叶的营养生长与花芽分化的关系在不同的时期不相同，既有抑制分化的时候，也有促进分化的时候。叶片是同化器官，是植物有机物质的合成和加工厂，叶量的多少对树体内有机营养物质的积累起着非常重要的作用，影响花芽分化。只有生长健壮的枝条，才能扩大叶面积，制造的有机营养物才多，形成花芽才能有可靠的物质基础，否则比叶芽复杂的花芽分化就不可能完成。国内外的研究结果一致认为，绝大多数树种的花芽分化都是在新梢生长趋于缓和或停止生长后开始的。这是由于新梢停止生长前后，树体的有机物开始由生长消耗为主转为生产积累占优势，给花芽分化提供有利条件。如果树木的枝叶仍处于旺盛的营养生长之中，有机物质仍处于消耗过程或积累很少，即使在花芽分化的时期，由于树体有机物质的不足，同样无法进行花芽分化。由此可见，枝条在营养生长中消耗营养物质，这种消耗促进枝叶量的增加，也是对花芽分化的投资。只有扩大枝条空间，才能扩大叶面积，促进光合生产和有机物质的积累，促进花芽分化，增加花芽分化的数量；但消耗过量，始终满足不了花芽分化的物质条件，就抑制了花芽分化。因此，在花芽分化期前的新梢生长可采取措施促进枝叶的生长，健壮的枝叶有利于花芽分化。而在花芽分化期中，如果仍然大量地营养生长，则不利于分化，可以通过措施抑制或终止新梢的生长来促进花芽分化。

同时，枝叶生长的过程中除了对营养物质消耗外，还通过内源激素对花芽分化产生影响。新梢顶端(茎尖)是生长素(IAA)的主要合成部位。生长素不断地刺激生长点分化幼叶，并通过加强呼吸、促进节间伸长和输导组织的分化；幼叶是赤霉素的主要合成部位之一，赤霉素刺激生长素活化，与生长素共同促进节间生长，加速淀粉分解，为新梢生长提供充足营养，这种作用不断消耗营养物质，影响了营养物质积累，抑制花芽分化。成熟叶片产生脱落酸(ABA)对赤霉素产生拮抗作用，导致生长素、赤霉素的水平降低，并抑制淀粉酶生成，促进淀粉合成、积累，有利于枝梢充实、根系生长和花芽分化。随着老熟叶片量的增加，脱落酸的作用增加，新梢、幼叶停止生长、分化，营养物质进一步积累，方能进行花芽分化。

总之，良好的枝叶生长能为花芽分化打下坚实的物质基础，没有这个基础，花芽分化的质与量都会受到影响。

② 根系生长与花芽分化。根系生长(尤其是吸收根的生长)与花芽分化有明显的正相关。这一现象与根系在生长过程中吸收水分、养分量加大有关，也与其合成蛋白质和细胞分裂素有关系。茎尖虽也能合成细胞分裂素，但少于吸收根。当枝叶量处于最大量时，也是光合作用、蒸腾作用最强的时候，根系只有不断生长，才能有利于树体蒸腾、促进光合作用，有利于营养物质积累，有利于花芽分化。细胞分裂素大量合成也是花芽分化的物质基础。

③ 花、果与花芽分化。花、果既是树体的生殖器官，也是消耗器官，在开花中和幼果生长过程中消耗树体生产、积累的营养物质。幼果具很强的竞争力，在生长过程中，对附近新梢的生长、根系的生长都有抑制作用，抑制营养物质的积累和花芽分化。幼果种胚在生长阶段产生

大量的赤霉素、生长素促进果实生长,抑制花芽分化;而到果实采收前一段时间(1～3周),种胚停止发育,生长素与赤霉素水平下降,果实的竞争能力下降,使花芽分化形成高峰期。

枝、叶、花、果、根在生长期中的不同状况对花芽分化产生综合影响。枝、叶、花、果均在生长中时,对花芽分化产生抑制;而当新梢停长,叶面积形成后,则起促进作用,但果实仍起抑制作用。此时既要给花芽分化提供物质条件,又要保持果实的生长,必须保持足够的叶量。就不同枝条的叶面积而言,长枝叶面积绝对量大,但从枝条单位长度看,短枝叶成簇状,面积最大。短枝叶量大,积累多,极易形成花芽。先花后叶的树木,在繁盛的花期,消耗大量的贮藏营养,抑制根系、新梢的生长,也间接地影响果实生长和花芽分化。

2. 影响花芽分化的外界因素

气候、季节等外界因素发生变化,可以刺激树木内部因素变化,启动有关的开花基因,促使开花基因指导形成有利于花芽分化的基本物质,如特异蛋白质,促使花芽的生理分化和形态分化。

(1)光照。光照对树木花芽分化的影响是多方面的,不但可以通过对温度变化和对土壤微生物活动的影响,间接地影响花芽分化,而且也通过影响树木光合作用和蒸腾作用,造成树体内有机构质的形成积累、体内细胞质浓度以及内源激素的平衡发生变化来影响花芽分化。光对树木花芽分化的影响主要是光量、光照时间和光质等方面。经试验,在绿地里种植的许多绿化树种对光周期变化并不敏感,但对光照的质和量要求比较高。

(2)温度。温度是树木进行光合作用、蒸腾作用、根系的吸收、内源激素的合成和活化等一系列生理活动过程中关键的影响因素,并以此间接影响花芽分化。

一些树种如山毛榉、松属、落叶松属和黄杉属等的花芽分化都与夏天温度的升高呈正相关;夏秋进行花芽分化的花木如杜鹃、山茶、桃、樱花、紫藤等在6～9月较高的气温下完成花芽分化;而冬春进行花芽分化的树木如柑橘类、油橄榄等热带树种,则需要有较低温度条件进行花芽分化,如油橄榄要求冬季低温在7℃以下,否则较难成花。

(3)水分。水分是植物体生长、生理活动中不可缺少的因素。但是,无论哪种树木花芽分化期的水分过多,均不利于花芽分化,适度干旱反而有利于树木花芽形成。如在新梢生长季对梅花适当减少灌水,能使新梢停长,花芽密集,甚至枝条下部也能成花。因此控制对植物的水分供给,尤其是在花芽分化临界期前,短期适度控制水分(60%左右的田间持水量),可达到控制营养生长、促进花芽分化的作用,这是园林绿化中经常采用的一种促花手段。对于这种控制水分促进成花的原因有着不同的解释:有人认为在花芽分化时期进行控水,抑制新梢的生长,使其停长或不徒长,有利于树体营养物质的积累,促成花芽分化;有人认为适度缺水,造成生长点细胞液浓度提高而有利于成花;也有人认为,缺水能增加氨基酸,尤其是精氨酸的含量,有利于成花。水多可提高植物体内氮的含量,不利于成花。缺水除了以上作用外,也会影响内源激素的平衡,在缺水植物中,体内脱落酸含量较高,有抑制赤霉素和淀粉酶的作用,促进淀粉累积,有利于成花。以上种种解释,可能都只强调了某个侧面,但采取控水措施确能促进成花。

(4)矿质养分。不同矿质养分对树木的生长发育产生不同影响。施肥,特别施用大量氮素对花原基的发育具有强烈影响。树木缺乏氮素时,限制叶组织的生长,同样不利于成花诱导。氮肥对有些树木雌花、雄花比例有影响,如能促进各种松树和一些被子植物的树种形成雌花,但对松树雄花发育影响小,甚至有负作用。施用不同形态的氮素会产生不同效果,如铵态氮施予苹果树,花芽分化数量多于硝态氮;而对于北美黄杉,硝态氮可促进成花,铵态氮则对成花没影响。虽然氮的效果被广泛肯定,但其在花芽分化中的确切作用没有真正弄清楚,还有待深入研究。

磷对树木成花作用因树而异,苹果施磷肥后增加成花,而对樱桃、梨、桃、李、杜鹃等无反应。在成花中,磷与氮一样,产生什么样的作用很难确定。缺铜可使苹果、梨的成花量减少,苹果枝条中钙的含量与成花量呈正相关,钙、镁的缺乏造成柳杉成花不足。总之,大多数营养元素相当缺乏时,不利于成花。

(5) 栽培技术。在树木栽培中,采取综合措施(如挖大穴、用大苗、施大肥)促进根系发展,扩大树冠,加速养分积累,然后采取转化措施(开张角度或进行环剥)可促其早成花。此外,搞好周年管理,加强肥水、防治病虫、合理疏花、疏果来调节养分分配、减少消耗,也可促使树体形成足够的花芽。还可利用矮化砧木和生长延缓剂来促进成花。

1.3.4.4　花芽分化的特点

树木的花芽分化虽因树种类别而有很大的差别,但各种树木在分化期都有以下特点。

1. 都有一个分化临界期

各种树木从生长点转为花芽形态分化之前,必然都有一个生理分化阶段。在此阶段,生长点细胞原生质对内外因素有高度的敏感性,处于易改变的不稳定时期。因此,生理分化期也称花芽分化临界期,是花芽分化的关键时期。

2. 花芽分化的长期性

大多数树木的花芽分化,以全树而论是分期分批陆续进行的,这与各生长点在树体各部位枝上所处的内外条件和营养生长停止时间有密切关系。同一树种的不同品种间差别也很大,有的从 5 月中旬开始生理分化,到 8 月下旬为分化盛期,到 12 月初仍有 10%~20% 的芽处于分化初期状态,甚至到翌年 2—3 月间还有 5% 左右的芽仍处在分化初期状态。这种现象说明,树木在落叶后,在暖温带可以利用贮藏养分进行花芽分化,因而分化是长期的。

3. 花芽分化的相对集中性和相对稳定性

各种树木花芽分化的开始期和盛期(相对集中期)在不同年份有差别,但并不悬殊。以果树为例,苹果在 6—9 月;桃在 7—8 月;柑橘在 12—2 月。花芽分化的相对集中和相对稳定性与稳定的气候条件和物候期有密切关系。多数树木是在新梢(春、夏、秋梢)停长后,为花芽分化高峰。

4. 形成花芽所需时间因树种和品种而异

从生理分化到雌蕊形成所需时间,因树种、品种而不同。梅花的形态分化从 7 月上中旬—8 月下旬完成;牡丹 6 月下旬—8 月中旬为分化期。

5. 花芽分化早晚因条件而异

树木花芽分化时期不是固定不变的,一般幼树比成年树晚,旺树比弱树晚;同一树上短枝、中长枝及长枝上腋花芽形成依次渐晚;一般停长早的枝分化早,"大年"时新梢停长早,但因结实多,会使花芽分化推迟。

1.3.4.5　调控花芽分化的途径

在了解植物花芽分化规律和条件的基础上,可综合运用各项栽培技术措施,调节植物体各器官间生长发育关系与外界环境条件的影响,来促进或控制植物的花芽分化,如适地适树的繁殖与栽培技术措施、嫁接与砧木的选择、整形修剪、水肥管理及生长调节剂的使用等。

在利用栽培措施控制花芽分化时须要注意以下几个关键问题:

(1) 要了解树种的开花类别和花芽分化时期及分化特点,确定管理技术措施的使用。

(2) 抓住花芽分化临界期,适时采取措施来促进花芽分化。

(3) 根据不同类别树木的花芽分化与外界因子的关系,利用满足与控制外界环境条件来达到调控花芽分化的目的。

(4) 根据树木不同年龄时期、不同树势、不同枝条生长状况与花芽分化关系,采取相应措施来调控花芽的分化。

(5) 使用生长调节剂来调控花芽分化。

1.3.5　树木开花

一个正常的花芽,当花粉粒和胚囊发育成熟后,花萼与花冠展开的现象称为"开花"。在园林生产实践中,开花的概念有着更广泛的含义,例如裸子植物的孢子叶球(球花)和某些观赏植物的有色苞片或变态叶片的展显,都称为"开花"。树木开花是树木成熟的标志,也是大多数树种成年树体年年出现的重要物候现象。许多树木的花有很高的观赏价值,在每年一定季节中发挥着很好的观赏效果。树木的花开得好坏,直接关系到园林种植设计美化的效果,了解它们的开花规律,对提高观赏效果及花期的养护技术都有很重要的意义。

1.3.5.1　开花与温度的关系

开花期出现时间的早晚,因树种、品种和环境条件而异,特别与气温有密切关系。各种树木开花的适宜温度不同。如桃开花期的日平均温为 10.3℃,樱桃为 11.4～11.8℃,枇杷为 13.3℃,柑橘 17℃左右。但是开花与日平均温度的关系只是影响树木开花早晚的一个方面,越来越多的研究证明,从花芽膨大到始花期间的生物学有效积温是开花的重要指标。在河北昌黎地区,葡萄的生物学零度为 10℃,玫瑰香品种从萌芽到始花的有效积温为 297.1℃,龙眼品种为 334.9℃。天气越暖,达到相应的有效积温日数越短,越能提前开花。

由于花期迟早与温度有密切关系,因此任何引起温度变化的地理因素或小气候条件都会导致花期的提前或推后。

1.3.5.2　树木的开花习性

树木的开花习性是树木在长期生长发育过程中形成的一种比较稳定的习性。从内在因素方面,开花习性在很大程度上为花序结构决定,但花芽分化程度上的差异也对开花习性产生影响。在园林绿化中,利用开花习性可提高观花树木的景观效果。

1. 开花的顺序性

（1）不同树种的开花时期。供观花的园林树木种类很多,由于受其遗传性和环境的影响,在一个地区内一般都有比较稳定的开花时期。除特殊小气候环境外,同一地区各种树木每年开花期相互之间有一定的顺序性。如在南京地区的树木,一般每年按下列顺序开放:梅花、柳树、杨树、玉兰、樱花、桃树、紫荆、紫藤、刺槐、合欢、悬铃木、木槿、槐树等。

（2）同一树种不同品种开花时间早晚不同。在同一地区、同一树种不同品种间开花有一定的顺序性。例如:南京地区的梅花不同品种间的开花顺序可相差1个月左右的时间。凡品种较多的花木,按花期都可分为早花、中花、晚花三类。

（3）雌雄同株及雌雄异株树木花的开放。雌、雄花既有同时开的,也有雌花先开,或雄花先开的。凡长期实生繁殖的树木,如核桃,常有这几种类型混杂的现象。

（4）同株树木不同部位枝条花序的开放。同一树体上不同部位枝条开花早晚不同,一般短花枝先开放,长花枝和腋花芽后开;向阳面比背阴面的外围枝先开。同一花序开花早晚也不同。具伞形总状花序的苹果,其顶花先开;而具伞房花序的梨,则基部边花先开;柔荑花序的基部先开。

2. 开花的类别

（1）先花后叶类。此类树木在春季萌动前已完成花器官分化,花芽萌动不久即开花,先开花后长叶,如迎春、连翘、紫荆、日本樱花等。

（2）花、叶同放类。此类树木花器官也是在花芽萌动前完成分化,开花和展叶几乎同时进行。如先花后叶类中的榆叶梅、桃与紫藤等树种中的某些开花较晚的品种与类型,此外多数能在短枝上形成混合芽的树种也属此类,如苹果、海棠、核桃等。混合芽虽先抽枝展叶而后开花,但多数短枝抽生时间短,很快见花。此类开花较前类稍晚。

（3）先叶后花类。此类树木中如葡萄、柿子、枣等,是由上一年形成的混合芽抽生相当长的新梢,于新梢上开花,加上萌芽要求的气温高,故萌芽晚,开花也晚。多数此类树木的花器官是在当年生长的新梢上形成并完成分化,一般于夏秋开花,在树木中属开花最迟的一类。如木槿、紫薇、凌霄、槐、桂花、珍珠梅、荆条等,有些还能延迟到初冬,如枇杷、油茶、茶树等。

3. 花期延续时间

（1）因树种与类别不同而不同。由于园林树木种类繁多,几乎包括各种花器官分化类型,加上同种花木品种多样,在同一地区树木花期延续时间差别很大。如在南京,开花短的6～7天(如丁香、金桂等);长的可达100～240天(如茉莉可开110天,六月雪可开117天,月季可达240天左右)。不同类别树木的开花还有季节特点,春季和初夏开花的树木多在前一年的夏季就开始进行花芽分化,于秋冬季或早春完成,到春天一旦温度适合就陆续开花,一般花期相对短而整齐;夏秋开花者多在多年生枝上分化花芽,分化有早有晚,开花也就不一致,加上个体间差异大,因而花期较长。

（2）同种树木因树体营养、环境而异。青壮年树比衰老树的开花期长而整齐。树体营养状况好,开花延续时间长。在不同小气候条件下,开花期长短不同,树荫下、大树或楼宇北面花期长。开花期因天气状况而异,花期遇冷凉潮湿天气可以延长,而遇到干旱高温天气则缩短。开花期也因环境而异,高山地区随着地势增高花期延长,这与随海拔增高,气温下降、湿度增大有关。

4. 每年开花次数

(1) 因树种与品种而异。多数树种每年只开一次花,但也有些树种或栽培品种一年内有多次开花的习性,如茉莉、月季、四季桂、佛手、柠檬、葡萄等。紫玉兰中也有多次开花的变异类型。

(2) 再度开花。绝大多数原产温带和亚热带地区的树种一年只开一次花,但有时能发生再次开花现象,常见的有桃、杏、连翘等,偶见玉兰、紫藤等。树木再次开花有两种情况:一种是花芽发育不完全或因树体营养不足,部分花芽延迟到春末夏初才开,这种现象时常发生在梨或苹果某些品种的老树上;另一种是秋季发生再次开花现象,这是典型的再度开花。为与一年两次开花习性相区别,用"再度开花"这个术语是比较确切的。这种一年再度开花现象,既可能由"不良条件"引起,也可以由于"条件的改善"而引起,还可以由这两种条件的交替变化引起。

树木再度开花对一般园林树木影响不大,有时候还可以加以利用。此类现象多用在国庆花坛摆放上,人为措施对所需花木如碧桃、连翘、榆叶梅、丁香等在8月底9月初摘去全树叶片,并追施肥水,到国庆节时即可成花。但由于花芽分化的不一致,再度开花不及春季开花繁茂。绿地里种植的花木不宜出现这种现象,一是树木的物候变化是反映景观动态的主要因素,再度开花不能反映植物真正的景观效果;二是再度开花提前萌发了来年的花芽,造成树体营养大量消耗,并不利于越冬,因而会大大影响第二年树木开花的数量和效果。因此,树木养护时要做好预防病虫害、排涝、防旱等措施,以预防观花树木再度开花现象的发生。

1.3.6 果实的生长发育

树木果实是园林树木的一个重要器官,通常利用果实的奇(奇特、奇趣)、丰(丰收景观)、巨(巨形)、色(艳丽)以提高树木的观赏价值。在树木养护中,需要掌握果实的生长发育规律,通过一定的栽植养护措施,才能达到所需的景观效果。

1.3.6.1 授粉和受精

树木开花后,花药开裂,成熟的花粉通过媒介到达雌蕊柱头上的过程称为授粉,花粉萌发形成花粉管伸入胚囊,精子与卵子结合过程称为受精。影响树木授粉、受精主要有以下几个因素。

1. 授粉媒介

木本植物里有很多是风媒花,靠风将花粉从雄花传送到雌花柱头上。如松柏类、杨柳科、壳斗科、桦木、悬铃木、核桃、榆树等。有的是虫媒花,如大多数花木和果树。树木授粉的媒介并非绝对风媒或虫媒,有些虫媒花树木也可以借风力传播,有些风媒花树开花时,昆虫的光顾也可起到授粉作用。

2. 授粉选择

树木在自然生存中,针对自身繁殖特点,对授粉有不同的适应性。同朵花、同品种或同一植株(同一无性系树木)雄蕊上的花粉落到雌蕊柱头上,称为"自花授粉"。通过"自花授粉"并结果实称为"自花结实",自花授粉结实后无种子产生称为"自花不育"。大多数蝶形花科植物,桃、杏的有些品种,部分李、樱桃和葡萄的品种是自花授粉树种。不同品种、不同植物间的传粉称为"异花授粉"。异花授粉的有雌雄异株授粉的杨、柳、银杏等;雌雄异熟的核桃、柑橘、油梨、荔枝等,雄蕊、雌蕊成熟的早晚不同,有利异花授粉;雌蕊、雄蕊不等长,影响自花授粉和结实,多为异花授粉。

3. 树体营养状况、环境条件对授粉受精的影响

树体营养是影响授粉受精的主要内因,氮素不足会导致花粉管生长缓慢;硼对花粉萌发和受精有促进作用,并有利于花粉管伸长;钙有利于花粉管的生长;磷能提高坐果率。因此,在花期中喷施磷、氮、硼肥有利于授粉受精。

环境状况变化影响树木授粉受精的质量。温度是影响授粉的重要因素,不同树种授粉最适宜的温度不同。温度不足,花粉管伸长慢,甚至花粉管未到珠心时胚囊已失去功能,不利于受精;过低温度能使花粉、胚囊冻死。如低温期过长,会造成开花慢而叶生长加快,因而消耗过多养分不利于胚囊的发育与受精;而且低温也不利于昆虫授粉,一般蜜蜂活动需要 15℃ 以上的温度。

阴雨潮湿不利于传粉,花粉不易散发,并极易失去活力;雨水还会冲掉柱头上的黏液;微风有利风媒花传粉,大风使柱头干燥蒙尘,花粉难以发芽,而且大风影响昆虫的授粉活动。

1.3.6.2　坐果与落果

经过授粉受精后,花的子房膨大发育成果实,在生产上称为坐果。但授粉受精后,并不是所有树木都能坐果结实。事实上,坐果数比开花数要少得多,能最终成熟的果实则更少。其原因是开花后,一部分未能授粉、受精的花脱落了,另一部分虽已经授粉、受精,但因营养不良或其他原因产生脱落,这种现象称为"落花落果"。

树木落花落果的原因很多:一是花器官在结构上有缺陷,如雌蕊发育不全、胚珠退化等;二是树体营养状况、果实激素含量不理想;三是土壤干旱、温度过高过低、光照不足等环境因素的影响;四是病虫害对花果的伤害等,从而影响果实成熟期的观赏效果。此外,果实间的挤压,大风、暴雨、冰雹也是造成落果的重要因素。

1.3.6.3　防止落花落果的措施

对于观果树木来说,果量不足,就达不到所需的景观效果,故在栽植养护中需要有针对性地采取措施,促进坐果率的提高。

1. 加强土、肥、水管理及树体本身的管理与养护

加强土、肥、水管理,促进树木的光合生产,提高树体营养物质的积累,提高花芽质量,有利于受精坐果。如果树体营养不良,进行分期追肥,合理浇水,可以明显减少落果。

加强树体本身的养护管理,通过合理修剪,调整树木营养生长与生殖生长的关系,使叶、果保持一定比例,调节树冠通风透光条件;新梢生长量过大时,及时通过处理副梢、摘心控制营养生长,减少营养消耗,提高坐果率。

有些树木出现落花落果的原因是由于营养生长过旺,新梢营养生长消耗大,造成坐果时营养不足而落果,可以利用环剥、刻伤的方法调节树体营养状况。一般在花前或花期中进行操作。如枣和柿树通过环剥和刻伤,分别提高坐果率 50%~70% 和 100% 左右。

2. 创造授粉、坐果的条件

由于授粉受精不良是落花、落果的主要原因之一,因此应创造良好的授粉条件,提高坐果率。异花授粉的园林树木,可适当布置授粉树,在适当的地段还可放养蜜蜂帮助授粉;在天气干旱的花期里,可以通过喷水提高坐果率。

1.4　园林树木生长发育的整体性

树木作为结构与功能均较复杂和完善的有机体,是在与外界环境进行不断斗争中生存和发展的。树木自身各部分之间以及生长发育的各阶段或过程之间,既存在相互联系、相互依赖、相互调节的关系,也存在相互制约、相互对立的关系。这种相互对立与统一的关系,就构成了树木生长发育的整体性。研究树木的整体性,有助于更全面、综合地认识树木生长发育的规律,以指导生产实践。园林树木生长发育的整体性,主要表现在植物的一部分器官会对另一部分器官的生长发育起到调节效果,这种关系被称为相关效应或相关性。相关性的出现,主要是由于树木体内营养物质的供求关系和激素等调节物质的作用。相关性一般表现在相互抑制或相互促进两个方面。最普遍的相关性现象,包括地上部分与地下部分、营养生长与生殖生长、各器官之间的相关性等。

1.4.1　地上部分与地下部分的相关性

在正常情况下,树木地上部分与地下部分之间为一种相互促进、相互协调的关系。以水分、营养物质和激素的双向供求为纽带,将两部分有机地联系起来。因此,地上部分与地下部分之间,必须保持良好的协调和平衡关系,才能确保整个植株的健康发育。人们常说的"根深叶茂""根靠叶养,叶靠根长"等俗语就非常精炼地概括了树木地上部分与地下部分之间密切相关的关系。树木的地上部分与地下部分表现出很好的协调性,如许多树木根系的旺盛生长时间与枝、叶的旺盛生长期相互错开,根在早春季节,比地上部分先萌动生长,有的树木的根还能在夜间生长,这样就缓和了在水分、养分方面的供求矛盾。在生长量上,树冠与根系也常保持一定的比例,不少树木的根系分布范围与树冠基本一致,但垂直伸长多小于树高;有些树种幼苗的苗高,常与主根长度呈线性相关。总之,问题的关键是,保持或恢复地上部分与地下部分之间养分与水分的正常平衡,树木才能正常生活和生长发育。所以,在移栽树木时,若对根系损伤太大,树木吸收能力显著下降,则必须对地上部分进行重修剪;反之可轻剪或不剪,以保持原有树形和尽快发挥观赏效果。

1.4.2　各器官的相关性

1.4.2.1　顶芽与侧芽

幼、青年树木的顶芽通常生长较旺,侧芽相对较弱和生长缓慢,表现出明显的顶端优势。除去顶芽,则优势位置下移,促进较多的侧芽萌发,有利于扩大树冠;去掉侧芽则可保持顶端优势。生产实践中,可根据不同的栽培目的,利用修剪措施来调控树势和树形。

1.4.2.2　根端与侧根

根的顶端生长对侧根的形成有抑制作用。切断主根先端,有利于促进侧根;切断侧根,可多发侧生须根,对实生苗多次移植,有利于出圃后的移栽成活,就是这个道理。对壮老龄树深翻改土,切断一些一定粗度的固着根,有利于促发须根、吸收根,以增强树势、更新复壮。

1.4.2.3　果与枝

正在发育的果实争夺养分较多,对营养枝的生长、花芽分化有抑制作用。其作用范围虽有一定的局限性,但如果结实过多,就会对全树的长势和花芽分化起抑制作用,并出现开花结实的"大小年"现象。其中,种子所产生的激素抑制附近枝条的花芽分化更为明显。

1.4.2.4　树高与直径

通常树木树干直径的开始生长时间落后于树高生长,但生长期较树高生长要长。一些树木的加高生长与加粗生长能相互促进,但由于顶端优势的影响,往往加高生长或多或少会抑制加粗生长。

1.4.2.5　营养器官与生殖器官

营养器官与生殖器官的形成都需要光合产物,而生殖器官所需的营养物质由营养器官所供给。扩大营养器官的健壮生长是达到多开花、多结实的前提,但营养器官的扩大本身也要消耗大量养分,因此常与生殖器官的生长发育出现养分的竞争。这两者在养分供求上,表现出十分复杂的关系。

利用树木各部分的相关现象可以调节树体的生长发育,这在园林树木栽培实践上有重大意义。但必须注意,树木各部分的相关现象是随条件而变化的,即在一定条件下是起促进作用的,而超出一定范围后就会变成抑制了,如茎叶徒长时,就会抑制根系的生长。所以利用相关性来调节树木的生长发育时,必须根据具体情况灵活掌握。

1.4.3　营养生长与生殖生长的相关性

这种相关性主要表现在枝叶生长、果实发育和花芽分化与产量之间的相关性上。这是因为树木的营养器官和生殖器官虽然在生理功能上有区别,但它们形成时都需要大量的光合产物。生殖器官所需的营养物质是营养器官供应的,所以生殖器官的正常生长发育是与营养器官的正常生长发育密切相关的。生殖器官的正常生长发育表现在花芽分化的数量、质量以及花、果的数量和质量上;而营养器官的正常生长发育表现在树体的增长状况,如树木的增高、干周的加粗、新梢的生长量以及枝叶的增加等。通过观察证明,在一定限度内,树体的增长与花果的产量是呈正相关的。

因此,良好的营养生长是生殖器官正常发育的基础。树木营养器官的发达是开花结实丰盛、稳定的前提,但营养器官的扩大,本身也要消耗大量养分,因此常出现两类器官竞争养分的矛盾。

枝条生长过弱或过旺或停止生长晚,均会造成营养积累不足,运往生殖器官的养分减少,导致果实发育不良,或造成落花落果,或影响花芽分化。一切不良的气候、土壤条件和不当的栽培措施,如干旱或长期阴雨、光照不足、施肥灌水不当(时间不适宜或过多过少)、修剪不合理等,都会使营养生长不良,进而影响生殖器官的生长发育。反之,开花结实过量,消耗营养过多,也会削弱营养器官的生长,使树体衰弱,影响来年的花芽分化,从而形成开花结果的"大小年"现象。所以在整形修剪中,常在加强肥水管理的基础上,对花芽和叶芽的去留要有适当的比例,以调节两者养分需求的矛盾。由此看来,虽然生殖生长与营养生长偶尔呈正相关,但多数情况下是呈负相关的。

2　园林树木的苗木培育

　　苗木是园林绿化的物质基础,它的供应数量影响着绿化植树工程的规模和工期,其质量好坏、规格大小则直接影响栽植的成活率和栽后的绿化效果。所以,苗木生产一直是园林绿化中最为基础同时也是最为重要的一个环节。园林苗圃是繁殖和培育园林苗木的基地,高质量园林苗圃的规划设计与建设使用是做好园林苗木培育工作的前提。

2.1　园林苗圃的建设

　　园林苗圃是繁殖和培育优质苗木的基地,是园林绿化建设的重要组成部分。其任务是运用先进的科学技术,在较短的时间内,以较低的成本,根据市场需求,培育各种类型、各种规格、各种用途的优质苗木,以满足城乡绿化的需求。规划和建设足够数量并具有较高生产水平和经营水平的苗圃,培育出品种繁多、品质优良的苗木,是园林生产的重要环节。

　　城市园林苗圃的选择与区划,应根据城市社会经济发展水平、绿化现状及未来规划以及现有布局状况等进行合理安排,并尽可能地安排在城市周边地区和不同方位。

2.1.1　园林苗圃地的合理布局与用地选择

2.1.1.1　园林苗圃的合理布局

　　进入 21 世纪以来,我国园林苗木生产已经完全进入了市场经济的轨道,成为市场经济的一个重要部分。要搞好园林建设工作,各城市园林部门及各绿化工程公司必须对所要建立的园林苗圃数量、用地面积和位置做出一定的规划,使其均匀合理地分布在城市周边地区及公司附近,特别是交通方便之处,以便供应周围地区所需苗木,达到就地育苗就近供应、减少运输距离、降低成本、提高栽植成活率的效果。这就要求园林苗圃要有一个合理的布局。

　　园林苗圃的布局包括位置、数量、面积三个方面。

　　园林苗圃按面积大小可分为大、中、小三种类型。大型苗圃面积在 20 hm² 以上,中型苗圃面积 3~20 hm²,小型苗圃面积在 3 hm² 以下。

　　城郊苗圃应分布于城市近郊,乡村苗圃应靠近城市,以育苗地靠近用苗地最为合理,这样可以降低运输成本、提高移栽成活率。

　　大城市通常在市郊设立多个园林苗圃,一般考虑设在城市不同的方位。中、小城市主要考虑在城市绿化重点发展的区位设立园林苗圃。

城郊园林苗圃总面积应占城区面积的 2%～3%。按一个城区面积 1000 hm² 的城市计算,建设园林苗圃的总面积应为 20～30 hm²。如果设立一个大型苗圃,即可基本满足城市绿化用苗需要;如果设立 2～3 个中型苗圃,则应分散设于城市郊区的不同方位。

目前,由于城市土地成本较高,城郊园林苗圃总面积下降幅度较大,同时由于交通条件日臻完善,苗木运输时间大大缩短,因此,在一定的区域内,如果城郊苗圃不能满足城市绿化需求,可考虑发展乡村苗圃。乡村苗圃的设立,应重点考虑生产苗木所供应的区域范围不宜过大。在乡村建立园林苗圃最好相对集中,即形成园林苗木生产基地,这样对于资金利用、技术推广和产品销售十分有利。

各城市园林部门及各绿化工程公司可以根据实际情况和需要,合理安排大、中、小型苗圃的位置和面积。

2.1.1.2　园林苗圃用地条件的选择

1. 经营条件

(1) 交通条件。建设园林苗圃要选择交通方便的地方,以便于苗木的出圃和育苗物资的运入。在城市附近设置苗圃,交通都相当方便,主要应考虑在运输通道上有无空中障碍或低矮涵洞,如果存在这类问题,必须另选地点。乡村苗圃(苗木基地)距离城市较远,为了方便快捷地运输苗木,应当选择在等级较高的省道或国道附近建设苗圃,过于偏僻和路况不佳,不宜建设园林苗圃。

(2) 电力条件。园林苗圃所需电力应有保障,在电力供应困难的地方不宜建设园林苗圃。

(3) 人力条件。培育园林苗木需要的劳动力较多,尤其在育苗繁忙季节需要大量临时用工。因此,园林苗圃应设在靠近村镇的地方,以便于调集人力。

(4) 周边环境条件。园林苗圃应远离工业污染源,防止工业污染对苗木生长产生不良影响。

(5) 销售条件。从生产技术观点考虑,园林苗圃应设在自然条件优越的地点,但同时也必须考虑苗木供应的区域。将苗圃设在苗木需求量大的区域范围内,往往具有较强的销售竞争优势。即使苗圃自然条件不是十分优越,也可以通过销售优势加以弥补。因此,应综合考虑自然条件和销售条件。

2. 自然条件

(1) 地形、地势及坡向。苗圃地宜选择排水良好、地势较高、地形平坦的开阔地带。坡度以 1°～3°为宜,在南方多雨地区,选择 3°～5°的缓坡地对排水有利。坡度大小可根据不同地区的具体条件和育苗要求确定。坡度过大易造成水土流失,降低土壤肥力,不便于机耕与灌溉。在较黏重的土壤上,坡度可适当大些;在沙性土壤上,坡度宜小,以防冲刷。在坡度大的山地育苗需修梯田。积水的洼地、重盐碱地、寒流汇集地如峡谷、风口、林中空地等昼夜温差较大的地方,苗木易受冻害、风害、日灼,都不宜选作苗圃。

在地形起伏较大的地区,坡向的不同直接影响光照、温度、水分和土层的厚薄等因素,对苗木的生长影响很大。一般南坡光照强,受光时间长,温度高,湿度小,昼夜温差大;北坡与南坡相反;东西坡介于两者之间,但东坡在日出前到上午较短的时间内温度变化很大,对苗木不利;西坡则因我国冬季多西北寒风,易造成冻害。可见,不同坡向各有利弊,必须依当地的自然条件及栽培条件,因地制宜地选择最合适的坡向。如在南方温暖多雨地区,则以东南、东北坡向为佳,南坡和西南坡由于阳光直射,幼苗易受灼伤。如一个苗圃内有不同坡向的土地时,则应根据树种的不同习性进行合理的安排,如北坡培育耐寒、喜荫的种类,南坡培育耐旱喜光的种类,以减轻不利因素对苗木的危害。

(2) 水源及地下水位。苗圃地应有充足的水源,排灌方便,水质要好。苗圃地应选设在江、河、湖、塘、水库等天然水源附近,以利引水灌溉。这些天然水源水质好,有利于苗木的生长;同时,也有利于使用喷灌、滴灌等现代化灌溉技术,如能自流灌溉则更可降低育苗成本。若无天然水源,或水源不足,则应选择地下水源充足、可以打井提水灌溉的地方作为苗圃。苗圃灌溉用水要求为淡水,盐含量不得超过 0.15%。对于易被水淹和冲击的地方不宜选作苗圃。

地下水位过高,土壤的通透性差,苗木根系生长不良,地上部分易发生徒长现象,秋季苗木木质化不充分,易受冻害。当土壤蒸发量大于降水量时会将土壤中盐分带至地面,造成土壤盐质化。在多雨时又易造成涝灾。地下水位过低,土壤易于干旱,必须增加灌溉次数及灌水量,这样便提高了育种成本。一般情况下最合适的地下水位为沙土 $1\sim1.5$ m 左右、黏性土壤 4 m 左右。

(3) 土壤。土壤的质地、肥力、酸碱度等各种因素都对苗木生长发生重要影响,因此在建立苗圃时需格外注意。

① 土壤质地。苗圃地一般选择肥力较高的沙壤土、轻壤土或壤土。这种土壤结构疏松,透水透气性能好,土温较高,苗木生长阻力小,种子易破土,而且耕地除草、起苗等工作也较省力。黏性土壤结构紧密,通水透气性差,土温较低,种子发芽较困难,中耕时阻力大,起苗易伤根。沙土过于疏松,保水保肥能力差,苗木生长阻力小,根系分布较深,给起苗带来困难。盐碱土不宜选作苗圃,因幼苗在盐碱土上难以生长。

尽管不同的苗木可以适应不同的土壤,但是大多数园林植物的苗木还是适宜在沙壤土、轻壤土和壤土上生长。由于黏土、沙土和盐碱土的改造难以在短期内见效,一般情况下,不宜选作苗圃地。

② 土壤酸碱度。土壤酸碱度对苗木生长影响很大,不同植物适应的能力不同。一些阔叶树以中性或微碱性土壤为宜,如丁香、月季等适宜 pH $7\sim8$ 的碱性土壤;一些阔叶树种和多数针叶树种适宜在中性或微酸性土壤上生长,如杜鹃、山茶花、栀子花都要求 pH 为 $5\sim6$ 的酸性土壤。

土壤过酸过碱都不利于苗木生长。土壤过酸(pH<4.5)时,土壤中植物生长所需的氮、磷、钾等营养元素的有效性降低,铁、镁等溶解度增加,危害苗木生长的铝离子活性增强,这些都不利于苗木生长。土壤过碱(pH>8)时,磷、铁、铜、锰、锌、硼等元素的有效性显著降低,苗圃地病虫害增多,苗木发病率高。过高的碱性和酸性抑制了土壤中有益微生物的活动,因而影响氮、磷、钾和其他元素的转化和供应。

(4) 病虫害和植被情况。在选苗圃地时,一般都应做专门的病虫害调查,了解当地病虫害情况和感染程度。病虫害过分严重的土地和附近大树病虫害感染严重的地方,特别是有检疫病虫害的地区,不宜选作苗圃,对金龟子、象鼻虫、蝼蛄及立枯病等主要苗木虫病尤需注意。

另外,苗圃用地是否生长着某些难以根除的灌木杂草,也是需要考虑的问题之一。如果不能有效控制苗圃杂草,对育苗工作将产生不利影响。

(5) 气象条件。地域性气象条件通常是不可改变的,因此园林苗圃不能设在气象条件极端的地域。高海拔地域年平均气温过低,大部分园林苗木的正常生长受到限制。年降水量小、通常无地表水源、地下水供给也十分困难的气候干燥地区,不适宜建立园林苗圃。经常出现早、晚霜冻,以及冰雹多发地区,会因不断发生灾害给苗木生产带来损失,也不适宜建立园林苗圃。某些地形条件,如地势低洼、风口、寒流汇集处等,经常形成一些灾害性气象条件,对苗木生长不利,虽然可以通过设立防护林减轻风害,或通过设立密集的绿篱防护带阻挡冷空气的侵袭,但这样的地点毕竟不是理想之地,一般不宜建立园林苗圃。总之,园林苗圃应选择气象条件比较稳定、灾害性天气很少发生的地区。

2.1.2 园林苗圃的规划设计

2.1.2.1 园林苗圃规划设计的准备工作

1. 踏勘

由设计人员会同施工人员、经营管理人员以及有关人员到已确定的圃地范围内进行踏勘和调查访问,了解圃地的现状、地权地界、历史、地势、土壤、植被、水源、交通、病虫害、草害、有害动物,以及周围环境、自然村落等情况,并提出规划的初步意见。

2. 测绘地形图

地形图是进行苗圃规划设计的基本材料,进行园林苗圃规划设计时,首先需要测量并绘制苗圃的地形图。地形图比例尺为 1:(500~2000),等高距为 20~50 cm。对于苗圃规划设计直接有关的各种地形、地物都应尽量绘入图中,重点是高坡、水面、道路、建筑等。

目前,测绘部门已有现成的 1:10000 或 1:20000 的地形图,由于地形、地物的变化,需要将现成的地形图按比例进行放大、修测,使其成为设计用图。

3. 土壤调查

了解圃地土壤状况是合理区划苗圃辅助用地和生产用地不同育苗区的必要条件。进行土壤调查时,应根据圃地的地形、地势以及指示植物分布,选定典型区域,分别挖掘土壤剖面,进行观察记录和取样分析。一般野外观察记录的有关项目主要包括土层厚度、土壤结构、松紧度、新生体、酸碱度、盐酸反应、土壤质地、石砾含量、地下水位等;采集土样后进行的室内分析主要包括土壤有机质、速效养分(氮、磷、钾)含量、机械组成、pH 值、含盐量、含盐种类等。通过野外调查与室内分析,全面了解圃地土壤性质,重点搞清苗圃地土壤类型、分布、肥力状况,并在地形图上绘出土壤分布图。

4. 气象资料的收集

掌握当地气象资料不仅是进行苗圃生产管理的需要,也是进行苗圃规划设计的需要。如各育苗区设置的方位、防护林的配置、排灌系统的设计等,都需要气象资料做依据。因此,有必要向当地气象部门详细了解有关气象资料,如物候期、早霜期、晚霜期、晚霜终止期、全年及各月份平均气温、绝对最高和绝对最低气温、土表及 50 cm 土深的最高温度和最低温度、冻土层深度、年均降水量及各月份分布情况、最大一次降水量及降水时数、空气相对湿度、主风方向、风力等。此外,还应详细了解圃地范围内的特殊小气候情况。

5. 病虫害和植被状况调查

主要是调查圃地及周围植物病虫害种类及感染程度。对于园林植物病虫害发生有密切关系的植物种类,尤其需要进行细致调查,并将调查结果标注在地形图上。

2.1.2.2 园林苗圃的面积计算

1. 园林苗圃用地划分

园林苗圃用地一般包括生产用地和辅助用地两部分。

(1) 生产用地。生产用地是指直接用于培育苗木的土地,包括播种繁殖区、营养繁殖区、苗木移植区、大苗培育区、设施育苗区、采种母树区、引种驯化区等所占用的土地及暂时未使用的轮作休闲地。

(2) 辅助用地。辅助用地又称非生产用地,是指苗圃的管理区建筑用地和苗圃道路、排灌系统、防护林带、晾晒场、积肥场及仓储建筑等占用的土地。

2. 生产用地的面积计算

为了合理使用土地,保证育苗计划完成,对苗圃的用地面积必须进行正确的计算,以便于土地征收或租用、苗圃区划和建设施工等具体工作的进行。计算生产用地面积应考虑计划培育苗木种类、数量、单位面积产量、规格要求、出苗年限、育苗方式及轮作等因素,具体计算公式如下:

$$P = NA/n \times B/C$$

式中:P——某树种所需的育苗面积:

N——该树种计划年产量;

A——该树种的培育年限;

n——该树种的单位面积产苗量;

B——轮作区的区数;

C——该树种每年育苗所占轮作的区数。

由于我国人多地少、土地紧张,一般不提倡轮作制,而是以换茬为主,故 B/C 常不计算。

依上述公式所计算出的结果是理论数字。实际生产中,在苗木抚育、起苗、贮藏等工序中苗木都将会受到一定损失,在计算面积时要留有余地,故每年的计划产苗量一般应在实际数据的基础上增加 3%~5% 来进行计算。

某树种在各育苗区所占面积之和,即为该树种所需的用地面积,各树种所需用地面积的总和就是全苗圃生产用地的总面积。

3. 辅助用地的面积计算

辅助用地包括道路、排灌系统、防护林以及管理区建筑等的用地。苗圃辅助用地的面积不能超过苗圃总面积的 20%~25%,一般大型苗圃的辅助用地占总面积的 15%~20%;中小型苗圃占 18%~25%。

2.1.2.3 苗圃的区划与设计

由于不同的土地具有不同的地形地貌特点,在苗圃的位置和面积确定后,一定要根据现有土地的实际条件,进行苗圃区划,充分合理利用土地,以便于生产和管理。区划时,既要考虑目前的生产经营条件,也要为今后的发展留下余地。还要合理的配置排灌系统,使之遍布整个生产区。各类苗木的生长特点必须与苗圃地的土壤水分条件相吻合。同时应考虑与道路系统相协调。

1. 生产用地的区划

生产用地包括播种区、营养繁殖区、移植区、大苗区、母树区、引种驯化区等。

生产用地的区划,首先要保证各个生产小区的合理布局。每个生产小区的面积和形状,应根据生产特点和苗圃地形来决定。一般大中型机械化程度高的苗圃,小区可呈长方形,长度可视使用机械的种类来确定(使用中小型机具时,小区长 200 m;使用大型机具时,小区长 500 m)。小型苗圃以手工和小型机具为主时,生产小区的划分较为灵活(小区长 50~100 m 为宜)。生产小区的宽度一般是长度的一半。

(1)播种区。播种区是苗木繁殖的关键区。幼苗对不良环境的抵抗力弱,要求精细管理,因此应选择全圃自然条件和经营条件最有利的地段作为播种区,而且人力、物力、生产设施均应优先满足。播种区的具体要求是:地势较高而平坦,坡度小于 2°;接近水源,灌溉方便;土质优良,深厚肥沃;背风向阳,便于防霜冻;靠近管理区。如是坡地,应选择最好的坡向。

(2)营养繁殖区。培育扦插苗、压条苗、分株苗和嫁接苗的生产区。营养繁殖区与播种区的要求基本相同:应设在土层深厚和地下水位较低、灌溉方便的地方,但不像播种区那样严格。嫁接苗区主要为砧木苗的播种区,宜为土质良好,便于接后覆土,地下害虫少。扦插苗区则应着重考虑灌溉和遮荫条件。压条、分株育苗法采用较少,育苗量较少时,可利用零星地块育苗。同时,也应考虑树种的习性来安排用地,如杨、柳类的营养繁殖(主要是扦插繁殖)区,可选在较低洼的地方;而一些珍贵的或成活困难的苗木用地则应靠近管理区,可在便于设置温床、荫棚等特殊设备的耕地进行,或在温室中育苗。

(3)移植区。由播种区、营养繁殖区中繁殖出来的苗木,需要进一步培养成较大的苗木时,则应移入移植区进行培育。移植区一般设在土壤条件中等、地块大而整齐的地方,常绿树种可设在比较高燥而土壤深厚的生产地,以利带土球出圃。

(4)大苗区。培育的植株体型、苗龄均较大并经过整形的各类大苗的耕作区。在本育苗区继续培育的苗木,通常在移植区内进行过一次或多次的移植,培育的年限较长,可直接用于园林绿化建设。因此,大苗区的设置对于加速绿化效果及满足重点绿化工程的苗木的需要具有很大的意义。大苗区的特点是株行距大、占地面积大,培育的苗木大、规格高、根系发达。因此一般选用土层较厚、地下水位较低、地块整齐的生产区。在树种配置上,要注意各个树种的不同习性要求。为了出圃时运输方便,大苗区最好设在靠近苗圃的主要干道或苗圃的外围处。

(5)母树区。在永久性苗圃中,为了获得优良的种子、插条、接穗等繁殖材料,需设立采种、采条的母树区。本区占地面积小,可利用零散地块,但要土壤深厚、肥沃及地下水位较低。对一些乡土树种可结合防护林带和沟边、渠旁、路边进行栽植。

(6)引种驯化区。用于引入新的树种和品种,丰富园林树种种类。可单独设立试验区或引种区,也可引种区和实验区相结合。

2. 非生产用地的区划

苗圃的非生产用地包括道路系统、排灌水系统、各种房屋(如办公用房、生产用房和生活用房)、蓄水池、蓄粪池、积肥场、晒种场、露天贮种坑、苗木窖、停车场、各种防护林带和圃内绿篱、围墙、宣传栏等。辅助用地的设计与布局,既要方便生产,少占土地,又要整齐美观、协调大方。

(1) 道路网。苗圃道路分主干道、支道或副道、步道。大型苗圃还设有苗圃周围的环形道。苗圃道路要求遍及各个生产区、辅助区和生活区。各级道路宽度不同:主干道,大型苗圃应能使汽车对开,一般宽 6~8 m;中小型苗圃应能使 1 辆汽车通行,一般宽 2~4 m。主干道要设有汽车调头的环形路或空地,并要求铺设水泥或沥青路面。

支道又称副道,常和主干道垂直,宽度根据苗圃运输车辆和种类来确定,一般 1~2 m。步道为临时性道路,宽 0.5~1 m。支道和步道不要求做路面铺装。苗圃周围的环形道主要供生产机械、车辆回转通行之用,具体宽度也是根据主要运输车辆的种类来确定。

(2) 灌溉系统。苗圃地必须有完善的灌溉系统,以保证水分的充分供应。灌溉系统包括水源、提水设备和引水设施三部分。

① 水源。主要有地面水和地下水两类。地面水指河流、湖泊、池塘、水库等,以无污染又能自流灌溉的最为理想。一般地面水温度较高且与耕作区土温相近,水质较好,含有一定养分,因此较有利于苗木生长。地下水指泉水、井水,其水温较低,宜设蓄水池以提高水温。水井应设在地势高的地方,以便自流灌溉。同时,水井设置要均匀分布在苗圃各区,以便缩短用水和送水距离。

② 提水设备。现在多使用抽水机(水泵)。可依苗圃育苗的需要,选用不同规格的抽水机。

③ 引水设施。有地面渠道引水和暗管引水两种。地面渠道引水主要采取明渠,即土筑明渠的方式。该方法沿用已久,占地多,需注意经常维修,但修筑简便、投资少、建造容易。土筑明渠中的水流速较慢,蒸发量和渗透量均较大,故现在多加以改进。如在水渠的沟底及两侧加设水泥板或做成水泥槽;有的使用瓦管、竹管、木槽等。引水渠道一般分为三级:一级渠道(干渠)是永久性的大渠道,由水源直接把水引出,一般顶宽 1.5~2.5 m;二级渠道(支渠)通常也为永久性的,把水由干渠引向各耕作区,一般顶宽 1~1.5 m;三级渠道(毛渠)是临时性的水渠,一般宽度为 1 m 左右。干渠和支渠是用来引水和送水的,水槽底应高出地面。毛渠则应直接向圃地灌溉,其水槽底应平于地面或略低于地面,以免把泥沙冲入土中,埋没幼苗。各级渠道的设置常与各级道路相配合,使苗圃的区划整齐。渠道的方向与耕作区方向一致,各级渠道常相互垂直。同时,毛渠还应与苗木的种植行垂直,以便灌溉。渠道还应有一定的坡降,应在 1/1000~4/1000 之间,土质黏重可大些,但不超过 7/1000。水渠边坡一般采用 1∶1(即 45°)的坡降比,较重的土壤可增大坡度至 2∶1。在地形变化较大、落差过大的地方应设跌水构筑物,通过排水沟或道路时可设渡槽或虹吸管。暗管引水主要有喷灌和滴灌等方式。主管和支管均埋入地下,深度以不影响机械耕作为度,开关设在地端以方便使用。喷灌是苗圃中常用的一种灌溉方法,具有省水、灌溉均匀又不使土壤板结、灌溉效果好等优点。喷灌又分固定式和移动式两种。固定式喷灌需铺设地下管道和喷头装置,还要建造泵房,需要的投资稍大一些。移动式喷灌又有管道移动和机具移动两种。滴灌已从国外引进多年,它通过滴头,将水直接滴入植物根系附近,非常省水,在干旱地区尤其适宜。滴灌适宜于有株行距的苗木灌溉,是十分理想的灌溉设备。

(3) 排水系统。排水系统对地势低、地下水位高及降雨量多而集中的地区尤为重要。排水系统由大小不同的排水沟组成。排水沟分明沟和暗沟两种,目前采用明沟较多。排水沟的宽度、深度和设置，根据苗圃的地形、土质、雨量、出水口的位置等因素确定，应以保证雨后能很快排除积水而又少占土地为原则。排水沟的边坡与灌水渠相同，但落差应大一些，一般为3/1000～6/1000。大排水沟应设在圃地最低处，直接通入河、湖或市区排水系统；中小排水沟通常设在路旁；耕作区的小排水沟与小区步道相结合。在地形、坡向一致时，排水沟和灌溉渠往往各居道路一侧，形成沟、路、渠并列的格局，这样既利于排灌，又区划整齐。排水沟与路、渠相交处应设涵洞或桥梁。在苗圃的四周最好设置较深而宽的截水沟，以起到防止外水入侵、排除内水和防止小动物及害虫入侵的作用。一般大排水沟宽 1 m 以上，深 0.5～1 m；耕作区内小排水沟宽 0.3～1 m，深 0.3～0.6 m。

（4）防护林带的设置。为了避免苗木遭受风沙危害，应设置防护林带，以降低风速、减少地面蒸发及苗木蒸腾，创造小气候条件和适宜的生态环境。防护林带的设置规格，依苗圃的大小和风害程度而异。一般小型苗圃与主风相垂直设一条林带；中型苗圃在周围设置林带；大型苗圃除周围环圃林带外，应在圃内结合道路设置与主风方向垂直的辅助林带。如有偏角，不应超过 30°。一般防护林防护范围是树高的 15～17 倍。

林带的结构以乔木、灌木混交半透风式为宜，这样既可减低风速，又不因过分紧密而形成回流。林带宽度和密度依苗圃面积、气候条件、土壤和树木特性而定，一般主林带宽 8～10 m，株距 1.0～1.5 m，行距 1.5～2.0 m；辅助林带多为 1～4 行乔木。

近年来，国外为了节省用地和劳力，已采用塑料制成的防风网。其优点是占地少而耐用，但投资多，在我国少有采用。

（5）建筑管理区的设置。该区包括房屋建筑和圃内场院等部分。前者主要指办公室、宿舍、食堂、仓库、种子贮藏室、工具房、畜舍车棚等；后者包括劳动力集散地、运动场以及晒场、肥场等。苗圃建筑管理区应设在交通方便、地势高燥、接近水源和电源的地方或不适宜育苗的地方。大型苗圃的建筑最好设在苗圃中央，以便于苗圃经营管理。畜舍、猪圈、积肥场等应放在较隐蔽和便于运输的地方。

2.1.2.4　园林苗圃设计图的绘制和设计说明书的编写

1. 绘制设计图

（1）绘图前的准备工作。在绘制设计图前，必须了解苗圃的具体位置、界限、面积，育苗的种类、数量、出圃规格、苗木供应范围，苗圃的灌溉方式，必需的建筑、设施、设备，苗圃管理的组织机构、工作人员编制等。同时，应有苗圃建设任务书和各种有关的图纸资料，如现状平面图、地形图、土壤分布图、植被分布图等，以及其他有关的经营条件、自然条件、当地经济发展状况资料等。

（2）绘制设计图。在完成上述准备工作的基础上，通过对各种具体条件的综合分析，确定苗圃的区划方案。以苗圃地形图为底图，在图上绘出主要道路、渠道、排水沟、防护林带、场院、建筑物、生产设施构筑物等。根据苗圃的自然条件和机械化条件，确定作业区的面积、长度、宽度、方向。根据苗圃的育苗任务，计算各树种育苗需占用的生产用地面积，设置好各类育苗区。

这样形成的苗圃设计草图，经多方征求意见，进行修改，确定正式设计方案，即可绘制正式设计图。正式设计图的绘制应按照地形图的比例尺，将道路、沟渠按比例绘制在图上，排灌方向用箭头表示。在图纸上应列有图例、图号，以便说明各育苗区的位置。

目前,各设计单位都已普遍使用计算机绘制苗圃平面图、效果图、施工图等。

2. 编写设计说明书

设计说明书是园林苗圃设计的文字材料,它与设计图是苗圃设计两个不可缺少的组成部分。图纸上表达不出的内容,都必须在说明书中加以阐述。设计说明书一般分为总论和设计两个部分。相关内容的撰写主要依据园林苗圃建设的可行性分析和园林苗圃的规划设计。同时可参考《林业苗圃工程设计规范》(LYJ128—1992)。编写大纲如下:

(1) 总论。主要叙述苗圃的经营条件和自然条件,并分析其对育苗工作的有利和不利因素以及相应的改造措施。

① 经营条件:苗圃所处位置,当地的经济、生产、劳动力情况及其对苗圃生产经营的影响;苗圃的交通条件;电力和机械化条件;周边环境条件;苗圃成品苗木供给的区域范围。

② 自然条件:地形特点、土壤条件、水源情况、气象条件、病虫草害及植被情况。

(2) 设计部分。

① 苗圃的面积计算:各树种育苗所需土地面积计算;所有树种育苗所需土地面积计算;辅助用地面积计算。

② 苗圃的区划说明:作业区的大小;各育苗区的配置;道路系统的设计;排灌系统的设计;防护林带及防护系统(围墙、栅栏等)的设计;管理区建筑的设计;设施育苗区温室、组培室的设计。

(3) 育苗技术设计。

① 培育苗木的种类。

② 培育各类苗木所采用的繁殖方法。

2.1.3　苗圃技术档案的建立

园林苗圃必须建立完整的技术档案。苗圃技术档案是育苗生产和科学实验的记录,记录了人们在生产实践中的经验教训和科学研究的成果,是园林科技档案的一部分。建立苗圃档案的主要目的,就是通过不间断地记录、积累、整理、分析和总结苗圃地的使用情况、苗木的生长状况、育苗技术措施、物料使用情况及苗圃日常作业的劳动组织和用工等,在一定表格上系统地记载下来,作为档案资料进行保管。根据这些档案资料,能够及时、准确地掌握育苗的种类、数量和质量的现况数据,掌握各种苗木的生长节律,分析总结育苗技术经验,探索土地、劳力、机具和物料的合理使用,又能为建立健全计划管理、组织劳动、制定生产定额、指导翌年的生产和实行科学管理提供依据。苗圃档案要有专人记载,年终系统整理,由苗圃技术负责人审查,分类归档。

2.1.3.1　苗圃技术档案的主要内容

1. 苗圃基本情况档案

苗圃基本情况档案包括育苗地区气候、物候、水文、土壤、地形等自然条件的图表资料及调查报告;苗圃建设历史及发展计划;苗圃建筑物、机具、设备等固定资产的现状及历年增减、损耗的记载。

2. 苗圃土地利用档案

苗圃土地利用档案是记录苗圃土地利用和耕作情况的档案,以便从中分析圃地土壤肥力的变化与耕作之间的关系,为合理轮作和科学的经营苗圃提供依据。档案内容包括:各作业区的面积,土质,育苗树种,育苗方法,作业方式,整地方法,施肥,施用除草剂的种类,数量,方法和时间,灌水数量,次数和时间,病虫害的种类,苗木的产量和质量等。可以表格形式记载,并逐年将资料进行汇总、归档保管备用。

3. 育苗技术措施档案

每年苗圃各类苗木的培育过程包括从种子或种条处理开始,直到起苗包装为止的一系列技术措施,用表格形式分别记载下来。可依据此资料分析总结育苗经验,提高育苗技术。档案的主要内容包括:

(1) 苗木繁殖。按树种分类记载,包括繁殖材料来源、种质鉴定、繁殖方法、成活率、产苗量及技术管理措施等。

(2) 苗木抚育。按地块分区记载,包括苗木种类、栽植规格和日期、株行距、移植成活率、年生长量、存苗量、存苗率、技术管理措施、苗木成本、出圃规格、出圃数量和日期等。

(3) 使用新技术、新工艺和新成果的单向技术资料。

(4) 试验区、母树区技术管理资料。

4. 苗木生长调查档案

记载各树种苗木的生长过程,以便掌握其生长周期与自然条件和人为因素对苗木生长的影响,确定适时的培育措施。

5. 气象观测档案

气象变化与苗木生长和病虫害的发生发展有着密切关系。在一般情况下,气象资料可以从附近的气象站抄录,但最好是本单位建立气象观测场进行观测。记载气象因素,可分析它们之间的关系,确定适宜的措施及实验时间,利用有利的气象因素,避免或防止自然灾害,达到苗木的优质高产。

6. 苗圃经营管理状况

苗圃经营管理状况包括苗圃建设任务书、育苗规划、阶段任务完成情况、职工组织、技术装备情况、投资与经济效益分析、副业生产经营情况等。

此外,还有各种统计报表和调查总结报告等。

2.1.3.2　建立苗木技术档案的要求

苗圃技术档案来源于生产和科学实验,为了保证它们的准确性和完整性,并在生产经营中充分发挥它们应有的作用,我们必须做到:

(1) 真正落实,长期坚持、不能间断。

(2) 设专职或兼职管理人员。多数苗圃采用由技术员兼管的方式。这是因为,技术员是经营活动的组织者和参加者,对生产安排、技术要求及苗木生长情况最清楚。由技术员兼管档案不仅方便可靠,而且直接把管理与使用结合起来,有利于指导生产。

(3) 观察记载时,要认真负责、实事求是、及时准确,做到边观察边记载,务求简明、全面、清晰。

（4）一个生产周期结束后,有关人员必须对观察记载材料及时进行汇集整理、分析总结,以便从中找出规律性的东西,提供准确、可靠、有效的科学数据,指导今后苗圃生产。

（5）按照材料形成时间的先后或重要程度,与总结等分类整理装订、登记造册、归档,长期妥善保管。最好将归档的材料输入计算机中贮存。

（6）档案员应尽量保持稳定。工作调动时,要及时另配人员并做好交接工作,以免出现资料间断及人走资料散的现象。

2.2　园林苗木的繁殖

园林苗木的繁殖主要包括有性繁殖和无性繁殖两种方式。有性繁殖指的是通过花的雌雄性器官,即花粉里的精细胞和胚珠里的卵细胞结合,最后形成种子、繁殖后代。因此,有性繁殖又称为种子繁殖。反之,则为无性繁殖。

2.2.1　有性繁殖

种子繁殖的实生苗根系完整、植株生长发育健壮,对不良环境有较强的适应能力,并且苗木的寿命也较长;但培育年限长,并较易发生变异,所以一般用于繁殖各种砧木和经济用材树种,而很少直接用来繁殖优良品种的园林树木。有性繁殖较主要的环节为培育优良种子、种子的采收与调制、播种及播种后的管理。要培育优良的树木种苗,种子品质的好坏是关键。由健壮的父本和母本交配所产生出来的种子也大都健壮,并能保持它们的优良性状不至于衰退。因此,选择品种纯正和健壮的父本和母本进行留种是十分重要的。

2.2.1.1　种子的采收与调制

采收园林树木种子,必须等籽粒充分成熟后才能进行。未经充分成熟的嫩种子,繁殖出来的下一代幼苗,不仅生长瘦弱,还极易引起品种退化。对容易爆裂和飞散的种子,或容易被水流冲走的种子,可在即将成熟时套上纱袋,使种子成熟后落入袋内。

种子采收后应及时处理,先脱粒和清除杂质,然后风干,接着进行精选,选出粒形整齐、饱满、无病虫害的种子,最后在通风、干燥、阴暗、温度较低而又变化不大的地方贮存,以备播种育苗用。如果种子贮存在温度偏高、温差较大的地方,会因呼吸强烈、消耗养分过多而减短种子的寿命,如环境潮湿,又会引起种子发霉,失去发芽力。

对某些发芽困难的种子,播种前可采用以下处理措施进行催芽:

（1）温水浸种。如栾树等种皮较硬的种子,可用 60℃ 温水浸泡 24 小时后再播种,以便发芽迅速而整齐。但浸种时间不宜过久,否则容易引起种子腐烂。

（2）挫伤种皮。如棕榈、凤凰木等种皮坚硬不易吸水的种子,播种前把种子在锉刀上磨破部分种皮,再经温水浸泡 24 小时,种子即吸水膨胀,可加速整齐发芽。

（3）烫裂法。春季播种合欢,可把种子放入盆内,浇注开水后用毛巾覆盖,把种皮烫裂后再播种,可加速发芽。

（4）低温沙藏层积。如碧桃、月季、桂花、海棠、梅花等种子,秋末埋入深 60 cm 的湿沙沟内,上面覆盖稻草并压土(见图 2-1),第二年早春取出播种,种子的胚芽已萌动,播后发芽迅速整齐。

(5) 种子后熟。如圆柏、山茱萸等种子,采收后当年胚芽并未充分成熟,需经沙藏两冬一夏,使胚芽充分后熟,第三年早春播种才能发芽。

(6) 化学药剂处理。对种皮坚硬、难透水透气的种子,如芍药、美人蕉、蜡梅等,常用药剂如赤霉素、盐酸、乙烯、浓硫酸等对其进行适当的处理,可提早解除种子休眠,促进种苗生长。

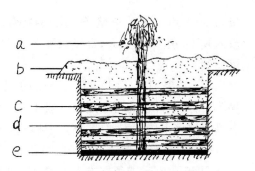

图 2-1　林木种子的低温沙藏层积
a 秸秆或树枝　b 稻草　c 湿沙
d 林木种子　e 碎石块或碎瓦片

(7) 用水冲洗。有些植物的种子中或在其萌发过程中含有水溶性抑制剂、脱落酸等,可用水冲洗,以促进萌发。

(8) 变温处理。如九里香与花椒种子,在 20～30℃变温条件下发芽迅速,萌发最佳。红千层在 15～25℃变温环境下发芽最好。

2.2.1.2　播前土壤处理

播种前深耕土壤能够打破土壤底层,增加土壤耕层,有利于苗木生长扎根;可改善土壤的结构与理化性质,提高土壤的保水与通气性,促进幼苗的生长发育,还能有效消灭杂草、防治病虫害,为幼苗的生长提供良好的环境条件。

1. 深翻熟化,改良土壤

深翻熟化是土壤改良的基本措施,可以改善土壤结构和理化性状,增加土壤孔隙度,提高土壤的保水、保肥力以及透水性和透气性,同时增加土壤微生物分解难溶性有机物的能力,引导根系向土壤深处扩展。

2. 施足有机肥

深翻结合施入腐熟有机肥料,能有效改善土壤的有机结构,增加土壤中的腐殖质,提高土壤肥力,从而为根系的生长创造条件。

3. 土壤消毒

土壤是传播病虫害的主要媒介,也是病虫繁殖的主要场所,许多病菌、虫卵和害虫都在土壤中生存或越冬,而且土壤中还常有杂草种子。土壤消毒可控制土传病害、消灭土壤有害生物,为园林植物种子和幼苗创造有利的生存环境。土壤常用的消毒方法有:

(1) 火焰消毒。在日本用特制的火焰土壤消毒剂,使土壤温度达到 79～87℃,既能杀死各种病原微生物和草籽,也可杀死害虫,而土壤有机质并不燃烧。在我国,一般采用燃烧消毒法,在露地苗床上,铺上干草,点燃后可消灭表土中的病菌、害虫和虫卵,翻耕后还能增加一部分钾肥。

(2) 蒸气消毒。以前是用 100℃水蒸气保持 10 分钟,把有害微生物杀死,但也会把有益微生物和硝化菌等杀死。现在多用 60℃水蒸气通入土壤,保持 30 分钟,既可杀死土壤线虫和病原物,又能较好地保留有益菌。

(3) 溴甲烷消毒。溴甲烷是土壤熏蒸剂,可防治真菌、线虫和杂草。在常压下,溴甲烷为无色无味的液体,对人类剧毒的临界值为 0.065 mg/L,因此,操作时要戴防毒面具。一般用药量为 50 g/m²。将土壤整平后用塑料薄膜覆盖，四周压紧，然后将药罐用钉子钉一个洞，迅速放入膜下，熏蒸 1～2 天，揭膜散气 2 天后再使用。由于此药剧毒，必须经专门培训后的人员方可使用。

（4）甲醛消毒。用 50 倍 40%的甲醛溶液液浇灌土壤至湿润，用塑料薄膜覆盖，经两周后揭膜，待药液挥发后再使用。一般 1 m² 培养土均匀喷施 50 倍的甲醛 400～500 ml。此药的缺点是对许多土传病害如枯萎病、根瘤病及线虫等效果较差。

（5）石灰粉消毒。石灰粉既可杀虫灭菌，又能中和土壤的酸性，南方多用。一般每平方米床面用 15～20 g，或每立方米土壤 90～120 g。

（6）硫磺粉消毒。硫磺粉可杀死病菌，也能中和土壤中的盐碱，多在北方使用。用药量为每平方米床面 25～30 g，或每立方米土施入 80～90 g。

此外，还有很多药剂，如辛硫酸、代森锌、多菌灵、绿享 1 号、氮化苦、五氯硝基苯、漂白粉等，也可用于土壤消毒。近几年，我国从德国引进一种新药——必速灭颗粒剂，是一种广谱性土壤消毒剂，用于高尔夫球场草坪、苗床、基质、培养土及肥料的消毒，效果较好。

2.2.1.3 播种

1. 种子消毒

为了消灭附着在种子上的病菌，预防苗木发生病害，在种子催芽或播种前，应进行种子消毒灭菌。苗木生产上常用的种子消毒方法有：

（1）药剂拌种。常用敌克松粉剂拌种，药量为种子重量的 0.2%～0.5%。先用药量 10～15 倍的土配制成药土，再于播种前拌种，对苗木猝倒病有较好的防治效果。

（2）热水浸种。水温 40～60℃，用水量为待处理种子的 2 倍。如将干燥种子直接放入 50℃温水中浸泡 25 分钟，尽量保持恒温；也可以先将种子放进 50℃水中浸种 10 分钟，然后投入 55℃水中浸种 5 分钟，最后将种子放入冷水中。在浸种过程中，要不断搅拌，使上下温度均匀。本方法适用于针叶树种或大粒种，不适宜种皮较薄或种子较小的树种。

（3）石灰水浸种。用 1%～2%的石灰水浸种 24 小时左右，对落叶松等有较好的灭菌作用。利用石灰水进行浸种消毒时，种子要浸没 10～15 cm 深。种子倒入后，应充分搅拌，然后静置浸种，使石灰水表层形成并保持一层碳酸钙膜，提高隔绝空气的效果，达到杀菌目的。

（4）硫酸铜溶液浸种。使用浓度为 0.3%～1.0%，浸泡种子 4～6 小时，取出阴干，即可播种。硫酸铜溶液不仅可消毒，对部分树种（如落叶松）还具有催芽作用，可提高种子的发芽率。

（5）福尔马林溶液浸种。在播种前 1～2 天，配制浓度为 0.15%的福尔马林溶液，把种子放入溶液中浸泡 15～30 分钟，取出后密闭 2 小时，然后将种子摊开阴干后播种。1 kg 浓度为 40%的福尔马林可消毒 100 kg 种子。用福尔马林溶液浸种，应严格掌握时间，不宜过长，否则将影响种子发芽。

（6）高锰酸钾溶液浸种。使用浓度为 0.5%，浸种 2 小时；也可用 3%的浓度，浸种 30 分钟，取出后密闭 30 分钟，再用清水冲洗数次。采用此方法时要注意，对胚根已突破种皮的种子，不宜采用本方法消毒。

（7）其他。用 60%多菌灵 600 倍液，或 70%甲基托布津 1000 倍液，或 75%百菌清 600 倍液等，种子先在清水中浸泡 2～3 小时，然后用上述任何一种药剂浸泡 10～15 分钟，取出种子冲洗干净再用清水浸种。

2. 播种方法

目前常用的播种方法有条播、点播和撒播。播种方法因树种特性、育苗技术和自然条件等不同而异。

(1) 条播。条播是按一定的行距,将种子均匀地撒在播种沟内的播种方法。条播是应用最广泛的方法。由于条播苗木集中成条或成带,便于抚育管理,因此工作效率高。条播比撒播省种子,苗木通风好。但由于条播苗木集中成条,发育欠均匀,单位面积产苗量也较低。为了克服这一不足,常采用宽幅条播,在较宽的播种面积上均匀撒播种子,这样既便于抚育管理,又提高了苗木的质量和产量,克服了撒播和条播的缺点。

(2) 点播。点播是按一定的株行距挖穴播种,或按行距开沟后再按株距将种子播于沟内的播种方法。点播主要适用于大粒种子,如银杏等。点播的株行距应根据树种特性和苗木的培育年限来决定。播种时要注意种子的出芽部位,正确放置种子,便于出芽。点播具有条播的优点,但比较费工,苗木产量也比另两种方法低。

(3) 撒播。撒播是将种子均匀地撒在苗床上或垄上的播种方法。撒播主要适用于一般小粒种子,如杨、泡桐、桑、马尾松等。撒播可以充分利用土地,单位面积产苗量高,苗木分布均匀,生长整齐。但撒播用种量大,一般是条播的 2 倍;另外,撒播苗木抚育不便,同时由于苗木密度大,光照不足,通风条件不好,会造成苗木生长细弱,抗性差,易染病虫害。

3. 播种技术

播种过程包括播种、覆土、镇压等环节。人工播种,这些环节分别进行;机械播种,这些环节连续进行。各个环节工作质量的好坏及配合,对育苗质量和苗木生长有直接的影响。

(1) 人工播种

① 播种。人工播种为了做到均匀播种、计划用种,在播种前应将种子按每床用量等量分开,进行播种。条播或点播时,先在苗床上开沟或画行,使播种行通直,便于管理;开沟的深度,要根据土壤的性质、种子的大小而定。开沟后应立即播种,不要使播种沟较长时间暴晒在阳光下。撒播时,常两人一组,分别站在苗床两侧的步道上,面对面均匀地撒下种子。为使播种均匀,可分数次撒播。

播种极小粒种子时,在播种前应对播种地进行镇压,以利种子与土壤接触。极小粒种子可用沙子或细泥土拌和后再播,以提高均匀度。播种前如果土壤过于干燥,应先进行灌溉,然后再播种。

② 覆土。播种后应立即覆土,以免播种沟内的土壤和种子干燥。为了使播种沟中保持适宜的水分、温度,促进幼芽出土,要求覆土均匀、厚度适当,而且覆土速度要快。

覆土的厚度对土壤水分、种子发芽率、出苗早晚和整齐度都有很大影响。覆土过薄,种子容易暴露、受风吹日晒,得不到发芽所必需的水分,而且容易遭受鸟、兽、虫的危害;覆土过厚,透气不良,土温较低,幼芽顶土困难,影响种子萌发。

确定覆土厚度要根据种子的特性而定,如大粒种子宜厚,小粒种子宜薄;子叶不出土的宜厚,子叶出土的宜薄等;还要考虑气候、土壤的质地、覆土材料和播种季节等。如秋播的种子在土壤中的时间较长,土壤水分易蒸发而干燥,种子也易遭受鸟、兽危害,因而覆土应适当加厚;苗圃地为黏重土壤的,由于土壤的机械阻力大,种子发芽出土较难,因而覆土应稍浅。一般覆土厚度应为种子直径的 2～3 倍。

覆土不仅厚度应适当，而且要均匀一致，否则幼苗出土参差不齐、疏密不均，影响苗木的产量和质量。覆土以后，除进行适当的镇压外，在比较干旱的条件下还应盖草，以保持土壤湿润，防止土壤板结。苗圃地土壤质地较好、较疏松的，可以直接用作覆土土壤；若土壤为黏重土质的，则应用过筛的细沙土作为覆土土壤，也可用腐质土或锯末来代替覆土土壤。为了减少杂草和病害的影响，还可用心土（未耕作种植过的深层土）或火烧土作为覆土土壤。

③ 镇压。为了使种子与土壤紧密接触，使种子能顺利从土壤中吸取水分，在干旱地区或土壤疏松、土壤水分不足的情况下，覆土后要进行适当镇压。但对于较黏的土壤不宜镇压，以防土壤板结，不利幼苗出土。对于不黏而较湿的土壤，需待其表土稍干后再进行镇压。

（2）机械播种

使用机械播种，工作效率高，下种均匀，覆土厚度一致，并且开沟、播种、覆土及镇压一次完成，既节省劳动力，又能使幼苗出土整齐一致。所以，机械播种是大规模苗圃育苗的发展趋势。

采用机械播种，播种时应能调节播种量，而且播下的种子在行内应均匀分布；排种器不能打碎或损伤种子；应选择开沟、播种、覆土、镇压能一次完成的机械。另外，还应注意播种机的工作幅度要与育苗地管理用的机具的工作幅度相一致。

2.2.1.4　播种后的管理

为了培育出健壮的幼苗，播种后要精心管理。应注意经常保持土壤湿润，当稍有干燥时，即刻用细孔喷壶喷水，不可使床土有过干或过湿的现象。播种初期可稍湿润些，以供种子吸水，而后水分不可过多。在大雨或梅雨期间覆盖塑料薄膜，以免雨水冲击土面。发芽前，床面覆盖塑料薄膜，以利保温、保湿，但需留有缝隙以便通风。幼苗子叶出土时，要逐渐接受光照，以免幼苗变黄。种子发芽后，逐渐减少水分，使幼苗苗壮成长。条播、撒播小苗过密时，应适时间疏幼苗，严防幼苗纤细瘦弱。当幼苗生出 4～5 片真叶时，要及时进行分栽，以利生长。

2.2.2　无性繁殖

利用某些植物的根、茎、叶及地下根茎、块茎、鳞茎等营养器官进行繁殖来获取植株新个体的方法，称为无性繁殖或营养繁殖。该繁殖方法具有保持品种优良特性、能使新获植株在短期内及早开花的优点。常见的方法有扦插、嫁接、压条和分株。

2.2.2.1　扦插繁殖

此法又称为插条法。即剪取某些植物的茎、叶、根、芽等，插入沙中或浸泡水中，待生根后再移栽，即成为独立新植株的繁殖方法（见图 2-2）。此法多用于容易产生不定根的种类，为当前园林苗木繁殖中最为常见的方法之一。

1. 插条的选择和处理

要获得健壮优良的新植株，插条的选择是关键。一定要选择生长健壮富有品种特性特征、无病虫危害的插条。插条

图 2-2　常见的扦插方法——枝插

选好后要精心处理才能保证成活率高。插条因采取的时期不同而分成休眠期和生长期两种，前者为硬枝插条，后者为嫩枝插条。

（1）硬枝插条的选择及剪截。

① 插条的剪取时间。插条中贮藏的养分是硬枝扦插生根发枝的主要能量与物质来源。剪取的时间不同，贮藏养分的多少也不同。一般情况下，落叶树种在秋季落叶后至翌春发芽前枝条内贮藏的养分物质最多。这个时期树液流动缓慢，生长完全停止，是剪取插条的最好时期。

② 插条的选择。依扦插成活的原理，应选用优良幼龄母树上发育充实、生长健壮、无病虫害、已充分木质化、含营养物质多的1～2年生枝条或萌生枝条。

③ 插穗的剪截。一般插穗长15～20 cm，保证插穗上有2～3个发育充实的芽。单芽插穗长3～5 cm。剪切时上切口距顶芽1 cm左右，下切口的位置依植物种类而异，一般在茎节附近薄壁细胞多、细胞分裂快、营养丰富，易于形成愈伤组织和生根，故插穗下切口宜紧靠茎节之下。下切口有平切、斜切、双面切、蹿状切、槌形切等几种切法（见图2-3、图2-4）。一般平切口生根呈环状均匀分布，便于机械化截条，对于皮部生根型及生根较快的树种应采用平切口；斜切口与扦插基质的接触面积大，可形成面积较大的愈伤组织，利于吸收水分和养分、提高成活率，但根多生于斜口的一端，易形成偏根，同时剪穗也较费工；双面切与扦插基质的接触面积更大，在生根较难的植物上应用较多；蹿状和槌形切口，一般是在插穗下端带2～3年生枝段，常用于针叶树种扦插。

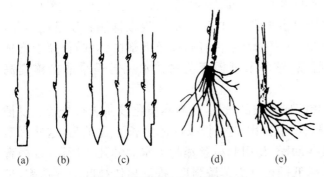

(a) 平切　(b) 斜切　(c) 双面切　(d) 下切口平切生根均匀
(e) 下切口斜切根偏于一侧

图2-3　插穗下切口形状与生根

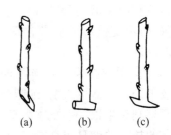

图2-4　插穗的剪取与硬枝扦插
(a) 蹿形插　(b)(c) 槌形插

（2）嫩枝插条的选择及剪截。

① 嫩枝插条的剪取时间。嫩枝扦插是随采随插。最好选自生长健壮的幼年母树，以半木质化的嫩枝为最好，内含充分的营养物质，生活力强，容易愈合生根。但太幼嫩或过于木质化的枝条均不宜采用。嫩枝采条，应在清晨日出以前或在阴雨天进行，不要在阳光下、有风或天气炎热的时候采条。

② 嫩枝插条的选择。一般针叶树如松、柏、桧等，扦插以夏末剪取中上部半木质化的枝条较好。实践经验证明，采用中上部的枝条进行扦插，其生根情况大多数好于基部的枝条。针叶树对水分的要求不太严格，但应注意保持枝条的水分。阔叶树嫩枝扦插，一般在高生长最旺盛期剪取幼嫩的枝条进行扦插。一些大叶植物，在叶未展开时采条为宜。采条后及时喷水，

注意保湿。嫩枝扦插前进行预处理非常重要,含鞣质高和难以生根的树种可以在生长季以前进行黄化、环剥、捆扎等处理。

③ 嫩枝插穗的剪截。枝条采回后,在阴凉背风处进行剪截。一般插穗长 10~15 cm,带2~3个芽,插穗上保留叶片的数量可根据植物种类和扦插方法而定(见图 2-5)。下切口剪成平口或小斜口,以减少切口腐烂。

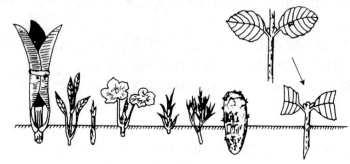

图 2-5　常见嫩枝扦插的方法

2. 扦插的种类及方法

根据材料器官的不同可分为枝插、叶插、根插和芽插,其中枝插最为普遍。

(1) 枝插。按季节不同可分为春季扦插、夏季扦插、秋季扦插和冬季扦插。

① 春季扦插。春插是利用前一年生的休眠枝直接进行扦插,或经冬季低温贮藏后进行的扦插,适宜大多数树种。特别是经冬季低温贮藏的枝条,内部的生根抑制物质已经转化,营养物质丰富,容易生根。春季扦插宜早,并要创造条件打破枝条下部的休眠,保持上部休眠,待不定根形成后芽再萌发生长。所以,该季节扦插育苗的技术关键是采取措施提高地温。

② 夏季扦插。夏季扦插是利用当年旺盛生长的嫩枝,或半本质化枝条进行扦插。夏插枝条处于旺盛生长期,细胞分生能力强,代谢作用旺盛,枝条内源生长素含量高,这些因素都有利于生根。但夏季由于气温高,枝条幼嫩,易引起枝条蒸腾失水而枯死。所以,夏插育苗的技术关键是提高空气的相对湿度,降低插穗叶面蒸腾强度,提高离体枝叶的存活率,进而提高生根成活率。夏季扦插常采用的方法有荫棚下塑料小拱棚扦插以及全光照自动间歇喷雾扦插。

③ 秋季扦插。秋季扦插是利用发育充实、营养物质丰富、生长已停止但未进入休眠期的枝条进行扦插。其枝条内抑制物质含量未达到最高峰,可促进愈伤组织提早形成,有利于生根。秋插宜早,以利物质转化完全,安全越冬。所以,该季节扦插育苗的技术关键也是采取措施提高地温。

④ 冬季扦插。冬插是利用打破休眠的休眠枝进行温床扦插。北方应在塑料棚或温室内进行,并在基质内铺上电热线,以提高扦插基质的温度。南方温暖地区则可直接在苗圃地扦插。

不同地区对不同的树种可选择不同时期进行扦插。落叶树种春、秋两季均可进行扦插,但以春季为多,春季扦插宜在芽萌动前及早进行。秋插宜在土壤冻结前随采随插,我国南方温暖地区普遍采用秋插。落叶树的生长期扦插,多在夏季第一期生长结束后的稳定时期进行。生产实践证明,在许多地区,许多树种四季都可进行扦插。如蔷薇、石榴、栀子、金丝桃及松柏类等在杭州均可四季扦插。南方常绿树种的扦插,多在梅雨季节进行。一般常绿树发根需要较高的温度,故常绿树的插条宜在第一期生长结束、第二期生长开始之前剪取。此时正值南方5～7月梅雨季节,雨水多、湿度高,插条不易枯萎,易于成活。

(2)叶插。因为叶片也具有再生和愈伤能力,所以可以利用叶片进行繁殖培育成新植株。多数木本植物叶插苗的地上部分是由芽原基发育而成。因此,叶插穗应带芽原基,并保护其不受损伤,否则不能形成地上部分。其地下部分是愈伤部位诱生根原基再发育成根的。木本植物叶插主要用于针叶束水插育苗。

(3)根插。用根作插穗繁殖新个体的办法,适用于易从根部发生新梢的种类,如泡桐、凌霄、柿树、紫藤等。根插时,挖取母体植株1～2年生粗壮幼根,切成长5 cm的根段,开沟埋入土中,然后浇水保持湿润,精细管理,很快即可萌发新植株。

3. 扦插管理

扦插后的管理非常重要。插穗生根前的管理主要是调节适宜的温、光、水等条件,促使尽快生根。其中以保持较高空气湿度,不使其萎蔫最为重要。插穗在产生愈伤组织和生根的过程中,既需要有足够的水分,又要吸收氧气呼出二氧化碳。为此,扦插一般多在通气良好、1～1.5 mm直径的沙子、石英砂、蛭石、炉灰、粗泥炭等混合基质上进行,扦插基质应保证无病虫害潜伏,使用前严格消毒。

一般扦插后立即灌一次透水,以后经常保持基质和空气的湿度,并做好保墒及松土工作。插穗上若带有花芽,应及早摘除。如果未生根之前地上部已经展叶,应及时摘除部分叶片,防止过度蒸腾。在新苗长到15～30 cm时,选留一个健壮直立枝条继续生长,其余抹去。必要时可在行间进行覆草,以保持水分,并可防止雨水将泥土溅于嫩叶上。

硬枝扦插不易生根的树种生根时间较长,必要时进行遮阴。嫩枝露地扦插要搭荫棚,每天10:00～16:00遮阴降温,同时每天喷水,保持湿度。用塑料棚密封扦插时,可减少灌水次数,每周1～2次即可,但要及时调节棚内的温度和湿度,扦插成活后,要经过炼苗阶段,使其逐渐适应外界环境再移到露地圃地。在温室或温床中扦插时,生根展叶后,逐渐开窗流通空气,使其逐渐适应外界环境,然后再移至圃地。

在空气温度较高而且阳光充足的地区或季节,可采用全光照间歇喷雾扦插床进行扦插。

2.2.2.2 嫁接繁殖

嫁接繁殖是指把一棵植株的枝或芽,嫁接到另一棵植株上,使接在一起的两部分成为一棵完整的新植株。嫁接上去的枝条或芽叫接穗,接受接穗的植株叫砧木。嫁接分为枝接和芽接两大类,枝接以枝条为接穗,芽接则以芽为接穗。

1. 枝接

枝接一般在休眠期进行,最常用的是切接法、劈接法以及靠接法。

(1)切接法。切接法适用于较小的砧木。嫁接时将砧木在离地面约6 cm处剪断,削平截面,然后从一侧稍带木质部垂直切下,深度约3 cm,同时剪取接穗,须带2～4个芽,接穗下端削成约3 cm左右的斜马蹄形,其背面削一长约1 cm的斜切面,接穗削好后插入砧木垂直切口中,使两者形成层对齐,用塑料条绑缚牢固即可(见图2-6)。

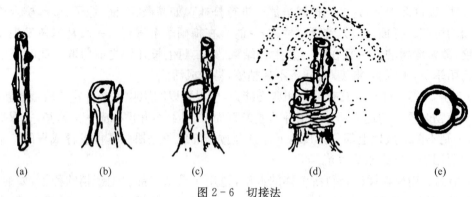

图 2-6　切接法

(a) 接穗　(b) 砧木　(c) 插入接穗　(d) 绑缚和培土　(e) 形成层对齐

（2）劈接法。劈接适用于砧木较粗的植株。接穗取 2～4 个芽，下端削成楔形，如砧木较细只接一枝时，接穗外侧稍厚，内侧稍薄，削面长约 3～4 cm，在砧木截面中间向下劈一切口，插入接穗，必须使外侧形成层相互对齐，密切结合。通常一个切口可以接 1～2 个接穗，粗的砧木可接 4 个接穗，但接穗过多则不易愈合（见图 2-7）。

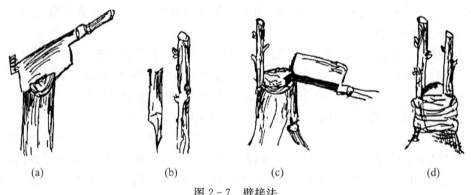

图 2-7　劈接法

(a) 劈砧木　(b) 削接穗　(c) 插接穗　(d) 绑扎

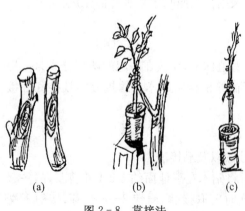

图 2-8　靠接法

(a) 砧木与接穗　(b) 扎紧绑实
(c) 剪去砧木的上部和接穗的下部

（3）靠接法。靠接主要用于一些扦插生根较困难的园林植物，如山茶、桂花、白兰花等。靠接自春至秋随时都可进行。嫁接时使砧木与接穗相互靠近，选取粗细相近的枝条，将砧木与接穗两者枝条接合处各削去等长切口，深达木质部，然后使两者形成层密切结合，扎紧绑实，等愈合成活后剪去砧木的上部和接穗的下部，即可获得新的植株（见图 2-8）。

2. 芽接

芽接都在生长期进行，最常用的是"T"形芽接法。此法操作简单，成活率高，一般适用于小砧木。如砧木过大，树皮增厚反而影响成活。接穗选自当年生枝条发育充实饱满的芽,一般取枝条中段之芽。取芽时左手倒持接穗枝条,右手拿刀,在芽上 0.5 cm 处横切一刀,然后自芽的下方向上削取,长 1.5～2 cm,深达木质部,并与横切的一刀汇合,后用两指掐住叶柄基部左右轻轻移动,取下接芽。在砧木上要嫁接的部位用芽接刀切成"T"形切口,用刀把切口剥开,把削好的接芽插入切口中,使接芽上面的形成层与砧木切口的形成层密切对齐,用塑料条绑紧,露出叶柄。大约过两个星期,如果叶柄一触即落,说明已经成活;否则,可以补接(见图 2-9)。

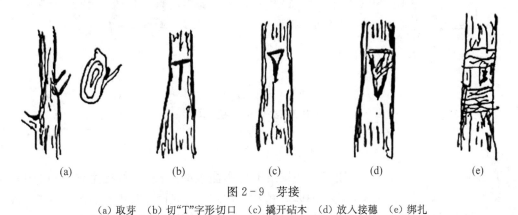

(a)　　　　　　(b)　　　　　　(c)　　　　　　(d)　　　　　　(e)

图 2-9　芽接

(a) 取芽　(b) 切"T"字形切口　(c) 撬开砧木　(d) 放入接穗　(e) 绑扎

贴芽接也是芽接的一种,和"T"形芽接相比,操作费力费时。此法可用于小砧木。具体的做法是在砧木与接穗上削取同样大小的缺刻,可以是方块形,也可以是其他形状,但接芽需居其中,使削取的嵌芽正好嵌入砧木上的缺刻中,四周对齐,用塑料条把芽片捆紧即可。

2.2.2.3　压条繁殖

压条是将母体植株的枝条压埋于土壤中,由母体植株供给营养,萌发新根后再割离移栽,形成独立植株。凡扦插较难生根或者生根缓慢,而在基部丛枝较多、枝条较长、枝条压入土中能生根的种类,均可用压条法繁殖,如木香、金钟花等。压条的时期,以 2～3 月最好;4～7 月也能进行,但生根较慢。压条繁殖依操作方法及位置的不同,可分为堆土压、沟压、盆压及高空压四种。

1. 堆土压条

此法适用于萌蘖性强的园林树木。在其基部培土成馒头状,使其生根后分离移栽即可,被压的枝条不需弯入土中,适宜于不易弯曲的种类,如牡丹、蜡梅、米兰、杜鹃花、栀子花、贴梗海棠等,一般待生根后且在晚秋或翌年春天进行分栽。

2. 沟压法

在 2、3 月间,选生长苗壮、一年生或 2～3 年生的枝条,在母体植株旁边靠近要压的枝条下方,铲一宽 5～10 cm 的小沟,深度随树木及生根难易而不同,一般为 10～15 cm。沟壁靠近母体植株的一面,要挖成斜面,以便枝条弯入沟中,易与土壤密接。沟壁的另一端则挖成垂直面,以便使枝梢易于直立地伸出土面。枝条压入部分,要带 1～2 个芽。最后盖土踩实,最好用竹叉等物加以固定,等压条生根后,就可与母株割断,移植他处。但一般宜延迟晚割,以便多生根,到秋季落叶后或翌年春天方行割断移植。

3. 盆压法

用于盆栽类或不耐移植的园林植物。将枝条压入配好一定盆土的花盆中,方法同沟压法。如枝条较长时,可连续压入几个盆中,又称为"过桥压"。生根后即可割断,成为一盆新植株。枝条短的亦可压在原盆中,生根后再另盆移栽(见图 2-10)。

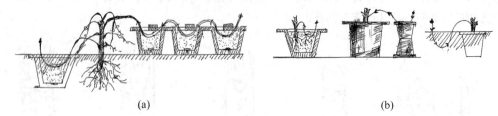

图 2-10 盆压法

(a) 长枝压条法 (b) 短枝压条法

4. 高空压法

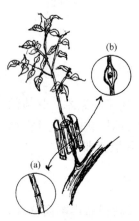

图 2-11 高压及其刻伤

(a) 横切 (b) 纵切

多用于一些枝条不易弯曲或树身高大、扦插生根较难且基部很少丛生枝条的园林植物,如广玉兰、白兰花、山茶、桂花(金桂、银桂、丹桂品种)等。枝条被压部分必须用刀刻伤,以刺激其生根。外面用劈开的竹筒夹在枝上,筒内加土,因容量小、易干燥,必须经常浇水,以保持适当湿润。生根后,即可在筒下割断分栽。高压枝条的刻伤方法有二:一是横切,即将枝条横切断一半;一是纵切,即在枝条中间纵切一刀,在切口处放入一小石块撑开(见图 2-11)。

压条繁殖又依生根难易的不同,压入土中部分可分为刻伤处理及不刻伤两类。易生根的树种,压条时入土部分的枝条不作任何刻伤处理。凡生根困难的树种,压枝前入土部分的枝条必须刻伤,刻伤后随即压入土中。刻伤的作用是使生长激素集聚在刻伤部分,以促使生根。

2.2.2.4 分株繁殖

分株繁殖是利用某些树种能够萌生根蘖或灌木丛生的特性,把根蘖或丛生枝从母体植株上分割下来,进行移栽,使之形成新植株的一种繁殖方法。有些园林树木如臭椿、刺槐、枣、蜡梅、紫荆、紫玉兰、金丝桃等,能在根部周围萌发出许多小植株,这些萌蘖从母体植株上分割下来就是一些单株植株,本身均带有根系,容易栽植成活。

分株主要在春、秋两季进行,由于分株法多用于花灌木的繁殖,所以要考虑到分株对开花的影响。一般春季开花植物宜在秋季落叶后进行,而秋季开花植物应在春季萌芽前进行。

1. 灌丛分株

将母体植株一侧或两侧土挖开,露出根系,将带有一定茎干(一般 1~3 个)和根系的部分植株带根切开取出,另行移栽即可(见图 2-12)。挖掘时注意不要对母体植株根系造成太大的损伤,以免影响母体植株的生长发育。

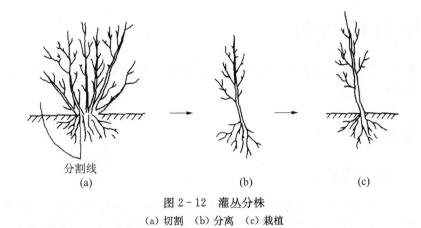

图 2-12　灌丛分株
(a) 切割　(b) 分离　(c) 栽植

2. 根蘖分株

将母体植株的根蘖挖开,露出根系,用利斧或利铲将根蘖植株带根切开取出,另行栽植(见图 2-13)。

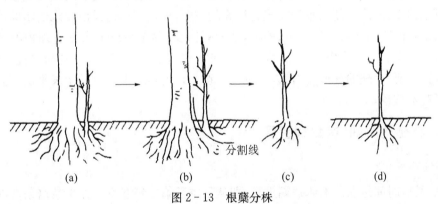

图 2-13　根蘖分株
(a) 长出的根蘖　(b) 切割　(c) 分离　(d) 栽植

3. 掘苗分株

将母体植株全部带根挖起,用利斧或利刀将植株从根部分成多株带有良好根系的单株(丛),每株地上部分均应有 1～3 个茎干,这样有利于幼苗的生长(见图 2-14)。

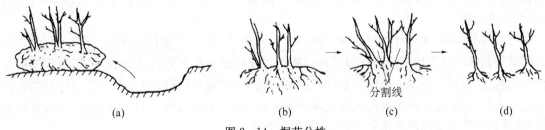

图 2-14　掘苗分株
(a)(b) 挖掘　(c) 切割　(d) 栽植

2.3　园林苗木的培育

园林苗圃所培育出圃的大都是大规格苗木,大苗的培育需要多年的栽培管理,总结起来,主要是苗木移植和培育管理。

2.3.1　苗木移植

2.3.1.1　苗木移植的意义

苗木移植是把生长拥挤密集的较小苗木挖掘出来,按照规定的株行距在移植区栽种下去。为了节约土地和提高产量,园林苗圃中育苗初期一般幼苗密度较大、单株营养面积较小,相互之间竞争激烈,难成大苗。通过移植可以扩大株行距,有利于苗木根系、树干、树冠的生长,最终通过这一环节培育出理想树冠、优美树姿、干形通直的高质量、大规格园林苗木,以满足园林绿化工程对这类苗木的迫切需要。

通过苗木的移植,一方面扩大了苗木地上、地下的营养面积,改变了通风透光条件,使苗木地上、地下生长良好,同时使根系和树冠有扩大的空间,可按园林建设所要求的不同规格发展;另一方面,苗木的移植切去了部分主、侧根,使根系减少,移植后可大大促进须根的发展,根系紧密集中,不仅有利于苗木生长,还大大提高了苗木移植成活率;第三,在移植过程中对苗木根系、树冠进行必要、合理的整形修剪,人为调节了苗木地上与地下部分的生长平衡,淘汰了劣质苗,提高了苗木质量。

2.3.1.2　移植的时间、次数和密度

1. 移植时间

移植的最佳时间是在苗木休眠期进行,即从秋季至第二年春季。如果栽培条件许可,也可一年四季都进行移植。

(1)春季移植。春季气温回升,土壤解冻,苗木开始打破休眠恢复生长,故在春季移植最好。移栽苗成活很大程度上取决于苗木体内的水分平衡。早春移植,树液刚刚开始流动,枝芽尚未萌发,蒸腾作用很弱,土壤湿度较好。因根系生长温度较低,土温能满足根系生长的要求,所以早春移植苗木成活率高。春季移植的具体时间,还应根据树种发芽的早晚来安排。一般来讲,发芽早者先移,晚者后移;落叶者先移,常绿者后移;木本植物先移,宿根草本后移;大苗先移,小苗后移。

(2)秋季移植。秋季是苗木移植的第二个适宜季节,秋季移植在苗木地上部分停止生长,落叶树种苗木叶柄形成层脱落时即可开始移植。此时根系尚未停止活动,移植后有利于根系伤口愈合,移植成活率高。秋季移植的时间不可过早,若落叶树种尚有叶片,往往叶片内的养分还未完全回流,造成苗木木质化程度降低,越冬时容易受冻出现枯梢。在冬季干旱、多风地区,苗木移植后应浇足越冬水分,以保证苗木安全越冬。

(3)夏季移植(雨季移植)。常绿或落叶树苗木可以在雨季初期进行移植。移植时要带大土球并包装,保护好根系。苗木地上部分可进行适当的修剪,移植后要通过喷水喷雾以保持树

冠湿润,还要遮荫防晒,经过一段时间的过渡,苗木即可成活。长江中下游地区常在梅雨季节移植常绿苗木。

2. 苗木移植的次数和密度

培育大规格苗木要经过多年多次移植,而每次移植的密度又与移植次数紧密相关。若每次苗木移植较密,则相应移植次数应增加,反之亦然。苗木移植的次数与密度还与树种的生长速度有关,生长快的移植密度应小,次数较少;生长慢的则移植密度大,次数较多。

2.3.1.3　移植方法

1. 穴植法

人工挖穴栽植,成活率高,生长恢复较快,但工作效率低,适用于大苗移植。在土壤条件允许的情况下,采用挖坑机械挖穴可大大提高工作效率。栽植穴的直径和深度应大于苗木的根系范围。

挖穴时应根据苗木的大小和设计好的株行距定点放线,然后挖穴,穴土应放在坑的一侧,以便放苗木时便于确定位置。栽植深度以略深于原来栽植地的深度为宜,一般可略深2～5 cm,覆土时混入适量的底肥。先在坑底填一部分肥土,然后将苗木放入坑内,再回填部分肥土,之后,轻轻提一下苗木,使其根系伸展并与尽可能多地与土壤接触,然后填满土壤踏实,浇足水分。较高大的苗木要设立三根支撑固定,以防苗木被风吹倒或倾斜。

2. 沟填法

先按行距开沟,土壤放在沟的两侧,以利土壤回填和苗木定点,将苗木按照一定的株距,放入沟内,然后填土,要让土壤充分渗透到根系中去,并踏实,最后顺着行向浇足水分。此法一般适用于移植较小的苗木。

3. 孔植法

先按行、株距定点放线,然后在点上用打孔器打孔,深度与原栽植相同,或稍深一些,把苗放入孔中,覆土。孔植法要有专用的打孔机,可提高工作效率。此法最适合容器育苗的苗木。

移植后要根据土壤湿度情况,及时浇水。由于苗木是新土定植,苗木浇水后会有所松动、倾斜,甚至倒伏,应注意及时将苗木扶正并培土,或采取支撑固定后培土。一段时间后,还要对移植苗木进行松土除草、追施肥料以及病虫防治,并对苗木进行适当修剪,以确定其培养的基本树形,有些苗木还要进行遮荫防晒和越冬防寒工作。

2.3.2　园林苗木的培育与管理

2.3.2.1　移植后的保活管理

苗木移植后成活的难易主要决定于树种遗传特性、苗木年龄和移植技术三个因素。针对同一树种而言,苗龄越低,成活率越高;反之亦然。在移植技术方面,除了选择适宜的移植季节、采用合理的起苗方式、运用适当的栽苗措施以外,移植后的保活管理也至关重要。这项工作的重中之重就是"浇水保活",也就是及时、充分且科学合理地给新植苗木提供水分,以保证其顺利成活。此外,及时适当的扶苗培土、支撑加固、整形修剪、松土除草、病虫防治等管理措施也必不可少。

2.3.2.2 成活后的培育管理

苗木在苗圃移植成活后的培育管理,与将来在园林绿地定植成活后的养护管理相比,工作内容几乎相同,主要包括支撑加固、浇水施肥、松土除草、整形修剪、病虫防治、越冬防寒等几个方面,只是各项工作的要求一般都要比绿地定植树木精细得多。由于各项工作的具体内容和操作方法在后面的相关章节中都有详细的介绍,在此就不再赘述了。

2.4 园林苗木的出圃

苗木的出圃包括起苗、分级、包装、运输或假植、检疫等环节,为了保证出圃工作的顺利进行,必须做好出圃前的准备工作,确定苗木质量的具体标准。通过苗木的调查,了解各类苗木的质量和数量、制定出圃销售计划,并做好相应的配套工作。

2.4.1 出圃苗木的标准

出圃苗木有一定的质量标准。不同种类、不同规格、不同绿化层次及某些特殊环境、特殊用途等,对出圃苗木有不同的质量标准要求。

2.4.1.1 常规出圃苗的质量标准

园林苗圃培养苗木的目的主要是用于园林绿化、美化。苗木的质量高低与发挥绿化效果的快慢又密切相关。高质量的苗木,栽培后成活率高,生长旺盛,能很快形成景观效果。反之,不但浪费人力和物力,在经济上造成损失,还会影响景观效果,推迟工程或绿地发挥效益的时间。因此,高质量的苗木可以加快园林建设的速度。

一般苗木的质量主要由根系、干茎和树冠等因素决定,高质量的苗木应具备如下条件。

1. 生长健壮、无病虫害和机械损伤

苗木生长健康是首要的条件,特别是有危害性的病虫害及较重程度的机械损伤的苗木,应禁止出圃。这样的苗木栽植后,常因病虫害及机械性损伤而生长发育差,树势衰弱,冠形不整,影响绿化效果,同时还会起传染源的作用,使其他植物遭受病虫害感染。

2. 树形骨架基础良好、枝条分布均匀

总状分枝类的苗木,顶芽要生长饱满,未受损伤。苗木在幼年期具有良好骨架基础,才能保证长成之后树形优美、长势健壮。其他分支类型的要求也相应地大体相同。

3. 根系发育良好、大小适宜

根系是为苗木吸收水分和矿物质营养的器官,根系完整,带有较多侧根和须根且不劈裂,主侧根分布均匀,主根短而直,根系要有一定长度,栽植后即能较快恢复生长,及时给苗木提供营养和水分,从而提高栽植成活率,并为以后苗木的健壮生长奠定有利的基础。起苗时苗木所带根系的大小应根据不同品种、苗龄、规格、气候等因素而定。苗木年龄和规格越大,气温越高,所带根系也应越多。

4. 苗木形态的比例要适当

苗木地上部分鲜重与根系鲜重之比,称为茎根比。茎根比大的苗木根系少,地上部分比例失调,苗木质量差;茎根比小的苗木根系多,苗木质量好。但茎根比过小,则表明地上部分生长少而弱,质量也不好。高径比是指苗木的高度与根颈直径之比,反映苗木高度与干茎粗度之间的关系。高径比适宜的苗木,生长匀称。高径比主要取决于出圃前的移栽次数、苗间的间距等因素。此外,年幼的苗木,还可参照全株的重量来衡量其苗木的质量,同一种苗木,在相同的条件下培养,重量大的苗木,一般生长健壮、根系发达、品质较好。

另外,对于干性强而无潜伏芽的某些针叶树,中央领导干要有较强的优势,侧芽饱满,顶芽发达或顶端优势明显。而在其他特殊环境或有特殊用途的苗木,其质量标准视具体要求而定,如桩景树要求对其根、茎、枝进行艺术的变形处理;假山石上栽植的苗木,则大体要求具有"瘦""漏""透"等特点。

2.4.1.2　出圃苗木的规格要求

出圃苗木的规格,需根据绿化的具体要求来确定。其中,行道树用苗规格应大,一般绿地用苗规格可小一些。但随着经济的发展,绿化层次增高,大中型乔木、花灌木也大量使用。有关苗木的规格,各地都有一定的规定。华东、华中不少地区目前执行的标准系列如下,可供参考。

1. 大中型落叶乔木

如银杏、国槐、梧桐、毛白杨、元宝枫、水杉、枫香、合欢、栾树(见图 2-15)等树种,要求树形良好、树干通直,分支点 2~3 m。胸高直径在 5 cm 以上(行道树苗胸径要求在 6 cm 以上)为出圃苗木的最低标准。其中,干径每增加 0.5 cm,规格提高一个等级。

图 2-15　栾树大苗　　　　　　　　　　图 2-16　紫叶李苗

2. 有主干的果树、单干式的灌木和小型落叶乔木

如枇杷、柿树、榆叶梅、碧桃、海棠、垂柳、紫叶李(见图 2-16)等,要求树冠丰满、枝条分布匀称,不能缺枝或偏冠。根颈直径每提高 0.5 cm,规格提高一个等级。

3. 多干式灌木

要求根颈分枝外有 3 个以上分布均匀的主枝。但由于灌木种类很多,树型差异较大,又可分为大型、中型和小型,具体规格要求如下。

(1) 大型灌木类。如丁香、黄刺玫、大叶黄杨、海桐、红叶石楠(见图 2-17)等,出圃高度要求在 80 cm 以上。在此基础上,高度每增加 30 cm,即提高一个规格等级。

图 2-17 红叶石楠苗

图 2-18 紫薇苗

(2) 中型灌木类。如木槿、紫荆、紫薇(见图 2-18)等,出圃高度要求在 50 cm 以上。在此基础上,苗木高度每提高 20 cm,即提高一个规格等级。

(3) 小型灌木类。如南天竹、郁李、棣棠、小丑火棘、蔷薇(见图 2-19)等,出圃高度要求在 30 cm 以上。在此基础上,苗木高度每提高 10 cm,即提高一个规格等级。

图 2-19 南天竹苗

图 2-20 金叶女贞苗

4. 绿篱(色块)苗木

要求苗木生长势旺盛、分枝多、全株成丛、基部枝条丰满。灌丛直径大于 20 cm,苗木高度在 20 cm 以上,为出圃最低标准。在此基础上,苗木高度每增加 10 cm,即提高一个规格等级。如紫叶小檗、龟甲冬青、金叶女贞(见图 2-20)等。

5. 常绿乔木

要求苗木树型丰满,保持各树种特有的冠形,苗干下部树叶不出现脱落,主枝顶芽发达。苗木高度在 2.5 m 以上,或胸径在 4 cm 以上,为最低出圃规格。高度每提高 0.5 m,或冠幅每增加 1 m,即提高一个规格等级。如香樟、女贞、红果冬青、深山含笑、广玉兰、桂花(见图 2-21)等。

图 2-21　香樟苗

图 2-22　常春藤苗

6. 攀缘类苗木

要求生长旺盛,枝蔓发育充实,腋芽饱满,根系发达。此类苗木由于不易计算等级规格,故以苗龄确定出圃为宜,但苗木必须带 2～3 个主蔓。如爬山虎、紫藤、凌霄、常春藤(见图 2-22)等。

7. 人工造型苗木

如黄杨、龙柏、海桐、小叶女贞等,出圃规格可按不同要求和目的而灵活掌握,但是造型必须较完整、丰满、不空缺和不秃裸。

8. 桩景树苗木

桩景正日益受到人们的青睐,加之经济效益可观,所以在苗圃所占的比例也日益增加。如银杏、榔榆、三角枫、老鸦柿、对节白蜡、罗汉松、全缘叶构骨、木瓜海棠等。以自然资源作为培养材料,要求其根、茎等具有一定的艺术特色,其造型方法类似于盆景制作,出圃标准由造型效果与市场需求而定。

2.4.1.3　苗龄及其表示方法

1. 苗龄的计算方法

一般是以经历 1 个生长周期作为一个苗龄单位。

2. 苗龄的表示方法

苗龄用阿拉伯数字表示。第一个数字表示播种苗或营养繁殖苗在原地生长的年龄,第二个数字表示第一次移植后培育的年数,第三个数字表示第二次移植后培育的年数。数字用短横线间隔,即有几条短横线就是移栽了几次。各数字之和为苗木的年龄,即几年生苗。如:

1—0　没有进行过移栽的 1 年生播种苗

2—1　移栽了 1 次后培育 1 年的 3 年生移栽苗

2—1—1　表示经过 2 次移栽,每次移栽后培育 1 年的 4 年生移栽苗

2.4.2　苗木调查

2.4.2.1　苗木调查的目的与要求

苗木调查分树种、苗龄、用途和育苗方法几个项目。通过对苗木的调查,能全面了解全圃各种苗木的产量与质量,做好苗木出圃前的各项准备工作,以便有计划地供应栽植地所需苗木。此外,通过调查可进一步掌握各种苗木生产发育状况,科学地总结育苗技术经验,找出成功或失败的原因,为下阶段合理调整、安排生产任务提供可靠的依据。

为了得到准确的苗木产量与质量数据,根颈直径在 5～10 cm 以上的大苗,要逐株清点。根颈直径在 5 cm 以下的中小苗木,可采用科学的抽样调查,但准确度不低于 95%。

2.4.2.2　苗木调查的时间

一般在秋季苗木停止生长后进行,对全圃所有苗木进行清查,因为此时苗木的质量不再发生变化。

2.4.2.3　苗木调查的方法

通常在调查前,首先要查阅育苗技术档案中记载的各种苗木的育苗技术措施,并到各生产区查看,以便确定各个调查区的范围和采用的方法。凡是树种、苗龄、育苗方式方法及抚育措施,绿化用途相同的苗木,可划为同一个调查区。再从调查区中抽取样地逐株调查苗木的各项质量指标及苗木数量,之后根据样地面积和调查区面积,计算出单位面积的产苗量和调查区的总产苗量。最后,统计出全圃各类苗木的产量与质量。抽样的面积为调查苗木总面积的 2%～4%。常用的调查方法有下面三种:

1. 标准行法

在调查区内,每隔一定行数选 1 行或 1 垄作标准行。全部标准行选好后,如苗木数过多,在标本行上随机取出一定长度的地段,在选定的地段上进行苗木质量指标和数量的调查,如苗高、根颈直径(行道树为胸径;大苗为距地面 30 cm 处的干径)、冠幅、顶芽饱满程度、针叶树有无双干或多干等。然后,计算调查地段的总长度,求出单位长度的产苗量。此调查方法适用于移植、扦插、条播、点播的苗区。

2. 标准地法

在调查区内,随机抽取 1 m² 的标准地若干个,逐株调查标准地上苗木的高度、根颈直径等指标,并计算出 1 m² 的平均产苗量和质量,最后推算出全区的总产量和质量。此调查方法适用于播种的小苗。

3. 准确调查法

数量不太多的大苗和珍贵苗木,为了数据准确,应逐株调查苗木数量,抽样调查苗木的高度、地径、冠幅等,再计算其平均值。苗圃中一般对地径在 5～10 cm 以上的大苗都采用准确调查法,以便出圃。

应用标准行或标准地调查时,一般实际调查的行数或面积应占苗木生产区总行数或总面积的 2%～4%,并且要使标准行或标准地均匀分布在整个调查区内。

2.4.3 起苗与分级

起苗又称掘苗,起苗操作技术的好坏,对苗木质量影响很大,也影响到苗木的栽植成活率以及生产、经营效益。

2.4.3.1 起苗时期

1. 秋季起苗

应在秋季苗木停止生长、叶片基本脱落,土壤封冻之前进行。此时,根系仍在缓慢生长,起苗后及时栽植,有利于根系伤口愈合和劳力调配,也有利于苗圃地的冬耕和因苗木带土球使苗床出现大坑而必须回填土壤等圃地整地工作。秋季起苗适宜大部分落叶树种,尤其是春季开始生长较早的一些树种,如春梅、落叶松、水杉等。

2. 春季起苗

一定要在春季树液开始流动前起苗。主要用于不宜冬季假植的常绿树种或假植不便的大规格苗木。春季移苗时,应随起苗随栽植。大部分苗木都可在春季起苗。

3. 雨季起苗

主要适用于常绿树种,如侧柏等。雨季带土球起苗,随起随栽,效果好。

4. 冬季起苗

主要适用于南方抗寒性较强的树种。

2.4.3.2 起苗方法

根据起苗时是否须要带土球,分为裸根起苗和带土球起苗两种。

1. 裸根起苗

绝大多数落叶树种和容易成活的常绿树小苗一般可采用此法。起苗前,如天气干燥,应提前 2～3 天对起苗地灌水,使苗木充分吸水,土质变软,便于操作。大规模苗木裸根起苗时,应单株挖掘而不是像整地那样全面挖掘。落叶乔木的根幅为苗木地径的 8～12 倍(灌木按株高的 1/3 为半径定根幅)。起苗时,以树干为中心、根幅为直径画圆,在圆周上向外挖操作沟,再垂直挖下至一定的深度,切断侧根,然后于一侧向内深挖,并将粗根切断。如遇到难以切断的粗根,应把四周土挖空后,用手锯锯断。切忌强按树干和硬劈粗根,造成根系劈裂。根系全部切断后,将苗取出,对病伤劈裂及过长的主根应进行修剪。

起小苗时,带根系的幅度为其根颈粗的 5～6 倍。方法是在规定的根系幅度稍大的范围外挖沟,切断全部侧根,然后于一侧向内深挖,轻轻放倒苗木并打碎根部泥土,尽量保留须根。挖好的苗木立即打泥浆。苗木如不能及时运走,应放在阴凉通风处假植。

2. 带土球起苗

一般常绿树、名贵树和较大的花灌木常用带土球起苗。土球的直径因苗木大小、根系特点、树种成活难易等条件而定。一般乔木的土球直径为根颈直径的 8～10 倍,土球高度为直径的 2/3(包括大部分的根系在内);灌木的土球高度为其直径的 1/2～1/4。在天气干旱时,为防止土球松散,于挖前 1～2 天灌水,增加土壤的黏结力。挖苗时,先将树冠用草绳拢起,再将苗木周围无根生长的表层土壤铲除。之后,在带土球直径的外侧挖一条操作沟,沟深与土球高度相等,沟壁垂直。遇到细根用铁锹斩断;3 cm 以上的粗根,不能用铁锹斩,以免震裂土球,应用锯子锯断。挖至规定深度后,用锹将土球表面及周围修平,使土球呈苹果形(主根较深的树种土球呈纵向的椭球形),即土球上表面中部稍高,逐渐向外倾斜,肩部圆滑不留棱角。这样包扎时比较牢固,不易脱落。土球的下部直径一般不应超过土球直径的 2/3。自上向下修土球至一半高度时,应逐渐向内缩小至规定的标准,最后用锹从土球底部斜着向内切断主根,使土球与土底分开。在土球下部主根未切断前,不得硬推土球或硬掰树干,以免土球破裂和根系断损。如土球底部松散,必须及时填塞泥土和干草,并包扎结实。具体操作方法还可以参照本书"3.4.5 大树移植技术"的树体起挖和包装部分的相关内容。

目前,起苗已逐渐由人工向机械作业过渡。但机械起苗只能完成切断苗根、翻松土壤,不能完成全部起苗作业。常用的起苗机械中,国产的 XML-1-126 型悬挂式起苗犁,适用于 1～2 年生的针叶、阔叶苗;DQ-40 型起苗机,适用于 3～4 年生苗木,可掘起高度在 4 m 以上的大苗。

2.4.3.3 苗木分级

起苗之后应及时对苗木进行分级。苗木分级就是按苗木的质量标准把苗木分成若干等级的工作。当苗木起出后,应立即在蔽荫处进行分级,并同时对过长或劈裂的苗根和过长的侧枝进行修剪。分级时,根据苗木的年龄、高度、粗度(根颈或胸径)、冠幅和主侧根的状况,分为合格苗、不合格苗和废苗三类。

1. 合格苗

合格苗是指具有良好的根系、优美的树形、一定的高度可以用来绿化的苗木。合格苗根据高度和粗度的差别,又可分为几个等级。如行道树苗木,枝下高 2～3 m,胸径在 4 cm 以上,树干通直,冠型良好,为合格苗的最低要求。在此基础上,胸径每增加 0.5 cm,即提高一个等级。

2. 不合格苗

不合格苗是指需要继续在苗圃培育的苗木,其根系、树形不完整,苗高不符合要求,也可称小苗或弱苗。

3. 废苗

废苗是指不能用于造林、绿化,也无培养前途的断顶针叶苗、病虫害苗和缺根、伤茎苗等。除有的可作营养繁殖的材料外,一般皆废弃不用。

苗木数量统计,应结合分级进行。大苗以株为单位逐株清点,小苗可以分株清点,也可用称重法,即称一定重量的苗木,然后计算该重量的实际株数,再推算苗木的总数。苗木分级可使出圃的苗木合乎规格,更好地满足设计和施工要求,同时也便于苗木包装运输和标准的统一。整个起苗工作应将人员组织好,起苗、检苗、分级、修剪和统计等工作实行流水作业,分工合作,以提高效率,缩短苗木在空气中的暴露时间,提高苗木的质量。

2.4.3.4　苗木检疫

在苗木销售和交流过程中,病虫害也常常随苗木一同扩散和传播。因此,在苗木流通过程中,应对苗木进行检疫。运往外地的苗木,应按国家和地区的规定检疫重点的病虫害。如发现本地区和国家规定的检疫对象,要禁止出售和交流。

引进苗木的地区,还应将本地区或单位没有的严重病虫害列入检疫对象。引进的种苗有检疫证,证明确无危险性病虫害者,均应按种苗消毒方法消毒之后再栽植。如发现有本地区或国家规定的检疫对象,应立即销毁,以免扩散,引起后患。没有检疫证明的苗木,不能销售和运输。

3　园林树木的栽植

园林树木的栽植是园林绿化施工的主要内容,它以园林设计为前提,以栽植成活为目标,来确保绿化施工的顺利完成。园林树木的栽植必须充分考虑树木的生长特性、栽植季节、设计要求及施工计划,制定一套完整的栽植方案,才能最终实现栽植目的。

3.1　园林树木栽植概述

3.1.1　栽植的概念

传统意义上的栽植是指将树木种在土壤中的一种操作方式。随着栽植一词的广泛应用,其含义也在发生变化。栽植有狭义和广义之分。狭义的栽植,即种植或定植;广义的栽植,包括起苗、搬运、种植(定植)和保活管理四个基本环节。园林绿化中,树木栽植是指广义的栽植,包括树种选择和栽植季节的选择、起苗和运输、种植施工、成活期养护及成活效果检查和及时补植等过程和内容,这些环节都直接决定着树木植株栽植后的景观效果。由于起苗与苗木运输已经在第二章中作过详细介绍,本章就不再赘述。在实际工作中,可以根据栽植的目的不同,把栽植分为四种情况,即:移植——把植株从一个地方移栽到另一个地方;寄植——把已经符合定植要求的苗木较为密集地暂时栽植在一个特定的地方,这种方式多用于苗圃或施工地囤积苗木;假植——在一个临时的地方暂时把苗木根系包埋在湿润的土壤之中,以避免苗木的水分损失;定植——按照园林设计要求,把苗木栽种在一个固定的地方,并使其在这个地方永久性地生长发育。

3.1.2　栽植成活的原理

一株正常生长的树木,其根系与土壤紧密结合,地下部分与地上部分生理代谢是平衡的。在树木栽植过程中,树木被从土壤里挖掘出来后,根系、特别是吸收根遭到严重破坏,根幅与根量缩小,树木根系全部或部分脱离了原有生存的土壤环境,根系的吸水能力大大降低,而地上部分因气孔调节十分有限,还在继续蒸发失水。直到树木栽植以后,即使土壤能够供应充足的水分,但在新的环境下,根系与土壤的密切关系遭到破坏,减少了根系对土壤水分的吸收。再有,树木根系损伤后,在适宜的条件下虽有一定的再生能力,但要发出较多的新根还需一定的时间。因此必须迅速建立根系与土壤的密切关系以及根系吸水与枝叶蒸腾失水的新平衡,才能保证树木的"性命"。而这种新平衡关系建立的快慢,既与树木的生物学习性、年龄大小、栽植技术、成活期养护等有关,又与影响生根和蒸腾为主的外界因子有着密切联系。可见,树木栽植成活的关键就是怎样保持和恢复树体以水分为主的代谢平衡。

3.1.3 确保栽植成活的关键措施

3.1.3.1 保湿保鲜,防止水分流失

据相关报道,对桉树裸根苗根部进行4种不同方式(表3-1)的保鲜处理,经封箱贮藏5天后,得出以下结论:采用黄心土对桉树裸根幼苗浆根保鲜效果最好。其方法是将已作浆根处理的幼苗竖放到有通气孔的纸皮箱或塑料箱中,喷洒400倍菌毒清药液,封盖箱口,放在避光处,可使桉树裸根苗保鲜5天,移栽成活率达90%。此方法有助于桉树苗木大量的远距离运输,提高了成活率并大幅度降低成本。同时,对于园林绿化工程中所需的大量用作地被或色块的小型苗木,如金叶女贞、红叶石楠、海桐、大叶黄杨等,在长距离运输过程中也可采用此法,既减少了带土球的麻烦,又提高了苗木的保鲜效果。

表3-1 苗木(桉树)不同处理后贮存保鲜状况

处理方法	苗木保鲜状况	评价
黄心土浆根	苗木青绿、茎叶挺拔、根无损伤	最好
泥炭土护根	部分叶子萎蔫、茎挺拔、根无损伤	较好
卫生纸包根	40%苗木出现萎蔫现象	一般
对照(无处理)	苗木根茎腐烂、叶子干枯	不好

3.1.3.2 保护根系,促进根的再生

苗木在起苗、包装和运输过程中,其根量损失一般都较大。根量的减少对苗木的成活及其以后的吸收作用有着显著的影响。另外,根系和土壤分离,它的机能完全停止,如果管理不好,苗木就会很快死亡。为了保全苗木的生命并恢复活力,这里有两个问题应予考虑:一个是很好地保持根系完整;一个是根的再生问题。这样才能尽量维持和尽快恢复苗木的生命活力。

为保护苗木根系,在起苗时应尽可能做到多留根、少伤根。对土球不完整和根系伤口较多的植株,应用糊状泥浆蘸根后包装。对裸根苗要蘸黄泥浆保护根系,最好在黄泥浆中加入2%的白砂糖、0.2%VB$_{12}$及500~1000 mg/kg的促根剂(如萘乙酸、吲哚丁酸或ABT生根粉2号等),这样可有效地促进伤口愈合和生长新根。包装时,应先用稻草包一层,然后再用塑料薄膜包好,并用塑料绳捆扎结实,以防土球松动,损伤根系。

3.1.3.3 缩短苗木暴露在空气中的时间

多数苗木需要远距离运输才能到达栽植现场,大大降低了栽植成活率。为缩短苗木在空气中暴露的时间,苗木栽植应遵循"随挖、随运、随栽"的原则,减少运输过程中水分的蒸发和散失,运输工具最好选用车速较快的汽车,途中要用帆布棚盖在苗木上,以遮挡日晒风吹。运输

距离较近时,苗木装车后用篷布覆盖即可。一天以上的长距离运输,必须包装苗木,以避免苗根因水分流失而干枯。包装用料应就地取材,秸秆、草袋、苔藓、锯末、稀泥均可。运输途中要经常检查,如发现苗木发热要打开通风,发现苗木干燥要及时适量喷水。

3.1.4 栽植季节

"种树无时,惟勿使树知",这是一句很有道理的我国古代农谚。说的是栽植树木应选择树木地上部分处于休眠状态或生长不旺、新陈代谢活动最低、根系能够迅速恢复的时间进行。园林树木的栽植时期,应根据树木特性、栽植地区的气候条件及绿化施工的工程进度特点而定。从树木自身的生长发育规律和外部的环境条件两方面考虑,最适宜栽植时期为早春和晚秋。早春是指气温回升、土壤解冻、根系已开始生长,而枝芽尚未萌发之时;晚秋是指树木落叶后开始进入休眠期至土壤冻结前。一般落叶树种多在秋季落叶后或春季萌芽前进行,此时树体处于休眠状态,受伤根系易恢复,栽植成活率高。常绿树种栽植,在南方冬暖地区多为秋植;冬季严寒地区,常因秋季干旱造成"抽条"而不能顺利越冬,故以新梢萌发前春植为宜;春旱严重地区可在雨季栽植。

3.1.4.1 春季栽植

春季树体结束休眠,开始生长发育,是我国大部分地区的主要植树季节。此外,春植符合树木先长根、后发枝叶的物候顺序,有利于水分代谢的平衡。特别是在冬季严寒地区或对于不甚耐寒的树木,春植可免去越冬防寒之劳。多数落叶树木宜早春栽植,最好在萌芽前半个月栽。但对于早春开花的梅花、玉兰等为不影响春季开花,则应于花后栽;对春季萌芽展叶迟的树种,如乌桕、无患子、合欢、苦楝、栾树、喜树、重阳木、枫杨等,宜于晚春栽,即芽萌动时栽。秋旱风大地区,常绿树种也宜春植,但在时间上可稍推迟,如香樟、柑橘、广玉兰、枇杷、桂花等适宜晚春栽植。具肉质根的树种,如山茱萸、木兰、鹅掌楸等,根系易遭低温冻伤,也以春植为好。

3.1.4.2 夏季(雨季)栽植

受印度洋干湿季风影响,有明显旱、雨季之分的西南地区,以雨季栽植为好。雨季如果处在高温月份,由于短期高温、强光易使新植树木水分代谢失调,故要掌握当地的降雨规律和当年降雨情况,在连阴雨时期栽植。江南地区,亦有利用梅雨期(6月)的气候特点,进行夏季栽植的经验。部分常绿树木或针叶树如圆柏、龙柏、金钱松、雪松等由于萌芽率和成枝率较低,栽前不宜过多修剪,可利用梅雨季进行栽植,避免水分过度蒸发导致植株枯萎或死亡。

3.1.4.3 秋季栽植

秋季,树体对水分的需求量减少,而且气温和地温都比较高,树木地下部分尚未完全休眠,栽植时被切断的根系能够尽早愈合,并有新根长出。此外,秋栽的时间比春栽长,有利于劳力的调配和大量栽植任务的完成,根系有充分的恢复和发新根的时间,翌年春季气温转暖后苗木立刻开始生长,不需要缓苗时间,故栽植成活率也较高。多数落叶树种和竹类可选择秋季栽植。

3.1.4.4　冬季栽植

冬季栽植只适用于冬季土壤不冻结的长江流域及其以南的地区。除热带地区外,冬季栽植必须考虑树木的耐寒性问题,才能保证栽植成活。北方寒冷地区在冬季可采用"冻土球移栽法"栽植树木,具体做法请见相关资料,本教材不再赘述。

3.1.4.5　反季节栽植

前面所说的不同栽植季节,是指在不同地区的气候条件下,不同树种适宜的栽植季节。但近年来,园林树木的反季节栽植——就是在不适宜栽植这种树木的季节偏要对它进行栽植,在城市绿化中越来越多见。此现象的出现,一方面是由于很多重大的园林工程,特别是市政建设工程的配套绿化工程,往往都有特殊的时限要求;另一方面,随着园林绿化技术的日益提高,传统的栽植季节被不断打破,即使反季节栽植仍然能保证苗木的成活和相应的景观效果。

虽然反季节栽植不受季节和时间的限制,能随时满足人们对树木栽植的需求。但是,由于反季节栽植违背了苗木本身的生长发育规律,也容易出现苗木死亡和生长发育不良等不利影响,所以是有利也有弊。因此,在生产实践中,还是应该优先选择在适宜季节栽植树木。如果必须进行反季节栽植,就必须在树木栽植的各个相关环节,都要采取相应的技术措施来保证栽植成活。常见的技术措施有选择适应能力强的树种、采用在苗圃地已经多次移栽的苗木、扩大苗木所带土球、用苗木生长地(苗圃)土壤进行客土栽培、利用促根剂(如生根粉等)促进根系的恢复和产生新根、栽植后加强保温保水管理等。

3.2　园林树木栽植前的准备

绿化栽植工程必须按照相关部门批准的绿化工程设计及有关的规定要求施工。绿化施工单位在工程开工前,应做好一切准备工作,以确保高质量地按期完成栽植任务。

3.2.1　明确设计意图,了解栽植任务

施工前设计单位应向施工单位进行设计交底,施工人员应按设计图进行现场核对。当有不符之处时,应提交设计单位做变更设计。施工人员应掌握设计意图,进行施工准备。通过向设计单位了解工程概况、施工过程中所需用的劳工情况及机械、车辆等。需要了解的工程概况包括:

(1)植树与其他有关工程(铺草坪、建花坛以及土方、道路、给排水、山石、园林设施等)的范围和工程量。

(2)施工期限(始、竣日期,其中栽植工程必须保证以不同类别树木于当地最适栽植期间进行)。

(3)工程投资(设计预算、工程主管部门批准投资数)。

(4)施工现场的地上(地物及处理要求)与地下(管线和电缆分布与走向)情况。

(5)定点放线的依据(以测定标高的水位基点和测定平面位置的导线点或与设计单位研

究确定地上固定物作依据），初步掌握绿化树种的搭配、景观设计、所达预想目的和意境，以及施工完成后近期所要达到的效果。

（6）其他概况：了解苗木的来源，包括苗木的规格、种类与品种、出圃地点、出圃时间及质量要求等。

3.2.2 绿化施工现场的准备

施工人员在了解设计意图和工程概况后，必须亲临现场进行踏勘与调查，对施工现场的自然地势、地表及地下的土质结构、周边环境和水源情况都要做深入调查，为绿化工程的设计与施工提供第一手资料。同时做好以下几方面准备。

3.2.2.1 清理障碍物

在绿化工程范围内，一些妨碍施工的市政设施、农田设施、房屋、违章建筑等应一律拆除或搬迁。拆除时，应根据其结构特点并遵循有关安全技术规范的规定进行操作。如果施工现场内的地面、地下或水下发现有管线通过，或有其他异常物体时，应事先请有关部门协同查清，未查清楚前不可动工，以免发生危险或造成严重损失。

3.2.2.2 保存原有树木

在绿化现场若发现有古树名木或较珍贵的树木经确定需要保存的，在土建施工以前，应采取措施暂时围起来，以避免由于踏实、焚烧造成损伤。为了防止机械损伤树干、树皮，应用草袋保护。特别是行道树，有时由于更换便道板或树穴板，需要做垫层，石灰和水泥都会造成土壤碱化，危害树木正常生长。因此，在施工前先将树穴用土护起，做成高 30 cm 以下的土丘，避免石灰侵入。如果垫层需要浇水养护，应及时将树穴围起，或将水导向别处，禁止含有石灰、水泥的水流入树穴。

3.2.2.3 地形处理

地形处理是指在绿化施工用地范围内，根据绿化设计要求塑造出一定起伏的地形。建造地形是为了解决园林绿化中的平面呆板、单调、缺乏艺术性的问题，使园林景观更富于变化。要依据设计要求，依据视觉效果不断调整修改，从各个角度不断对比，依据自然地势进行再创造。地形塑造应做好土方合理使用，要先挖后填。由于建设工程中土方的进出需动用大笔的施工费用，所以土方量一定要测算准确，尽量减少误差，降低施工成本。一般做地形所使用的土方将平均下沉 5～19 cm 的高度，并通过两年左右的时间方可沉实，因此在施工中要考虑到整体与长远的实际效果。

在地形塑造同时，要注意绿地的排水问题。一般要根据当地排水大趋势，将绿化地适当加高，然后自然整理成一定的坡度，使其与本地排水趋势一致。除此，还要做好绿地与四周的道路、广场的标高合理的衔接，做到排水流畅。

3.2.2.4 整理地面土壤

地形塑造完成之后，还需要在绿化地块上整理地面土壤。绿化地的整理不只是简单的清掉垃圾、拔掉杂草。该作业的重要性在于为树木提供良好的生长条件,保证根部能够充分伸长、维持活力、吸收养料和水分。在施工中不得使用重型机械碾压地面。一要确保根系层应有利于根系的自然生长。一般来说,草坪、地被根域层生存的最低土层厚度为 15 cm,小灌木为 30 cm,大灌木为 45 cm,浅根性乔木为 60 cm,深根性乔木为 90 cm;而培育树木所需的最低土层厚度应在生存最低厚度基础之上,即草坪地被、灌木各增加 15 cm,浅根性乔木增加 30 cm,深根性乔木增加 60 cm(表 3 - 2)。二要确保土壤的保水性和透水性,填方整地时要确保团粒结构良好,必要时可设置暗渠等排水设施。三要确保适当的土壤 pH 值,最好控制在 5.5~8.5 范围内,或根据所栽树木对酸碱度的喜好而做调整。四要确保土壤养分,适宜树木生长的最佳土壤组成是矿物质 45%、有机质 5%、空气 20%、水 30%。

表 3 - 2　园林植被种植必需的最低土层厚度

植被类型	草本花卉	草坪地被	小灌木	大灌木	浅根乔木	深根乔木
土层厚度/cm	30	30	45	60	90	150

对所有种植地与回填土均应达到种植土的要求:应保持疏松、排水良好、非毛管孔隙度不低于 10%、土壤 pH 值为 6~8、土壤含盐量不高于 0.12%;土壤营养元素达到基本平衡(有机质、氮、磷、钾含量分别不低于 10、1.0、0.6、0.7 g/kg)。

具体做法:首先要通过检测,分析土质是否符合种植条件,确定是否需要更换种植土。勘察地表以下 1 m 左右的土层结构情况,如有建筑残基,需确定可行的消除方案,进行彻底清除。一般土质较好、土层较厚,只要稍加平整即可。如果在有建筑垃圾、工程遗址、矿渣以及化学废弃物等修建绿地的,需要彻底清除渣土,按要求换好土并达到应有的厚度,其间应尽量防止重型机械进入现场碾压。此外,对符合质量要求的地表土应尽量利用和复原,为树木创造良好的生长环境。根据要求在确保地下没有其他障碍物时,最好深翻并结合施用基肥,以便达到土壤的细碎和平整。

3.2.2.5　其他方面的准备

保证施工现场通电、通水;施工地面要达到设计要求,设置合理的道路能让车辆进出通畅。另外,还要搭建临时办公室及工棚,安排好施工人员的食宿等。

3.2.3　编制施工计划书

3.2.3.1　施工计划书内容

根据施工进度编制详实的栽植计划,及早地进行人员、材料的组织和调配,并制定相关的技术措施和质量标准。计划书应包括的内容有:工程概况(工程名称、施工地点、工程内容及范围、施工程序等);施工的组织机构(参与施工的单位、部门及负责人、劳动力的来源及人数等);各工序的用工数量及总用工日;工程所需材料进度表、机械与运输车辆和工具的使用计划;施工技术和安全措施;施工预算;大型及重点绿化工程应编制施工组织设计等。

3.2.3.2 栽植工程主要技术项目的确定

1. 定点、放线

确定平面和高程定点放线的具体方法,以保证栽植位置符合设计要求,做到准确无误。

2. 挖树坑

根据不同树种苗木的规格大小,分别确定相应的树坑规格(直径、深度)以及完成挖坑的时间等。

3. 换土

分成片或单坑换土。如需换土,要确定客土的来源并计算出土方量,以及渣土的外运处理和去向等。

4. 起苗

确定不同的起苗方法、包装方式,确定哪些树种需带土球,哪些树种不需带土球;确定土球大小、裸根根幅规格、包装方法及起苗时间等。

5. 运苗

明确运苗时间和方法。车辆、机械、行车路线、遮盖物及押运,以及途中保护措施等落实情况。

6. 假植

明确是否需要假植,需假植的应落实地点、方法、时间、养护管理等措施。

7. 修剪

确定不同苗木的修剪方法和要求。栽植乔木一般于栽前进行修剪,灌木、绿篱可栽后修剪。

8. 栽植

确定不同树种、不同地段的栽植时间及顺序,是否需要对苗根消毒,以及施肥种类、数量和方法等。

9. 立支撑

为了防止新植树木被风刮歪刮倒,应确立支撑的形式、材料和方法。

10. 浇水、喷水

确定浇水、喷水的方法、时间、数量和次数。制作、撤除围埝和松土要求等。

11. 清理现场

清理现场应做到文明施工,达到工完场净的要求。

12. 其他技术措施

其他技术措施包括遮阴、喷雾、防治病虫害以及灌水后倒树扶正等。

3.2.4 施工方案及进度计划的审查

3.2.4.1 施工方案的审查

施工组织设计应编列主要工程项目的施工方案。而施工方案的确定一方面需要考虑施工单位的施工能力、施工经验、现场条件;另一方面也要考虑经济性与合理性,充分维护建设单位的利益,即方案不仅要安全可靠,还要经济合理。

3.2.4.2　施工进度计划的审查

根据工程特点、工程规模,确定关键线路,计算合理工期,并兼顾工程总体进度目标,充分考虑各种自然因素来确定工程的分阶段施工进度计划,注意把握施工单位的施工能力是否与工程规模相适应,即审查进度计划与资源投入的匹配性,而且还应该考虑不可预见因素的干扰,以确保工程按计划顺利完成。

3.2.5　苗木的准备

由于苗木质量的好坏、规格的大小直接影响栽植的成活率和栽后的绿化效果,所以施工前必须要准备好苗木。

3.2.5.1　苗木的选择

应根据绿化设计要求,选不同的规格、不同的苗龄和不同的树种进行栽植。选定的种植材料应符合其产品标准的规定。

1. 选苗的基本要求

植株苗壮、无病虫害;根系发育良好,有较大和完整的根盘;枝条充实、丰满、无机械损伤。

2. 选苗的注意事项

(1) 最好选用苗圃培育的苗木。因为在圃期间,苗木经过多次的移栽,须根多,栽植容易成活,缓苗也快;山上野生的树木、自播繁衍的树木,或农村、田边用种子繁殖的实生苗,大多没有经过移栽,主根发达,须根少,移植成活率相对要低,必须采取相应的措施,才能保证移栽成活。

(2) 根据设计的要求和不同用途进行选苗。如选择行道树苗木时应注意树干要通直、无弯曲、分枝高度应基本一致、主干不能低于 3 m(个别的可以在 2.5 m 以上)、树冠丰满匀称、个体之间高度差不能大于 50 cm。庭荫树苗木的枝下高不能低于 2 m,树冠要大而开阔;孤立树要求树冠广阔、树势雄伟、树形美观。重点地方栽植的树木要求更严格,应按设计要求严格挑选。公园及大片绿地用苗,树干不一定特别直,分枝高度也可以不一致,树高也允许有出入;选择组成树丛的苗木时应注意树丛中央的一棵树最高,周围的树高要逐渐降低,所以选苗时要注意苗木大小的搭配。林带用苗木的分枝高度基本一致,树干基本通直即可;林带内的苗木分枝可以少些,分枝角度小些;林带外缘的苗木,分枝要多,分枝角度应大些。绿篱用苗分枝点要低、枝叶要丰满、树冠大小和高度要基本一致。

(3) 选苗时要特别注意苗木的来源。绿化用苗木一般有三种来源:当地培育、外地购进及从园林绿地、山野和村庄搜集的苗木。

当地苗圃培育的苗木,种源及历史清楚,树种对栽植地的气候与土壤条件都有较强的适应能力,可以做到随起苗随栽植。这不仅可以避免长途运输对苗木的损害和降低运输费用,而且可以避免病虫害扩大和传播。这类苗木一般质量较高,来源也较广,是园林绿化用苗主要的来源。

　　当地苗圃培育的苗木供不应求时,就应从外地购买苗木。必须在栽植前数月派有经验的专业人员到气候相似的区域去选苗。在选苗时要对苗木的种源、来源、繁殖方法、栽植方式和时间、生态条件、苗木年龄、生长状况等进行详细调查。特别是种源和栽植时间一定要调查清楚。因为目前苗木市场较为混乱,在生长季有些苗木商人从南方温暖地区买来苗木,经过短时间的栽植培养就出售,这样的苗木在北方或其他寒冷地区不能越冬,即使有少量的能够越冬,也会生长不良。如果从国外购买苗木,除调查以上的内容外,对于购买苗木的地区(国家、省、市、城镇等)、地理位置(纬度、经度、海拔、气候带等)、温度、湿度、光照、降雨量、土壤等概况都要详细的调查,并造表登记,进行分析。从国外购苗,最好先少量试种,也就是进行"引种试验",待成功后再大量购买。

　　从园林绿地、山野搜集的苗木,也是园林绿化用苗的一种来源。现在有些绿地,为了尽早形成绿化效果,在建设初期,苗木栽植较密。当这些苗木长大后,在不影响绿化景观效果的前提下,进行抽选移植,这样既有利于前期绿化效果,又为后来的绿化准备了苗木,只是这种苗木树龄一般都有些偏大。如果是树丛、片林,往往因为早期栽植过密,根系生长发育的空间小,生长发育受到限制,根盘小、须根少;树冠受周围相邻植株的庇护,枝条发育不充实,移植到空旷的地方后,受阳光的照射和干风的影响,易发生抽条和日灼。山野里的苗木,大部分是自播繁衍的,多为实生苗,没有经过移植,主根发达、须根少。因此对这两个类型的苗木,应根据具体情况采取相应的有利处置措施,做好移栽前的准备工作,才能保证移栽成活。

　　目前有的农村大量进行园林绿化苗木的生产。农村培育的苗木是近几年园林绿化苗木来源之一,也可以说是一种发展趋势,具有很大的潜力。农民的顺口溜说:"要想富,多种树。"可见,农民已经把发展苗木生产作为致富的渠道。但是目前农村的文化水平、科学技术、经济实力、生产组织受到一定的制约,尤其缺少园林苗木生产管理方面的技术人才;苗木的种源与来源比较杂乱,绝大多数农民培育绿化苗木处于盲目状态,对苗木市场缺乏调查和分析,更没有育苗经验。其结果是培育的苗木种类单调、质量低下、规格不全,虽然价格比苗圃培育的苗木低很多,但由于苗木质量不合格,影响了绿化应用与效果。所以,对农村育苗给予扶持与指导,既可以给园林绿化提供充足的苗木供应,有可以帮助当地农民增收致富。

　　(4)苗(树)龄与规格。苗木的年龄对栽植成活率的高低有很大的影响,并与成活后对新环境的适应性和抗逆性紧密相关。

　　幼苗(幼树)根系分布范围小,起苗时对根系损伤率低,同时起苗、运输和栽植也方便,又可节约施工的费用。由于幼树根盘小,起苗时容易多带须根,地上部分虽经过修剪,但由于幼树枝条恢复的能力强、生长旺盛,这样移栽过程中对地上与地下水分代谢的平衡破坏较小。加之,幼树可塑性大,对新环境适应能力强,生长旺盛,所以栽植幼龄植株成活率高。但是在城市绿化中栽植太小的苗木,一方面影响近期的绿化效果,另一方面容易受人为活动的影响,所以城市绿化不可应用太小的苗木。

　　壮龄树木根系分布深广,吸收根远离树干,起树时伤根率高,故移栽成活率相对要低些。为提高成活率,对起苗、运苗、栽植及养护技术要求较高,通常需要带土移栽,施工养护费用必然加大。但壮龄苗木,或树体高大雄伟,或树形优美,或开花繁茂,栽植后可很快发挥防护功能和美化作用。目前在我国国民经济蓬勃发展,人民生活水平大幅度提高的形势下,移栽壮龄树多得不胜枚举。但是必须注意,壮龄苗木树种固有的特性已经确定,可塑性低,对环境的适应能力远远不如幼树,所以最好选用幼年、青年阶段的苗木。这个年龄时期的苗木,既有一定的适应能力,又具有快速生长能力,栽植容易成活,绿化效果的发挥也快。

园林绿化工程选用苗木的最低规格,落叶乔木最小胸径为 3 cm,行道树和人流活动频繁的地方要加大,常绿乔木最小也应该选树高 1.5 m 以上的苗木。为了尽快显现园林绿化效果,现在很多园林绿化工程都喜欢选用大苗甚至大树,因此最终的选苗规格取决于园林设计。

(5) 在选苗时需要查看根颈掩埋的深浅,要求卖苗方在苗木根颈距地面 10 cm 处做一记号(通常用油漆在南面标记),作为栽植时掌握深浅的依据,因为根颈埋的过深和过浅对树木生长均不利。

3.2.5.2　苗木的定购

从上面介绍可以看出,苗木的选择是一件专业性很强而又细致与繁琐的工作,要指定专业的人员认真负责地去完成,绝不能有丝毫的疏忽和大意。在各方面都经过详细调查与分析,并亲临现场查看和选苗后,再与种植设计要求仔细核对,确认没有差错后方可与卖方签定购苗合同。在合同中要详细写明苗木的种类、规格、数量、供苗的时间;起苗、包扎、运输和有关苗木检疫的要求;预付款及付款的方式、时间、数量;双方的保证和制约条件等。因为苗木的准备工作是保证绿化工程质量和进度最为重要的技术环节之一,也是经费开支弹性较大的一个方面,所以必须严肃认真、一丝不苟地对待。

3.2.5.3　苗木调集及编号

一般情况下,苗木调集应遵循就近采购的原则,必要时可准备 1~2 个预备供应商,以防临时有变。同时,应加强苗木检疫,杜绝重大病虫害的蔓延和扩散,在购进苗木后应进行全面消毒。消毒方法有浸渍、喷洒等。在配置农药时,要严格按照使用说明操作,还要特别注意安全。

为使种植施工有计划地进行,可把定植坑及要移栽的苗木均编上号码,保证其移植时可以对号入穴,以减少现场混乱、提高工作效率。苗木定向是在主干上标出南北方向,使其在移植时仍能按原方位栽下,以满足它对蔽荫及阳光的要求。

3.2.5.4　苗木假植

假植是将苗木根系用湿润土壤进行暂时掩埋,以防根系干燥、保持苗木活力。又可分为临时假植和越冬假植两种。假植地应选在地势较高、排水良好、背风的地段。平整土地后进行挖沟假植。

1. 临时假植

临时假植保存时间较短,在地面直接挖小土沟,然后将苗木成行的把根系埋在湿润的土壤中就行了。假植深度在苗木原土印以上 3~5 cm 处即可。假植后要经常浇水保湿直到移栽结束。

2. 越冬假植

即在秋季起苗,保存时间较长。在土壤结冻前,选择排水良好、背阴背风的地方挖一条与当地主风方向垂直的沟,沟的规格因苗木大小而异。一般沟深 20~50 cm,沟宽 100~200 cm。

大苗还应加深加宽,迎风面的沟壁作成 45°的斜壁,然后在苗木全部落叶后放入沟内成排、散把（单株）、整齐地进行假植,苗梢向下风方向倾斜,要确保苗木根系用湿润的土壤埋好、踏实,行间距 15～20 cm,然后浇透水。假植深度为苗木的原土印位置。然后在苗木上方将假植沟用稻草片、蒲包等封盖并覆土 10～30 cm,以防风干和霉烂。沟内的土壤湿度以其最大持水量的 60％为宜,即手握成团、松开即散。假植期间要经常检查,特别是早春不能及时出圃时,应采取降温措施,抑制苗木萌发。发现有发热霉烂现象应及时换沟假植。

3. 容器假植

容器假植是指将苗木在秋季或春季从苗圃地挖出,裸根运到栽植地栽在容器里假植一段时间后,再进行定植的方法。其特点是：容器苗不再需要长途运输,苗木根系不易受到损伤,定植后成活率较高;容器假植较裸根定植更便于集中管理、节约灌溉成本。

裸根苗木最好当天种植,当天不能种植的苗木必须进行假植并做好养护措施。珍贵树种和反季节栽植所需苗木,尽可能选择容器假植,并在适当的时间起苗移栽。

3.3　一般树木的栽植

所谓一般树木,是指园林绿化中除了那些特殊用途（如绿篱、桩景树）和特殊对象（如大树、古树）以外的其余所有乔灌木。它们是园林树木的主体材料,也是园林绿化施工的重点对象。俗话说：“园林绿化,乔木当家。”乔木有明显高大的主干、枝叶繁茂、绿化量大、生长年限长、景观效果突出,占据园林绿化的最大空间,决定着树木景观营造成败的关键。灌木栽植虽不及乔木的主导地位,也不及草坪和地被植物所产生的作用和效果,但也因其具有体量适中、亲人性强、能够活跃空间且便于管理等优点被广泛应用于园林绿化的重要场所。

3.3.1　定点放线

定点放线就是把绿地设计的内容,包括种植设计、建筑小品、道路等按比例放样于需要进行施工的地面上。绿化种植施工的定点放线即按照设计图纸的要求,在现场测出苗木栽植位置和株行距。在种植施工定点放线前,要勘查现场,确定施工放线的总体区域。施工放线同地形测量一样,必须遵循“由整体到具体、先控制后局部”的原则,首先建立施工范围内的控制测量网,还要了解放线区域的地形,考察设计图纸与现场的差异,最后确定放线方法。

3.3.1.1　自然式栽植的定点放线

自然式树木种植方式不外乎有两种,一为单株的孤植树,多在设计图上有单株的位置;另一种是群植,设计图上只标出范围而未确定具体株位。其定点放线方法如下。

1. 网格法

网格法多用于范围大、地势平坦的环境。采用按比例在设计图纸上和相应的现场分别画出相应距离相等的方格（如 20×20 m）（见图 3-1）。定点时先在设计图上量好树木在某一方格的纵横坐标距离,然后到现场相应的方格中确定好位置,最后撒白灰或钉桩加以标明。

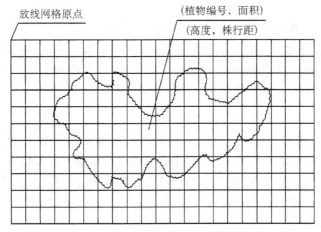

图 3-1　片植植物定点放线方法

2. 交会法

交会法多用于面积较小、施工现场有与设计图纸位置相符的固定物（如电柱、井位、建筑等）。"交会法"是以地面标识物的两个固定位置为依据,根据设计图上与该两点的距离半径进行交会,定出种植位置,并撒白灰或钉桩加以标明。

3. 极坐标法

极坐标系是由极点、极轴及极径构成。从极点出发向右水平方向为正方向,应由一定长度单位。然后用一对数表示平面上点的极坐标,即从极点到预定点的距离为极径(ρ),另外是从极轴按逆时针方向旋转的夹角为极角(θ)。选择施工现场有与设计图纸位置相符的固定物为极点而建立坐标系,通过计算测出自然式种植各栽植树木位置点的极坐标,由此可以进行准确的定点放线。定点时,对孤植树、列植树应定出每株的位置,并用白灰或木桩标明(树种名称、控穴规格),对自然式丛植和群植的应依照图纸按比例测出其范围,并用白灰标出边线。其内部,除了主景树需要精确定点并标明外,其他次要树种可用目测法确定种植点,但树种、数量和规格必须符合设计要求。

4. 支距法

此种方法在园林施工中经常用到,是一种简便易行的方法。它是根据树木中心点至道路中线或路牙线的垂直距离,用皮尺进行放样。如图 3-2 所示,将树中心点 1、2、3、4、5 等在路

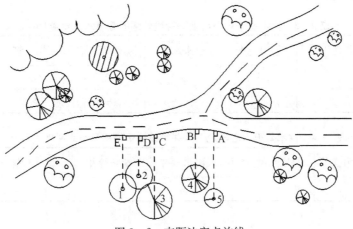

图 3-2　支距法定点放线

牙线的垂足 E、D、C、B、A 等点在图上找出，并根据 ED、DC、CB、BA 等距离在地面相应园路路牙线上用皮尺分段量出并用白灰撒上标记，确定 E、D、C、B、A 等点，再分别作垂线按 1E、2D、3C、4B、5A 等尺寸在地面上作出 1、2、3、4、5 等点位，用白灰标记或钉木桩标明即可。

5. 仪器测放法

适用于范围较大，测量基点准确的绿地，可以利用经纬仪或平板仪放线。当主要种植区的内角不是直角时，可以利用经纬仪放线。当主要种植区的内角不是直角时，可以利用经纬仪进行此种植区边界的放线，用经纬仪进行此种植区边界的放线，用经纬仪放线需用皮尺钢尺或测绳进行距离丈量。平板仪放线也叫图解法放线，但必须注意在放线时随时检查图板的方向，以免图板的方向发生变化出现误差过大。

3.3.1.2　规则式栽植的定点放线

规则式的栽植定点放线比较简单，可以用地面上固定设施（如路、桥、广场和建筑物等）为依据进行放线，要求每个点尺寸准确，做到横平竖直、整齐美观。其中行道树可以用路牙和道路的中心线及建筑的边线先定出行线位置，再按设计要求量出株距，定出种植点。为了保证种植行笔直，可每隔 10 株定一个木桩，作为行位控制标记。如遇与设计不符（有地下管线或地下障碍物）时，应立即与设计人员和有关部门协商解决。

3.3.1.3　弧线栽植定点放线

绿化中常常会遇到弧线栽植，如街道曲线转弯的行道树，放线时可以路牙或路的中心线为准，从弧的开始到末尾每隔一定距离分别画出与路牙垂直的直线。在此直线上，按设计要求的树与路牙的距离定点，把这些点连起来成为近似道路弯度的弧线，在此线上再按比例放大的株距定出各种植点。种植点定出后，用白灰或木桩作为标记，如用木桩做标记，在其上应写明树种、种植坑的规格。

3.3.1.4　种植点与市政设施和建筑物的关系

在街道和居住区定点放线时，要注意树木与市政设施和建筑物之间的距离，一定要遵循有关规定，现有的规定数据请见表 3-3～表 3-7。

表 3-3　树木基干中心与地下管线外缘的最小水平距离（m）

项目	直埋电缆	管道电缆	自来水管	污水、雨水管	煤气管	热力管
乔木	1.5	1	1	1	2	2
灌木	1	—	—	—	1.5	1.5

表 3-4　树木基干中心与地下探井等设施边缘的最小水平距离（m）

项目	电信电力探井	自来水闸井	污、雨水探井	消防栓井	煤气管探井	热力管探井
树木	3	1.5	1.5	2	2	3

表 3-5　树木枝条与架空线(最近一根)的最小水平与垂直距离(m)

项目	一般电力线	电信明线	电信架空电缆	高压电力线
树木	3	3	0.5	5

表 3-6　树木基干中心与附近设施外缘的最小水平距离(m)

项目	道牙	边沟	房屋	围墙	火车轨道	桥头	涵洞
乔木	0.5	0.5	2	1.5	8	6	3

表 3-7　树木基干中心与建筑物的适宜距离(m)

建筑物类型	乔木	灌木
有窗建筑物外墙	3～5	1.5～2
无窗建筑物外墙	2～3	1.5～2
围墙	0.75～1	1～1.5
陡坡	1	0.5
人行道边缘	0.5～1	1～1.5
灯柱、电线杆	2～3	0.5～1
冷却池外缘	1.5～2	1～1.5
体育场地	3	3
排水明沟边缘	0.5～1	0.5～1
望亭	3	2～3
测量水准点	2～3	1～2
架空管线	1～1.5	—
普通铁路中心线	3	4

　　栽植行道树时,除应与各项市政设施、地上地下管线和道路设施保持一定的距离外,还应注意以不妨碍机动车辆驾驶人员的视线,不损坏路面、路基质量为原则。

　　在种植点与各种管道、井口、市政设施及建筑物等距离不符合以上要求时,应与设计人员进行协商变更设计,在规定变动的范围内仍有妨碍者,即可不栽。

3.3.2　种植穴的挖掘(俗称"刨坑")

　　刨坑看似简单,但质量好坏,对今后树木生长有很大影响,因此必须保证位置准确和符合设计要求。刨坑前,应调查附近所设地下管线标志,并联系有关单位了解地下管线设施情况,避免损坏相关设施。

3.3.2.1 种植穴的规格

为了让树木种植的位置准确无误,挖掘种植穴时,一定要事先进行定点放线。属于规则式种植时,树穴要排列整齐;属于自然式种植时,树穴应保持自然,力求达到设计的配置要求。种植穴规格应根据根系或土球规格以及土质情况来确定,一般坑径应较根径大一些。刨坑深浅与树种根系分布深浅有直接关系。乔木、花灌木常用种植穴规格可见表3-8、表3-9和表3-10。

表3-8 不同树高的落叶乔木种植穴规格(cm)

树高	土球直径	种植穴深度	种植穴直径
150	40～50	50～60	80～90
150～250	70～80	80～90	100～110
250～400	80～100	90～110	120～130
400 以上	140 以上	120 以上	180 以上

表3-9 不同胸径落叶乔木种植穴规格(cm)

苗木胸径	种植树穴深度	种植穴直径	苗木胸径	种植穴深度	种植穴直径
2～3	30～40	40～60	5～6	60～70	80～90
3～4	40～50	60～70	6～8	70～80	90～100
4～5	50～60	70～80	8～10	80～90	100～110

表3-10 带土球花灌木种植穴规格(cm)

灌木高度	冠径	土球直径	种植穴深度	种植穴直径
100 以下	40～60	25～40	40～50	30～50
100～150	60～80	40～55	50～55	50～70
150～200	80～100	55～70	55～60	70～90
200～250	100～130	70～80	60	90～100
250～300	130～170	80～100	65	100～120
300 以上	170～200	100 以上	70～90	120 以上

3.3.2.2 操作规范

用尖镐和园锹挖穴时要注意,以定点标记为圆心,按规定的半径尺寸,先在地面划一个圆,表示出刨坑范围的准确位置,沿圆周垂直向下挖掘,保证树坑的上口与下口口径一致,绝不可上大下小,或上小下大(见图3-3、图3-4)。一般树穴的直径比土球直径大30～40 cm,深度比土球深20 cm左右,树穴的形状一般为圆形。在正常土质条件下,刨出上层的表土与下层的底土分别堆放,回填时,上层表土因含有机质多,应填于下层作肥土用,而底层土填于上部,并用于开堰浇水。如果土质不好,有砖头、瓦块等建筑垃圾时,应拣出分别堆

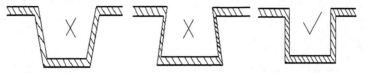

图 3-3 种槙穴形状(前面两个是错误形状,后面一个是正确形状)

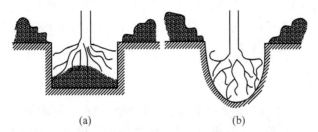

(a)   (b)

图 3-4 树木根系与种植穴的关系

(a) 正确的树穴和树木种植(根系舒展)   (b) 不正确的树穴(根系卷曲)

放,不能填于坑内。

3.3.3 树木定植

定植是将苗木按绿化设计要求栽种到绿地中的操作过程,一般在长时间内不会再被移植。定植技术是苗木栽培中的重要一环,苗木定植的好坏,是影响苗木成活的关键因素之一。苗木定植最好选择在阴雨天,定植前应先将苗木进行清理分类及栽前修剪,剪去枯枝、病虫枝、交叉枝以及受到损伤的根须。对坚硬过长的侧枝,也应进行回缩处理。定植后,应加强养护管理,以确保苗木成活。

3.3.3.1 定植前的修剪

1. 树冠修剪

在定植前,苗木必须经过修剪,其主要目的是减少水分的散发和防止损伤根须的腐烂,以保证树木成活。根据树种的不同分枝习性、萌芽力、成枝力大小,修剪伤口的愈合能力及修剪后的反应不同,采取不同的修剪方式。对于一般常绿针叶树和萌芽力弱的阔叶树种如桂花、广玉兰、雪松等在修剪时原则上保留原有的枝干树冠,只将徒长枝、交叉枝、病虫枝及过密枝剪去。较大的落叶乔木,尤其是生长势较强、容易抽出新枝的树枝,如杨、柳等可进行强剪,树冠可减少至原来的50%以上,这样可减轻根系负担、维持树木体内的水分平衡,也使得树木栽植后稳定性增强,不致招风摇动。具有明显主干、萌芽力较强的高大落叶乔木,如银杏、柿树等应保持原有树形,适当疏枝,所保留的主侧枝应在健壮芽的上面进行短截,可剪去枝条的20%～40%。中央领导枝弱、生长快、萌芽力、成枝力及愈合力强的树种,如悬铃木、合欢、栾树、国槐、元宝枫等可以将整个树冠全部截去,只保留一定高度的树干。用作行道树的乔木,定干高度宜大于3m,第一分枝点以下枝条应全部剪除,其上枝条酌情疏剪或短截,并应保持树冠原型。珍贵树种的树冠,宜尽量保留少剪。此外,注意修剪的刀口要平整,锯除较大的枝干时,在伤口处用 20%硫酸铜溶液进行消毒,然后再涂上保护剂(保护蜡、调和漆等),起到防腐防干和促进伤口愈合的作用。

2. 根系修整

树木定植之前,还应对根系进行适当修剪,主要是将断根、劈裂根、病虫根和过长的根剪去。修剪时剪口应平整而光滑,并及时涂抹防腐剂以防水分蒸发、干旱、腐烂、冻伤及感染病虫害。对去年秋季起出的假植树木根系要用清水浸泡 48 小时,使树木根系充分吸收水分后,方可栽植;对生根较难的野生树种,可用质量浓度在 100～200 mg/kg 的生根粉浸泡、蘸根或涂抹根部,这样可以明显提高成活率。

3.3.3.2　苗木栽植

苗木栽植应按设计要求核对苗木品种、规格及种植位置,若发现不符时应立即纠正。栽植前先进行散苗,即事先根据苗木高度进一步分级,以保证邻近苗木规格大体一致,然后轻拿轻放,不得损伤树根、树皮、枝干或土球,将苗木按设计要求放于树坑内。规则式种植,尤其是行列式的栽植应十分整齐,一般可用测绳(皮尺)量好或采用先栽标杆树,大约相隔 10～20 株栽种一株作为标杆树,然后以标杆树为准,采用三点一线方法进行栽种。相邻植株的规格应合理搭配,要求高度、干径、树形近似,高低相差不超过 50 cm,干径相差不超过 1 cm。树干弯曲的苗木,树弯应在树行里。种植的树木应保持直立,不得倾斜;应注意将树形好的一面朝向主要观赏面。树木种植密度要适宜,朝向(阴阳面)应与原生地一致。

1. 裸根苗栽植

裸根苗栽植多采用"三埋两踩一提苗"栽植法,这种栽植方法包括三次埋土、两次踩实及一次将苗木向上提起的过程。具体栽植技术要点如下:先将表土和添加了磷肥与腐熟有机肥的基肥混合均匀,取其一半填入种植穴底部,培成土丘状,这是第一埋,埋的是肥料和表土。接着将裸根树苗放入坑内,此时务必使根系均匀分布在坑底的土丘上,再将另外一半种植土分层填入坑内,这是第二埋。然后再将树苗稍微向上提一下,这叫一提苗,目的是防止树苗窝根(窝根是指苗木根系在种植穴内盘曲缠绕,不能正常伸展),影响成活和生长。提苗后不要立即埋土,这时要将已埋的土壤向下踩实,目的是使树苗的根须和土壤紧密接触,尽快吸收水分和养分,以便扎根生长。接着进行第三埋,就是将剩下的底土埋入,一直埋到与地面平齐,进行第二次踩实,目的是使苗木树干挺直,也使苗木与土壤紧密结合,以防被风吹斜。最后将土壤在树苗根部做成倒漏斗状围堰。

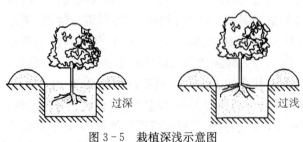

图 3-5　栽植深浅示意图

栽植过程中要严格控制栽植深度,过深或过浅都将不利于栽植的成活(见图 3-5)。若栽植过深,根部的透气性不好,且土温较低,势必影响根系吸收和伤口愈合,也不利于产生新根,在黏性土壤环境下还容易造成根系窒息,严重者还将导致根部腐烂坏死;如果栽植过浅,根系在浇水后极易外露,导致根系不能和土壤紧密接触,影响根系对水分和养分的吸收,不利于栽植成活,同时也不利于栽植苗木的稳定,容易造成苗木随风摆动。一般苗木栽植深度与原土痕平齐,或使根颈部高于地面5～10 cm。

2. 带土球苗栽植

栽植土球苗,应先检验待植树坑的深度、宽度是否达到规格标准,绝不可盲目入坑,造成来回搬动土球。土球入坑后应先在土球底部四周垫少量土壤将土球固定,树身上、下应垂直。然后将包装材料剪开、撤出,随即填入好的表土至坑的一半,用木棍将四周夯实,再继续用土壤填满树坑。最后开堰,以备浇水。对于珍贵树木及原带土球不完整、根系已有不同程度脱水的苗木,需采用浆根及根部喷施生根剂进行处理。栽种苗木的深度,一般乔木应保持土壤下沉后,苗木根际线与原土痕等高;个别生长快、易产生不定根的树种可较原土痕深5～10 cm,避免栽得过深或过浅。

3.3.3.3　栽植后的管理(又称为"保活管理")

1. 灌水

栽植时如土壤干旱,应先浇树坑,植苗后再对苗木浇水。在土壤干旱的情况下,若栽树后不及时浇水,势必造成苗木本身水分被干燥土壤所吸附,形成水分倒流,造成苗木生理失水,并导致根系死亡,从而影响成活率。新栽植的树木能否成活,浇水是关键,"水足根自生,无水根死亡"。故苗木栽植后水分要浇透。

树木栽植后,应在略大于种植穴直径的周围筑成高10～15 cm的灌水堰,灌水堰应筑实而不得漏水(见图3-6)。树木连片栽植且株距较近,如丛植片林、树阵、树群等,可将成片的几株树联合起来围筑水堰,又称"作畦"。畦内要求平坦,以确保畦内水分分布均匀,畦埂牢固不跑水。

少雨季节或北方干旱地区植树,应间隔3～5天浇水一次,连浇三遍,俗称"灌三水"。新植树木应在栽种当日浇透第一遍水,称为"定根水"。为了节约用水,这次浇水一般水量不用过大,充分浸湿土层30 cm左右深即可,浇水后应扶正出现倾斜的苗木和修补出现溃缺的畦埂。间隔3～5天后,进行第二次浇水,操作要求和第一次基

图3-6　筑堰灌水

本相同。第三次浇水应在第二次浇水后7～10天内进行,此次应浇透灌足,使水分充分渗透到全坑土壤以及坑周围的土壤。浇水后应及时扶正苗木和踩实表层土壤以减少水分蒸发。

接下来的浇水要掌握"不干不浇、浇则浇透"的原则。浇水量应根据树木种类和规格、土壤性质及天气状况而定(表3-11)。黏性土壤宜适量浇水而不宜过多;根系不发达树种,浇水量宜较多;肉质根系树种,浇水量宜少。干旱地区或遇干旱天气时,应增加浇水次数。干热风季节,应对树冠喷雾保湿,宜在上午10时前和下午4时后进行。浇水时应防止因水流过急而冲刷出裸露根系或冲毁围堰,造成根系裸露和跑水漏水。浇水后因土壤松软沉降,树体极易发生倾斜倒伏现象,一经发现,需立即扶正加固。

表 3 - 11　栽植乔、灌木的一般浇水量

树坑直径/cm	围堰直径/cm	浇水量/kg
50	70	75
60	80	100
70	90	120
80	100	160
100	120	220
120	140	300

2. 树体裹干

常绿乔木和干径较大的落叶乔木,定植后需进行裹干,即用草绳、蒲包、苔藓等具有一定保湿性和保温性的材料,严密包裹主干和比较粗壮的一、二级分枝。经裹干处理后,一是可以避免强光直射和干风吹袭,减少干、枝的水分蒸发;二是可以保存一定量的水分,使枝干保持湿润;三是可以调节枝干温度,减少夏季高温和冬季低温对枝干的伤害。目前,绿地中常见到用草绳或稻草裹干后,外加一层塑料薄膜,这种方法的保温保湿效果较好,尤其适合在树体休眠阶段使用,但在树体萌芽前应及时撤除。因为塑料薄膜透气性能差,不利于枝干的呼吸作用,尤其是高温季节,内部热量难以及时散发而引起的高温会灼伤枝干、嫩芽或隐芽,对树体造成伤害。

图 3 - 7　支柱与树干间垫木片

3. 立支柱

栽植胸径 5 cm 以上的乔木及高度 2 m 以上的常绿树应设支柱固定。立支柱的目的是防止新栽树木被风吹动,树木一旦晃动,不仅造成原有根系和土壤不能紧密接触,还会导致根部新产生的吸收根由于外力作用而脱落,影响树木根系吸收和恢复生长。因此新栽的树木特别是在栽植季节有大风的地区,栽植后应设立支架对树体进行固定。支架材料可选用通直的木棍、竹竿、金属丝等。支撑点以树体 1/3～1/2 为宜,支柱基部应埋入紧实土层中 30～50 cm。上支点与树体要结合紧密,接触部分应加软物垫好,防止磨损树皮,且绑扎牢固(如图 3 - 7)。

目前立支柱的方法主要有以下四种(见图 3 - 8)。

(1) 单支柱法:用一根固定的木棍或竹竿,斜立于下风方向,立柱下部深埋入土 30 cm。支柱与树干之间用草绳等软物隔开,并将两者捆紧。

(2) 双支柱法:由两根立柱和一根横木组成,绑扎为"巾"字状。

(3) 三支柱法:由三根立柱和五根横木组成,三根立柱为等边三角形分布;或者三根立柱共同作用于树干某一支点。

(4) 四支柱法:由四根立柱和六根横木组成,四根立柱一般为正方形分布。

双支柱法　　　　　　三支柱法　　　　　　四支柱法

图 3-8　立支柱方法

4. 搭遮荫棚

在高温干燥季节,大规格树木移植初期,要搭荫棚遮荫,以降低树冠温度,减少树体的水分蒸发。体量较大的树木,要求全冠遮荫,荫棚上方及四周与树冠保持不少于 50 cm 的距离,以保证棚内空气流动,防止树冠日灼危害。使用遮荫度为 70% 的遮荫网,让树体接受一定的散射光,以保证树体光合作用的进行。待树木成活后,视生长情况和季节变化,可逐步去掉遮荫物(见图 3-9)。

图 3-9　搭遮荫棚

3.4　大树移植

近年来,随着创建园林城市和新城区建设的发展,人们对绿化的要求在不断的提高,人们在享受城市发展带来的优势和方便的同时也远离了自然。因此为了满足市民接近自然、回归自然,许多地方加快了生态城市、森林城市的建设步伐。大树移植就成为城市绿化的常用手段,同时也是对一些珍稀名树、古树进行抢救性的保护的有效手段之一。

大树移植是指对胸径 15 cm 以上的常绿乔木或胸径 20 cm 以上的落叶乔木进行移栽的过程。对于具体树种来说,大树的标准也有所不同,如有些移栽困难的针叶树,胸径 6 cm 以上就需要按大树移栽方式来进行栽植,而易于移栽成活的一些杨树和柳树胸径 6 cm 却可以裸根栽植。因此,大树移植因树种、树龄、季节、距离、地点等不同而难易不同,必须针对不同的情况制定相应的移栽方案。

3.4.1　大树移植在园林绿化中的意义

3.4.1.1　大树能有效提高城市绿地率、绿化覆盖率和绿视率

绿地率、绿化覆盖率和绿视率是衡量城市绿地系统的重要指标。绿地率指绿地面积与城

市用地面积的比值;绿化覆盖率指绿化树木的垂直投影面积占市区用地面积的比值;绿视率指人们眼睛所看到的物体中绿色植物所占的比例,它强调立体的视觉效果,代表城市绿化的更高水准。大树树体高大、树冠开阔、枝繁叶茂,其垂直投影面积显然要比使用灌木、草坪大得多,从而除提高绿地率外还可以较大地提高绿地覆盖率和绿视率指标。

3.4.1.2　大树移植能在最短的时间内改变城市景观

大树一般都是成年树,不仅树体高大、树冠开阔、枝繁叶茂,还有稳定而特别的形状与外貌,移植一旦成活,绿化效果立竿见影、十分显著,能在最短时间内改变一座城市或小区的自然面貌,很快地发挥绿色景观效果。例如,在游园广场中配置大树,能起到遮荫作用,在乔灌草搭配运用中,能使绿化效果空间化、立体化。

3.4.1.3　大树移植能保护古老、珍稀、奇特树种

在城市化步伐加快的今天,一些重点城市建设工程不免要占据一些古老、珍惜、奇特树种原来生存的位置。进行大树移植,给它们搬家挪窝,是保存这些古老、珍稀、奇特树种最重要的手段。另外,由于生态的破坏,环境条件的变化,有些大树对原生存环境已不再适应,把它移植到更好的新环境去,也必须采用大树移植才能办得到。

3.4.2　大树移植的特点

3.4.2.1　成活困难

大树年龄大、发育阶段老、细胞再生能力和新根发生能力弱,挖掘和栽植过程中损伤的根系恢复慢。

由于成年树离心生长的原因,树木的根系扩展范围很大(一般超过树冠水平投影范围),而且扎入土层很深,使有效的吸收根处于深层和树冠投影四周,造成挖掘大树时土球所带吸收根系很少,根系的吸收功能明显下降。

大树体形高大、枝叶蒸腾面积大。为使其尽早发挥绿化效果和保持其原有的美丽姿态,加之根系距树冠距离长,给水分的输送带来一定的困难,因此,大树移植后难以尽快建立地上地下的水分平衡。

树体大、土球重,起挖、搬运、栽植过程中易造成树皮受损、土球破裂、树枝折断,从而危及大树的移栽成活。

3.4.2.2　移植周期长

大树移植不同于一般树木的移植,因大树移植成活较低,对技术要求较高。移植前需作断根处理,一般要花1~3年的时间,从起苗、包装、运输、刨坑至定植也需要很长的时间。因此大树移植周期较长。

3.4.2.3　移植技术要求较高

由于大树移植的特殊性,为确保移栽成活,应采取先进的技术措施。如移栽前需进行根部

处理、平衡修剪、土壤杀菌等;定植后可采用输液促活技术、喷洒抗蒸腾剂等先进的技术措施,以促进大树移植成活。

3.4.2.4　限制因子多

限制大树移植的因素很多,如移栽季节、树体规格、运载工具、劳工数量、与市政设施的矛盾、移植费用等,任何一个因素都可能导致移植失败。如大树具有庞大的树体和相当大的重量,通常移栽条件复杂,质量要求较高,往往需借助于一定的机械力量才能完成,若起挖机械或运载车辆不能正常作业,就会导致移植不能顺利进行。因此大树移植前要做好移植计划,尽量排除一切不利因素。

3.4.3　大树移植的准备

大树移植需要有经验的技术人员或经园林部门培训合格的专业技术人员,移植前应对大树的生长情况、地理条件、周围环境等进行调查研究,制定移植的技术方案和安全措施。对需要移植的树木,应根据有关规定办好相关手续,并做好所需工具、材料、机械设备的准备工作。施工前要与交通、市政、公用、电信等相关部门配合协调,共同排除各方面的施工障碍,并办理必要的施工手续。选择的大树应该满足不同绿化功能要求、树体生长正常、没有病虫害感染以及未受机械损伤。选定后应在树干南侧做出明显标记,标明树木的朝阳面。同时建立树木信息卡,内容包括树木编号、品种、规格(高度、分枝点、干径、冠幅)、树龄、生长状况、原生地、移植地等相关信息。如有必要,还可拍摄实景照片或录像。移植大树前,还要对其进行分期断根和整形修剪,做好移植准备;还要确保移植的大树应是无病虫害、无明显机械损伤、具有较好的观赏性、植株健壮、生长正常的树木,并具有起重及运输机械能够到达施工现场的条件。

3.4.3.1　树种及树体规格的选择

1. 树种选择

根据园林绿化施工的要求,坚持适地适树原则,尽量选择乡土树种。在选择应用外地树种前,要从光、水、气、热、土壤、海拔等各方面综合对比,将生境差异控制在树木可适应的范围内。还要考虑树种成活的难易、生命周期的长短、起运是否便利、成本费用等因素。树种不同移栽难易不同,一般情况下,落叶类比常绿类易于移植;扦插的、须根发达的比直根类和肉质根类易于移植;同一种树,树龄愈幼者愈易于移植;栽培的比山野中自生者易于移植;叶形细小的比叶少而大者易于移植。具体到常见树种而言,易于移栽成活的树种有银杏、柳、杨、梧桐、臭椿、槐、李、榆、梅、桃、海棠、雪松、合欢、枫树、罗汉松、五针松、木槿、梓树、忍冬等;较难成活的树种有柏树类、油松、华山松、金钱松、云杉、冷杉、紫杉、泡桐、落叶松、白桦等。

2. 树体规格的选择

树体规格包括胸径、树高、冠幅、树形、树相、树势等。大树移植并非树体规格与树龄越大越好,胸径过大的苗木在挖掘、运输、栽种及养护管理等方面都需要花费大量人力财力;年龄过大的苗木,尤其是古树名木,大多超过了生命旺盛期甚至达到老年期,树体生命活动减弱,细胞再生能力下降,伤口难以愈合,加之移植到新地方后,土壤气候条件与原生地存在一定差异,容易"水土不服"而导致移栽失败。处于壮年期的树木,无论从形态、生态效益还是移植成活率都是最佳时期,是大树移植的最佳年龄段。一般慢生树种 20～30 年生为壮年阶段,速生树种为10～20 年生,中生树种 15～25 年生。

3.4.3.2　断根缩坨

断根缩坨,也称切根或回根,是指大树移植前的 1～3 年分期于树木四周一定范围之外开沟断根,每年断根范围为周长的 1/3～1/2,利用根的再生能力使断根处产生大量须根,并使大量有效吸收根回缩到土球范围内,以此提高大树移植的成活率。断根缩坨处理主要是用于未经移植过的"生苗",或在城市改扩建过程中古树名木的移植保护,以及较大的或珍稀名贵树木的移植。

具体做法是:在移植前 1～3 年的春季或秋季,以树干为中心,以胸径的 3～4 倍为半径画一个圆形或方形的边线,把圆形或方形的东、南、西、北分成 4 段,在相对的南和北或东和西两段向外挖掘宽 30～40 cm、深 60～80 cm(视根的深浅而定)的壕沟。挖掘时,如遇较粗的根,应用锋利的修枝剪或手锯切断,使之与沟的内壁齐平。如遇 5 cm 以上的粗根,为防大树倒伏,一般不切根,而是在土球壁处进行环状剥皮并涂抹 20～50 mg/L 的生长素(萘乙酸等),促发新根。壕沟挖好后,填入肥沃土壤并分层夯实,然后浇水。到翌年的春季或秋季,再挖掘其余的两段,操作方法和第一次完全相同。在正常情况下,第三年沟中长满须根,就可以起挖大树了(见图 3-10)。

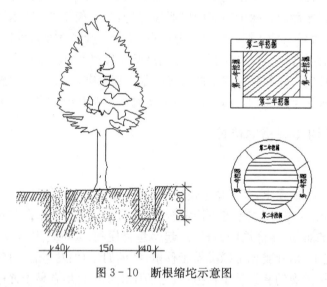

图 3-10　断根缩坨示意图

3.4.3.3　平衡修剪

平衡修剪主要是指对树冠和根系的适量修剪,目的是为了保持树木地下、地上两部分的水分、养分代谢平衡,减少树冠水分蒸发。修剪强度应根据树木种类、规格大小、移植季节、挖掘条件、运输条件、种植地情况等因素来确定。

1. 移栽前的根部修剪

主要技术手段包括多次移栽法、断根缩坨法、根部环剥法等,这样提早对根部进行处理,以便促进新根的萌发。

2. 栽时的树冠修剪

主要技术手段包括枝干的短截、回缩、摘叶等。对落叶树和再生能力强的常绿阔叶树(如香樟、杜英、桂花等)可进行适当的树冠修剪,一般剪掉全冠的 1/3～1/2,只保留到树冠的一级分枝;对于生长较快、树冠恢复容易的槐树、榆树、柳树、悬铃木等可去冠重剪(截干);对常绿针叶树(如雪松、白皮松等)和再生能力弱的常绿阔叶树(如广玉兰、深山含笑等),只可适当疏枝打叶,不可去冠重剪,重点是将徒长枝、交叉枝、下爪枝、病虫枝、枯枝及过密枝去除,以尽量保持原有树形为原则。无论重剪或轻剪,皆应考虑到树形的骨架以及保留枝条的错落有致。所有剪口先用杀菌剂杀菌消毒,后用塑料薄膜、凡士林、石蜡或树木专用伤口涂补剂密封保护。

3.4.4　大树移植技术

3.4.4.1　树体起挖和包装

常用的大树移植挖掘和包装方法主要有以下几种。

1. 带土球软材包装

落叶和常绿树种都可采用这种方法。一般针叶树木胸径 10～15 cm 或稍大一些的树木(土球直径不超过 1.3 m)以及土壤结构密实度高的树木,或运输距离相对较近的树木移植,多采用此法。

树木选好以后,可根据树木胸径的大小来确定挖土球的直径和高度。一般来说,土球直径为树木胸径的 6～8 倍。土球过大,容易散球且增加运输困难;土球过小,又会伤害过多的根系影响成活。所以土球的大小还应考虑树种的不同以及当地的土壤条件,最好是在现场试挖一株,观察根系分布情况,再确定土球大小。具体操作是:以树干为圆心,按照比土球直径大 3～5 cm 的尺寸画圆,在圆圈外垂直挖掘宽 60～80 cm 的壕沟,深度与确定的土球高度相等。当挖掘到规定深度的一半时,逐渐向内收缩,使底径为土球上径的 1/3,呈上大下小的形状,然后用铁铣修整土球表面,使土球肩部、四周圆滑。挖掘过程中如遇粗根,应用修枝剪或小手锯锯断,切不可用铁锹断根,以免造成大根劈裂、土球震散。

在掏挖土球下部底土时,须先对土球打腰箍,以避免土球松散。将预先湿润过的草绳理顺,于土球中部缠绳,先将草绳一端压在土球横箍下面,然后一圈一圈地横扎。两人合作,边缠绕边用木锤(或砖、石)敲打,使草绳略嵌入土球为度。每圈草绳应紧密相连,不留缝隙,总宽度达土球高的 1/4～1/3。至最后一圈时,将绳头压在该圈的下面,收紧后切除多余部分。土球腰箍打好后,在土球底部向下挖一圈壕沟并向内铲土,直至留下 1/4～1/5 的心土,这样有利草绳绕过底沿不易松脱。然后用草绳打花箍。花箍打好后,再切断主根,完成土球的挖掘和包扎。打花箍的方式主要有井字包扎法、五角包扎法、橘子包扎法三种。

(1) 井字包扎法。先将草绳一端结在腰箍或主干上,然后按照图 3-11(a)所示的次序包扎,先由 1 拉到 2,绕过土球的底部拉到 3,再拉到 4,而后绕过土球的底部拉到 5,如此顺序地包扎下去,最后成图 3-11(b)包扎结果。

(2) 五角包扎法。先将草绳一端结在腰箍或主干上,然后按照图 3-12(a)所示的次序包扎,先由 1 拉到 2,绕过土球的底,由 3 向上拉到土球面 4,再绕过土球的底部,由 5 拉到 6,如此包扎拉紧,最后形成图 3-12(b)的包扎外形。

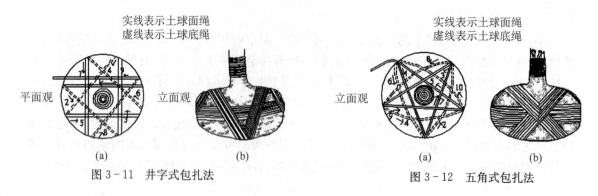

图 3-11　井字式包扎法　　　　　图 3-12　五角式包扎法

（3）橘子包扎法。先将草绳一端结在腰箍或主干上，再拉到土球边，依图 3-13(a)的次序，由土球面拉到土球底，如此继续包扎拉紧，直到整个土球均被密实包扎，成图 3-13(b)所示外形。

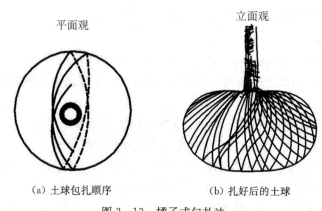

（a）土球包扎顺序　　　　　　（b）扎好后的土球

图 3-13　橘子式包扎法

有时对名贵或规格特大的树木进行包扎，为保险见，可以用两层甚至三层包扎，里层可选用强度较大的麻绳，以防止在起吊过程中扎绳松断，土球破碎。

2. 带土球方箱包装

通常用于移栽胸径 15～25 cm 的常绿乔木或土壤结构密实度较低的大树。把树木根部挖掘为方形土台，包装方法通常采用硬质的木箱包装法。所谓木箱，实际是以角钢和槽钢为骨架，将木板固定于钢铁骨架上，并制作为大小相等的四块等腰梯形木板——方箱的边板（底角 60°～70°）和两块中部带半圆（直径 30～40 cm）缺口的木板——方箱的底板。土台挖掘好后，掏挖土台底部直至仅有 30～40 cm 的圆柱，并截断根系，然后将木板下小上大四面夹住土台，带半圆缺口的木板从底部两面塞进，并以螺钉固定木板。此法便于起吊和保护土球，特别是土壤松散、难以携带土球的情况下尤为可行。

（1）挖掘土台。先根据树木的种类、规格及株行距确定土台大小，一般以树木胸径的 7～10 倍作为土台直径。然后以树干为中心，按比土台大 5～10 cm 的尺寸画正方形，于线外垂直下挖 60～80 cm 的深沟。挖掘时随时用边板进行校正，修平的土台尺寸可稍大于边板规格，以便绞紧后保证箱板与土台紧密。土台下部可比上部小 10～15 cm，成上宽下窄的倒梯形，土台四壁为中间略凸出于四周，以保证装箱后土台与箱壁能紧密结合。

（2）上箱板。先将土台四个角修成弧形，用蒲包包好，再将四块边板围在土台四面，下口要相互对齐，上口沿可比土台略低。相邻两块边板的端部不要顶上，以免影响收紧。在土台与沟壁间用木棍抵住箱板，经检查、校正，使每块边板的中心都与树干基部处于同一条直线上，使边板上端低于土台 1 cm 左右，作为土台下沉系数。将钢丝分上下两道围在边板外侧，上下两道钢绳的位置，应距边板上、下边缘各 15～20 cm。在钢绳接口处安装紧线器，并将其松到最大限度。上、下两道钢绳的紧线器应分别安装在相反方向边板中央的横条上，并用木墩将钢丝绳支起，以便紧线。紧线时，必须两道钢绳同时进行。当钢丝绳收紧到一定程度时，用锤子等物试敲钢丝绳，若发出"铛铛"的绷紧之声，说明已经收紧，即可进行下一道工序（见图 3-14）。

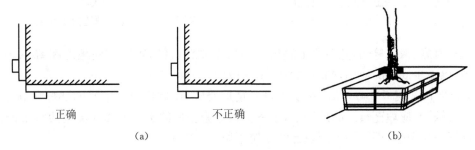

正确　　　　　　　不正确

（a）　　　　　　　　　　　（b）

图 3-14　箱板与紧绳器的安法
（a）相邻边板平面图　（b）立体图

（3）钉铁皮。钢丝绳收紧后，先在两块边板交接处，即围箱的四角钉铁皮。每个角的最上和最下一道铁皮距上、下边缘各 5 cm。一般边板越长，所钉铁皮数量越多，如边板长 1.5 m 左右，则每个角钉 7～8 道；边板长 1.8～2.0 m，每个箱角钉 8～9 道；边板长 2.2 m 左右，钉 9～10 道。铁皮通过边板两端的横板条时，至少应在横条上钉 2 枚钉子以增强其牢固性。相邻边板之间的铁皮必须绷紧、钉牢。围箱四角铁皮钉好之后，即可旋松紧线器，取下钢丝（见图 3-15）。

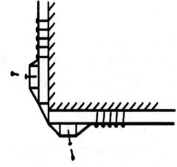

图 3-15　相邻边板钉铁皮的方法

（4）上底板。土台四周边板钉好后，在每块边板的中间偏上部区域用木方与坑壁支撑牢固（见图 3-16），然后开始掏挖土台下面的底土，并安装底板和面板。先按土台底部的实际长度，确定底板的长度和所需块数。然后在底板两端各钉一块铁皮，每块铁皮空出一半，以便底板和相应的边板对接好后，把空出的一半铁皮钉牢在围箱边板上。掏底时，先沿边板向下深挖 35 cm，然后用小镐和小平铲掏挖土台下部的土壤。掏底可在两侧同时进行，并使底面稍向下凸出，以利收紧底板。当土台下边能容纳一块底板时，就应立即将事先准备好与土台底部等长的第一块底板装上，然后从对应的两边继续向中心掏土（见图 3-17）。上底板时，先将底板一端空出的铁皮钉在边板侧面的带板上，再在底板下面放木墩顶紧，底板的另一端用千斤顶将底板顶起，使之与土台紧贴，再将底板另一端空出的铁皮钉在相应侧板的纵向横条上，撤下千斤顶，同样用木墩顶好，上好一块底板后继续往土台内部掏挖直至上完底板为止。掏挖底土时，如遇粗根可用手锯锯断，并使锯口留在土台内，决不可让其凸出，以免妨碍收紧底板。如果土质松散，应选用较窄木板，一块接一块地封严，以免底土脱落，如万一脱落少量底土，应在脱落

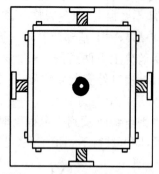

图 3-16　四块边板的支撑方法

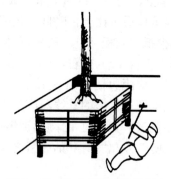

图 3-17　从土台两边掏挖底土

处填充草席、蒲包等物,然后再上底板。如果土质较板结,则可在底板之间留 10～15 cm 宽的间隙,以减少底板的使用,同时也节约了相应的人力和时间。

(5)钉面板。底板上好之后,将土台表面稍加修整,使靠近树干中心的部分稍高于四周。若表面土壤缺少,应填充较湿润的好土,用锹拍紧。修整好的土台表面应高出边板 1 cm,再在土台上面铺一层蒲包,即可钉上两块已经给树干留有孔洞的面板。

3. 裸根移植

此法只适用于移植容易成活、干径为 10～20 cm 的落叶乔木,如悬铃木、柳树、银杏、合欢、栾树、刺槐等。大树裸根移植,所带根系的挖掘直径范围一般是树木胸径的 8～12 倍,然后顺着根系将土壤挖散敲脱,注意保护好细根。然后在裸露的根系空隙里填入湿苔藓,再用湿草袋、蒲包等软材将根部包扎。裸根移植简便易行,运输和装卸也容易,但对树冠需采用强度修剪,一般仅选留 1～2 级主枝。移植时期一定要选在枝条萌发前进行,并加强栽植后的养护管理,方可确保成活。

4. 移树机移植法

目前,国内外已经生产出专门移植大树的树木移植机,适宜移植胸径 25 cm 以下的乔木,但由于造价昂贵、对施工场地环境条件要求较高等因素的限制,在我国的绿化工程中较少使用,但这是将来大树移植的发展趋势。大树移植机是一种在卡车或拖拉机上装有操纵尾部四扇能张合的匙状大铲的移树机械,可先用四扇匙状大铲在栽植点挖好同样大小的种植穴,把四扇匙状大铲张开至一定大小,向下挖掘直至相互并合,然后抱起挖掘出的倒锥形土块上收,并横放于车的尾部,运到要起挖的大树边卸下。接着把移植机停在适合挖掘大树的位置,张开匙状大铲围于树干四周一定位置,开机下铲,直至相互并合,然后收提匙铲,将树抱起横卧于车上,即可开到栽植地点,直接对准并放入原已挖好的种植穴中,再适当用土填塞缝隙,并整平作堰、灌水即可。

3.4.4.2　吊装运输

一般的大树移栽都采用吊车装卸,起吊运输设备要根据树体的大小及树种的要求提前做好准备。起吊前,应先计算土球重量,以确定起吊机械和运载车辆的荷载能力。由于土球在开挖时未完全与原土断开,起重吊车要把土球拔起,所以起重力要大于树木和土球重量的一倍,即起吊机械和装运车辆的承受能力必须超过树木和土球重量的　倍才能够安全吊运。如移植高 10 m 以上的雪松、广玉兰等土球直径在 1.5 m 以上的大树,要配备 10 吨的吊车和卡车。

土球重量计算公式如下:

$$W = \pi R^2 h \beta$$

W——土球重量;

R——土球半径;

h——土球厚度;

β——土壤容重(一般取 $1.7 \sim 1.8$ g/cm³)。

低于 1.5 m 的土球,可采用"两点吊装"法,就是用两根吊装带,一根系于树干基部,另一根要根据树体的重心来确定。对于一般的高大乔木而言,多在树干的分枝点处,将两处吊装带并拢直接起运(见图 3-18)。吊装带和树干接触处要先用草毡进行缠绕,以防在吊装过程中把树皮拉伤拉断。还要特别注意草毡缠绕的方向,应与吊装带缠绕的方向保持一致,否则会造成苗木起吊困难,或在吊运过程中出现滑动而带来麻烦。大于 1.5 m 的土球以及方箱包装的大树,多采用"三点吊装"法,具体起吊位置如图 3-19 和图 3-20 所示。不管是哪种吊装方法,都要注意一定要用专用的吊装带,不可用钢丝绳或其他硬质纤细的绳索直接起吊树木枝干。

图 3-18 大树的两点吊装位置

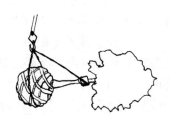

图 3-19 大树的三点吊装位置

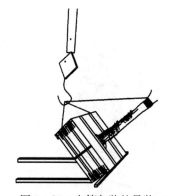

图 3-20 木箱包装的吊装

在起吊和装卸的过程中一定要小心轻放,不要碰撞土球。树木装进汽车时,要使树冠朝向汽车尾部,根部靠近驾驶室(见图 3-21)。树干包上柔软材料后放在木架上,用软绳扎紧,树冠也要用软绳适当收拢。土球下垫木板,然后用木板将土球夹住,或用绳子将土球缚紧在两侧车厢上。长途运输或反季节移栽,还应注意喷水、遮荫、防风、防震等,遇大雨还要防止土球淋

图 3-21 大树装车

散。方箱包装的大树运到栽植现场后,如不马上栽植,卸车时应在方箱下面垫两根平行的方木,以便栽吊时穿吊钢丝绳用(见图 3-20)。

3.4.4.3 大树定植

大树移植要遵循"随挖、随包、随运、随栽"的原则,移植前应根据设计要求定点、定树、定

位。栽植大树的种植穴,应比土球直径大 40~50 cm,比方箱尺寸大 50~60 cm,比土球或方箱高度深 20~30 cm,并把原有土壤更换为适于树木根系生长的腐殖土或培养土。定植前要对这些腐殖土或培养土进行灭菌杀虫处理,可用 50%百威颗粒按 0.1%比例拌土杀虫,用 50%托布津或 50%多菌灵粉剂按相同比例拌土杀菌。这样能大大减少树木栽植后根系受到病虫侵染的机会,有利大树于生根成活。

带土球软材包装的大树在定植时,先在穴底铺一层腐殖土或营养土,然后借助吊车把大树缓缓移入穴中,看准树冠方向,选定朝向,在土球即将下穴时将包装物解开,如土球松散可不解底层。土球放入树穴后填入腐殖土或营养土,并用棍棒插紧周围,待土壤回填近 1/3 时,松开吊树带,看树是否正直平稳。如斜向一边,就用吊机勾吊树带拉直,并填土至树穴底部,用棍棒插紧压实,直到树体正直为止。再将底层包装物解开取出,以免草绳霉烂发热影响根系伤口的愈合及新根的生长。栽植深度与原土痕印相平,或略深 3~5 cm。填土时要分层回填、踏实。当填土至土球高度的 2/3 时,浇第 1 次水,使回填土壤充分吸水,待水渗透后再添满土(注意此时不要再踏实),最后在外围修一道围堰,浇第二次水,浇足浇透。浇完水后要注意观察树干周围泥土是否下沉或开裂,如有则及时加土填平。为防止土球出现架空和增加土壤通透性,应在栽植的同时在树穴周围竖向埋设 2~4 根长 50 cm、口径 5~10 cm 的塑料管或竹筒作通气管。这样可起到长期透水透气的作用,在浇水时向管内灌水,还可避免从表面浇水可能浇不透而出现"半截水"现象,也可避免因表面浇水不透而使土球与周围土壤间出现空隙并使土球出现架空现象,从而保证土球与周围土壤紧密贴合,为移栽成活提供了更好的保障。

方箱包装的大树,栽植前先在种植穴中央堆一高 15~20 cm、宽 70~80 cm 的长方形土台,长边与木箱底板方向一致。在箱底两边的内侧穿入钢丝,将木箱兜好,卸车后立直垂直吊放入穴(见图 3-22)。若土体不易松散,放下前应拆去中部两块底板,入穴时应保持原来的方向或把姿态最好的一侧朝向主要观赏面。接近落地时,一个人负责瞄准对直,四个人坐在坑穴边用脚蹬木箱的上口用于校正位置,然后拆开两边底板,抽出钢丝,并用长竿支牢树冠,将拌入肥料的腐殖土或营养土填至 1/3 时再拆除四面壁板,以免散坨。其余的填土和浇水方法与上面的土球栽植完全相同。

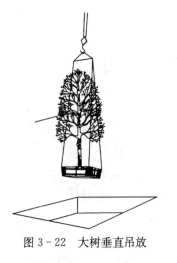

图 3-22   大树垂直吊放

3.4.4.4   促进大树移植成活的措施

要保证大树移植成活,除了做好移植前的准备工作和应用科学的移植技术外,移植后 1~3 年里的日常养护管理很重要,尤其是移植后的第一年更是重中之重。除了要求执行常规的管护工作如浇(喷)水、排水、树干包扎、保湿防冻、搭棚遮荫、病虫防治外,还要采用以下几项措施来促进移栽成活。

1. 树冠喷雾或水滴树干

在树冠南面架设三角支架,安装 1 个高于树冠 1 m 的喷雾装置。因夏秋季大多吹南风,安装在南面可经常给树冠喷雾,使树林枝叶保持湿润,也增加了树木周围的空气湿度,降低温度,减少了树体内水分养分的消耗。也可采用"滴灌法",即在树旁搭一个三脚架,上面吊一个储水桶,或直接将储水桶吊在树的顶部,在桶下部打若干个孔,用硅胶将小塑料管一端粘在孔上,另一端用火烧后封死,将小管呈螺旋状绕在树干和树枝上,再在塑料管上打孔滴水。此法同样能起到保湿降温、减少树体内水分养分消耗的作用,而且还比较简便易行。

2. 促进根部土壤透气

大树栽植后,根部土壤良好的通透条件,能够促进伤口的愈合并促生新根;大树根部透气性差,如栽植过深、土球覆盖过厚、土壤黏重、根部积水等因素都会抑制根系的呼吸,使得根系无法从土壤中吸收养分和水分,导致植株脱水萎蔫,严重的出现烂根死亡。为防止根部积水、改善土壤通透条件、促进生根,可采用以下措施:第一,换土。对于透气性差,易积水板结的黏重土,可在土球外围 20～30 cm 处开一条深沟,然后将透气性和保水性好的珍珠岩填入沟内,填至与地面相平。第二,挖排水沟。对于雨水多、雨量大、易积水的地区,可深挖排水沟,沟深至土球底部以下,且要求排水畅通。第三,埋设 PVC 管。在土球周围埋上几个 PVC 管,管子上再打许多小孔,平时注意检查小孔是否堵塞,管内有了积水及时抽走。这样既排除了积水,又增了土壤的透气性。

3. 喷洒抗蒸腾剂

抗蒸腾剂是指作用于树木叶片表面,能降低蒸腾强度,减少水分散失的一类化学物质。依据作用方式和特点的不同,可将其分为三类。

(1) 代谢型:也称气孔抑制剂。其作用于气孔保卫细胞后,可使气孔开度减少或关闭气孔,增大气孔蒸腾阻力,从而降低水分蒸腾量。常见的代谢型抗蒸腾剂有苯汞乙酸、脱落酸、阿特拉津、甲草胺、黄腐酸等。

(2) 成膜型:成分为一些有机高分子化合物,喷布于叶表面后形成一层很薄的膜,覆盖在叶表面,降低水分蒸腾。常见的有十六烷醇乳剂、氯乙烯二十二醇等。

(3) 反射型:此类物质喷施到叶片的上表面后,能够反射部分太阳辐射能,减少叶片吸收的太阳辐射,从而降低叶片温度,减少蒸腾。常见的反射型抗蒸腾剂有高岭土和高岭石。

4. 浇灌生根剂

在浇水时,可配合一定浓度的生根剂(萘乙酸、吲哚丁酸、APT、森生一号、根太阳等)随水浇灌。注意要深浇才能促进根的生长发育。

5. 注射营养液

为了促进移植大树根系伤口的愈合和再生,补充树体生长所需的养分,从而确保移植成活的质量,可以采用给大树进行营养液注射或输液。具体操作如下。

(1) 材料准备:输液管、输液瓶或袋,特制针头,营养生长素适量。

(2) 钻孔:输液时,用铁钻在根颈、主干、中心干和骨干枝上,纵向每隔 1 m 左右交错钻一个向下与主干呈 45°左右夹角的输液孔,深度可达髓心。孔径与输液用的针头(或插头)大小一致,孔数视树木大小和衰弱程度而定,但分布要均匀。

(3) 药液配制:一般为促进移植树的细胞再生,生长前期应用氮肥,生长后期是磷、钾肥,必要时加一些微肥。每 500 g 清水加入药至 25 g(这里指氮肥尿素),浓度视树的生长势而定。将定量的氮肥溶于瓶中,然后来回轻轻摇动,或者用棍棒搅动,直至完全溶解。

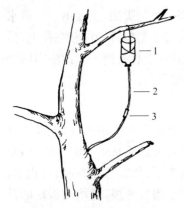

1. 输液瓶　2. 输液管　3. 流量调节器
图 3-23　树体的挂瓶点滴

（4）注射或输液方法：常用的有三种，一是注射器注射，将注射器（一般用大号的兽医注射器）针头插入输液孔，让配制液慢慢注入孔中；二是喷雾器压输，在喷雾器中装上配制液，将喷管头上安装的锥形空心插头插入孔中，拉动手柄打气加压，待配制液输满孔口后拔出插头即可；三是挂瓶点滴，将装满配制液的瓶子倒挂在孔口上方，把输液管的两头分别插入瓶口和孔口，使配制液沿输液管缓慢流入树体孔口，再由树体的输导组织把它们输送到其他部位（见图 3-23）。不管采用哪一种输液方法，输液结束后都应该对输液孔进行严格的消毒和封闭处理，以避免病虫趁机从此处侵入。

3.5　绿篱与色块的栽植

3.5.1　绿篱的定义、功能及类型

3.5.1.1　定义

绿篱是用灌木或小乔木，以大致相等的株行距，单行或多行排列种植而构成的致密、整齐的带状绿化，也称植篱或生篱。选作绿篱的树种的性状是树体低矮、分枝低而多、树冠紧密、耐修剪、易造型、树势茂盛、四季均可修剪；经过修剪很快可以抽出新芽而不致枯死；外形保持稳定的时间较长等。常见的绿篱树种主要有桧柏、侧柏、大叶黄杨、小叶黄杨、大叶女贞、小叶女贞、毛叶丁香、蚊母树、红叶小檗等。

3.5.1.2　功能

绿篱作为园林绿化的一种重要方式，在园林绿地中的主要功能有：可以分隔空间和组织空间；用绿篱夹景，强调主题，起到屏俗收佳的作用；作为花境、雕像、喷泉以及其他园林小品的背景；可构成各种图案和纹样；可结合地形、地势、山石、水池以及道路的自由曲线及曲面，运用灵活的种植方式和整形技术，构成高低起伏、绵延不断的园林景观。正确的运用绿篱可以为园林景观增添许多的情趣。用绿篱作建筑物的基础栽植，或在道路边沿布置绿篱，或用矮绿篱组成图案，或用高绿篱进行空间分隔，都容易取得立竿见影的效果。总之，在今天的园林绿化中，绿篱的应用越来越受到人们的重视和喜爱。

3.5.1.3　类型

1. 按高度分类

（1）根据高度不同可分为树墙、高绿篱、中绿篱和矮绿篱。通常园林中最常用的类型是中绿篱。高度在 160 cm 以上，常人的视线不能通过，主要起遮挡或屏蔽作用的绿篱，称为树墙；高度在 120～160 cm，人的视线可以通过，但一般人不能跳跃而过的绿篱，称为高绿篱，多作防

范和划分空间用;高度在 50~120 cm,人们要比较费力才能跨越的绿篱,称为中绿篱;高度在 50 cm 以下,人们可以毫不费力就跨过的绿篱,称为矮绿篱,多用宿根花卉或低矮小灌木栽植而成。

2. **按功能和观赏要求分类**

根据功能与观赏要求不同,可分为常绿绿篱、花篱、蔓篱、观果篱、刺篱、落叶篱与编织绿篱(简称"编篱")等。

(1) 常绿绿篱:俗称"叶篱"(见图 3-24),由常绿树组成,为园林中常用的绿篱,常用的主要树种有侧柏、桧柏、大叶黄杨、雀舌黄杨、女贞、冬青等。

图 3-24　叶篱

(2) 花篱:由观花树木组成,为园林中比较精美的绿篱(见图 3-25),常用的树种有榆叶梅、迎春、木槿、珍珠梅、绣线菊等。

图 3-25　花篱　　　　　　　　　　　图 3-26　蔓篱

(3) 蔓篱:在园林或庭院绿化中,用藤本植物攀缘于篱棚或栅栏上面形成的绿篱(见图 3-26),常用植物种类如金银花、五叶地锦、山葡萄等。

(4) 观果篱:许多绿篱树木在果实长成时可以观赏,别具韵味,如枸骨、火棘、沙棘、红瑞木、枸杞等。

(5) 刺篱:在园林中为了起防范作用,常用带刺的树木作绿篱,比过去的铅丝刺篱既经济又美观,常用的树种有沙枣、红叶小檗、黄刺梅、蔷薇等。

(6) 落叶篱:由一般落叶树组成,华北地区大多用此类,主要树种有水腊、红叶小檗、金叶女贞、榆叶梅、榆树等。

（7）编篱：为了避免游人或动物穿行，有时把绿篱树木的枝条编织起来，做成网络状或条格状形式，常用的树木有木槿、紫穗槐、竹类等。

3.5.2　色块的定义与特点

色块是指用不同色彩的低矮灌木或草本花卉组成的成片种植的园林绿地。它们是运用现代的设计语言，把各种彩色植物进行组合，艺术地处理成点、线、面的形式，体现出极强的象征性和装饰性，富有极强的节奏感和韵律美，造型形式简洁大方、单纯明快又飘逸流畅，以表现丰富的色彩构图、明快流畅的线型，给人以很强的感染力，非常符合现代人的审美情趣。

形成色块的树木材料大多要经过修剪整形，有些要经过多年修剪才能达到设计的效果，这些树木材料一般密植且数量较多。色块有两个明显特点：一是绚丽的图案：色块图案的形式各种各样，如带状、放射状、圆弧状、扇形、方形、波浪形（又称"S"形）和其他不规则形状等。在园林设计中，色块图案形式的选择不是任意的，首先要考虑到与环境的轮廓走向相协调，如在宽阔的街道两边绿地设计中，多采用带状和波浪形的图案，在一个近似方形的绿地中，采用圆弧形和扇形、方形图案比较合适，也可采用不规则形状；其次，有些图案可能表达一定的主题和寓意，图案的主题应与环境的主题相吻合，如一些文字或数字图案，起到画龙点睛的作用；再次，图案的面积大小也要与环境协调，一味地追求大色块的设计方法是不可取的，面积过大会过于厚实，占用游从的活动空间，色块面积过小又显空乏，色彩对比效果不强。二是缤纷的色彩：整个色块可用单一的色彩，也可用两种或几种色彩的搭配组合，前者体现整齐划一的美，达到绿地景观的多样统一；后者体现色彩的变化多样，可实现对比与调和的艺术效果。

目前在城市园林中色块的运用相当广泛，在城市广场、主要建筑物前、立交桥下和一些街头公共绿地、单位绿地中，到处可见大面积的色块（见图3-27），色块已成为城市绿化、美化的主力军之一。色块不仅让人赏心悦目，而且在高楼大厦林立的城市环境中，符合现代人追求俯视效果和动态观赏的最新要求。

图3-27　木本色块

3.5.3　绿篱、色块的栽植

3.5.3.1　定点放线

1. 绿篱的定点放线

先按设计指定位置在地面放出种植沟挖掘线,若绿篱位于路边、墙体边,则在靠近建筑物一侧放出边线,向外量出设计宽度,再放出另一面挖掘线;如是在草坪中间或条带状不规则栽植,可用方格法进行放线,确定栽植范围并用白灰线标明。

2. 色块的定点放线

根据图案的性质和面积大小,采用以下两种方法。

(1) 图案整齐、线条规则的色块。图案线条要准确无误,故放线时要求极为严格。可用较粗的铁丝、铅线按设计图案的式样编好图案轮廓模型,图案较大时可分为几个部分,再按顺序进行组装。检查无误后,在绿地上轻轻压出清楚的线条轮廓。有些绿地的图案是连续和重复布置的,为保证图案的准确性、连续性,可用较厚的纸板或围帐布、大帆布等(不用时可卷起来便于携带运输),按设计图剪好图案模型,线条处留 5 cm 左右宽度,便于撒白灰标线,放完一段,再放一段,这样就可以连续的完成定点放线。

(2) 图案复杂的色块。对于地形较为开阔平坦,视线良好的大面积绿地,很多设计成图案复杂的模纹图案。由于面积较大,一般设计图上已画好方格线,按照比例放大到地面上即可。图案关键点应用木桩标记,同时模纹线要用铁锹、木棍画出线痕然后再撒上灰线。因面积较大,放线一般需较长时间,因此放线时最好订好木桩或画出痕迹,撒灰踏实,以防突如其来的雨水将辛辛苦苦画的线冲刷掉。

3.5.3.2　栽植时间

绿篱、色块的栽植时间以春秋两季为宜,具体的栽植季节与其他树木基本相同,可参考本书 3.1.4 部分。

3.5.3.3　选苗

栽植绿篱的苗木干径、冠径和株高应大体一致,阔叶苗木以 2～3 年生最为理想,针叶苗木以 30～50 cm 高为宜。一般中矮篱选用速生树种,例如,女贞、小檗、水腊等,可将苗木于栽植时离地面 10 cm 处剪去,促其分枝。如应用针叶树或慢长树,如桧柏、黄杨等,则需在苗圃先育出大苗。高篱及树墙,最好应用较大的、预先按绿篱要求修剪的树苗为宜。

作色块的苗木选择应考虑色彩搭配、季相特色、经济成本及养护管理条件等相关因素。常见的树木种类主要有红叶小檗、金叶女贞、金叶黄荆、金叶榆、红叶石楠、红花继木、南天竹、小叶黄杨、月季、芍药、金山绣线菊、小丑火棘等。

3.5.3.4　确定株距

绿篱的种植密度必须考虑各个植株个体生长的均衡性,包括植株根部营养竞争状况、采光透光条件及生长空间等,应尽可能使绿篱内部相邻植株之间的间距保持最大,从而降低相邻植株之间的相互影响程度。如果为了使绿篱提前郁闭或增大其初始郁闭度,种植密度过大,就会导致绿篱内部通风透光差、病虫害滋生严重且相邻植株间的养分水分及生长空间争夺加剧,最后造成下部枝叶干枯或苗木死亡。这样不仅造成人力物力的浪费,而且绿化效果也不好。一般情况下,绿篱种植的株距如下。

1. 矮篱

一般多为单行直线或几何曲线,株距5～30 cm,绿篱成型宽度15～40 cm。

2. 中篱

单行或双行,直线或曲线,株距30～50 cm。单行绿篱成型宽度40～70 cm,双行绿篱成型宽度50～100 cm。

3. 高篱

株距50～100 cm。

4. 树墙

株距70～150 cm。

在绿地中常常将高篱和树墙沿围墙、堡坎、墙壁等建筑面种植。如果距离建筑面太近,常使靠近建筑面的枝条干枯死亡。为避免这种情况的发生,凡沿建筑面种植的绿篱,距离建筑面的行距最好不少于1.5 m,株间距离初植1 m,2～3年后再隔株去掉一株,即把株距扩大为2 m左右。

3.5.3.5　定植

由于绿篱和色块的栽植密度大、根团小,因此定植前应当对主枝和侧枝进行重剪,以保持地上部分和地下部分的平衡,同时也便于密植操作,修剪时应尽量把苗木的高矮和蓬径的大小调整一致。

定植绿篱前,先开挖一条笔直、50 cm左右深的栽植沟,拉上测绳,沿着测绳按株距把苗木排放在栽植沟两侧,成双行交错定植(即品字形种植,如图3-29),覆土踩实后浇透水即可。若用丛生性很强的花灌木作花篱,则成单行栽植,株距一般保持在1 m左右,不必开沟而根据根团的大小来进行穴栽。

色块定植时,应根据设计方案按不同品种分别栽植;规格相同但种类不同的树木,确保高度在同一水平面上。色块的种植方式主要有行列式种植(见图3-28)和品字形种植(见图3-29),

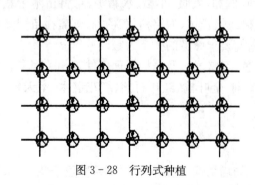

图3-28　行列式种植

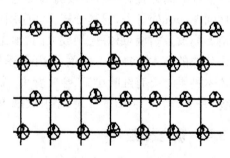

图3-29　品字形种植

前者更方便种植操作,后者更有利于植株的生长发育。种植时先种植图案轮廓线,后种植内部填充部分,轮廓线种植密度应稍大于填充部分密度;填充部分的种植先从中央开始,再向四周扩散。每栽一株都应踩紧扶正、浇足透水。

3.6 竹类的栽植

竹类植物俗称"竹子",为禾本科竹亚科木本植物。全世界共有竹类 70 多属 1000 多种。我国处于东南亚季风气候,地域辽阔、气候变化多样,是竹子分布的中心,有竹类 37 属,占世界竹属的一半以上,竹种(含变种)500 余种,约占世界竹种的 42%。竹子的高矮粗细错落有别,大型竹种高度可达 20～30 m,秆粗 20 cm 左右,枝叶繁茂,冠幅较大;而有些小型竹种,如菲白竹和玉竹则植株矮小,类似草坪植物。竹子的秆色和叶色也丰富多彩,不仅有绿、紫、黑、黄、白等,而且有的秆和叶具有条纹,如绿黄白相间、黄绿相间、紫黑相间等不同色彩搭配。秆的形态有方、畸、怪、龟形等多种形态。叶的形态有宽大、狭长、细小等类型。株型有散生、丛生、混生三种类型。不同的竹种千差万别,为园林造景提供了广泛的应用空间(见图 3-30)。"华夏竹文化,上下五千年,衣食住行用,处处竹相随……",中国被称作是"竹子文明的国度",在我国源远流长的文化史上,"松、竹、梅"被誉为岁寒三友,而"梅、兰、菊、竹"被称为四君子,可见竹子在我国人民心中占有重要而特殊的地位。

菲白竹	早竹	龟甲竹
箬竹	孝顺竹	佛肚竹

图 3-30 几种常见的园林观赏竹

竹子的生长发育与一般乔、灌木树种有明显不同,竹秆的寿命较短,开花结实的周期很长,因此,竹类植物的繁殖更新主要通过营养体(地下茎)的分生来实现。竹子的地下茎俗称"竹鞭",是竹子在地下横向生长的主茎,它既是养分贮存和输导的主要器官,同时也具有分生繁殖的能力。竹子的地下茎类型主要有四种(见图3-31)。

(1) 合轴丛生型：由秆基的大型芽直接萌发出土形成地上部分，基本不形成横向生长的地下茎，秆柄在地下也不延伸，不形成假鞭，竹秆在地面丛生，如刺竹属的孝顺竹、绿竹等。

(2) 合轴散生型：秆基的大型芽萌发时，秆柄在地下延伸一段距离，然后出土成竹，竹秆在地面散生，如箭竹属、筱竹属等。

(3) 单轴散生型：有真正的地下茎，鞭上有节，节下生根，每节着生一侧芽，侧芽或出土成竹，或形成新的地下茎，或处于休眠状态，竹秆在地面散生，如刚竹属、方竹属等。

(4) 复轴混生型：有真正的地下茎，间或有散生和小丛出土两种情况，即侧芽出土成竹，或侧芽以小丛出土成竹，前者竹秆在地面散生，后者竹秆在地面呈丛生状。复轴混生型地下茎不是一种十分稳定的地下茎类型，常因立地条件和生长状况的变化而发生变化。单轴散生型的竹种在较差的立地条件下，或者生长不好时，常表现为复轴混生的性状；而复轴混生型竹种，当立地条件较好，生长旺盛时，常表现为单轴散生的性状，如茶秆竹、箬竹等。

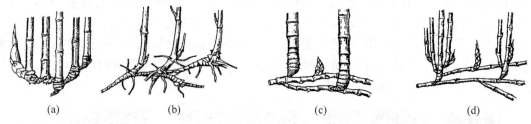

图3-31　竹子地下茎的形态
(a) 合轴丛生型　(b) 合轴散生型　(c) 单轴散生型　(d) 复轴混生型

散生竹地下茎的生长是靠鞭梢的不断伸长来实现的，鞭梢位于地下茎的先端，为鞭箨所包被。鞭梢顶端分生组织不断分裂分化，使竹鞭在地下不断向前延伸，所以鞭梢具有强大的穿透力。大小年明显的竹种，鞭梢的生长一般在小年进行，8～9月生长最为旺盛，11月底停止生长；在来年进入大年时，从新梢附近的侧芽另抽新鞭，6～7月为新鞭生长旺期，8～9月因大量孕笋，新鞭生长逐渐停止。

散生竹竹鞭在地下的深度一般为10～35 cm，多趋向西南方向或土壤疏松肥沃的方向生长。在疏松肥沃又湿润的土壤中，一年间鞭梢可生长达2～4 m，方向变化不大，起伏扭曲也小，竹鞭粗壮、芽肥根多，有利于出大笋、长大竹。如果土壤过于板结，石砾过多，又干燥瘠薄或竹林内灌木丛生，使得鞭梢在生长过程中受阻而影响鞭梢的生长速度，而且易折断、扭曲，导致鞭节缩短、侧芽发育不良，严重影响竹林的产量和质量。鞭梢生长所需养分来源于相连的母竹，母竹合成的营养物质总是向着地下茎生长的方向输导，因此在地下茎生长期，应特别注意保护地下茎系统，禁止砍竹挖鞭。新生的地下茎一般自笋成竹后第二年生长最旺，第三年发笋能力最强，竹笋及成竹质量最高，此后长势渐衰，第五年左右即渐次腐朽。一般大型竹，地下茎的壮龄期为3～6年生，而中、小型竹地下茎的壮龄期为2～4年生，壮龄地下茎的养分丰富，抽鞭发笋力强，是移竹造林选择母竹的重要指标之一。

丛生竹没有横走的地下竹鞭，其地下茎即是竹秆的秆基和秆柄部分，节间短缩、状似烟斗，只有竹根没有竹鞭，秆基肥大多根，沿竹秆的分枝方向，着生6～8个大型芽，一年一般萌发其中的1～3个，其余为潜伏芽，当新笋不能正常生长成竹，且母竹养料充足、外界条件适宜时，潜伏芽才能萌发成笋。

3.6.1 散生竹的栽植

3.6.1.1 栽植地整理

竹子生长要求土层深度 50~100 cm、肥沃、湿润、排水和透气性能良好的砂质土壤,pH 值 4.5~7.0 微酸性或中性土壤为宜,地下水位至少 50 cm 以下。整地是竹子栽植前的重要环节,整地的好坏直接影响到竹林质量的高低和成林速度的快慢。整地方法应采用全面整地为好,即对栽植地进行全面耕翻,深度 40 cm,清除土壤中的石块、杂草、树根等杂物。如土壤过于黏重、盐碱土或建筑垃圾太多,则应采取增施有机肥、换土或回填客土等方法对土壤进行改良。整好地后,即可挖掘种植穴。种植穴的密度和规格,根据不同的竹种、竹苗规格和工程要求具体而定。在园林绿化工程中,中型竹径的密度一般是 2~3 株/m²,行距 50~60 cm,栽植穴的规格为长 60 cm、宽 40 cm、深 40 cm。

3.6.1.2 栽植时间

散生竹通常在春季 3~5 月开始发笋,多数竹种 6 月份基本完成竹笋的高生长,并抽枝长叶,8~9 月大量长鞭,进入 11 月后,随着气温的降低,生理活动逐渐缓慢,至翌年 2 月,伴随气温回升,逐渐恢复生理活动。根据这一生长规律,散生竹理想的栽种时节应该是 10 月至翌年 2 月,尤以 10 月的"小阳春"为最好。在土壤不结冻的地区,冬季种竹,尽管雨量少、天气干燥,但此时竹子的生理活动趋弱,蒸腾作用不强,栽竹成活率也较高。在长江中下游地区,可在梅雨季节移栽竹子,但只宜近距离移栽,最好是"随挖、随运、随栽",且根盘带宿土方可保证有很高的成活率。值得注意的是,春季 3~5 月出笋期不宜栽竹,尽管此时的气候适宜栽竹,但由于此时栽竹对笋芽的破坏较为严重,所以不宜采用。

总之,"种竹无时,雨后便移"。如果只是考虑移栽成活率的话,只要保证母竹的质量,加上精心管理、保持植株水分平衡,一年中除炎热的三伏天和严寒的三九天外,其余时间均可栽种。

3.6.1.3 母竹的选择

母竹质量的好坏对栽植成活影响很大,优质母竹栽植容易成活和成林,劣质母竹不易栽活或难以成林。母竹质量主要反映在年龄、粗度、长势及土球大小等方面。

1. 母竹年龄

最好选用 1~2 年生为宜。1~2 年生的母竹竹鞭,一般处于青壮龄阶段,鞭芽饱满、根须健壮,因而容易栽活和长出新竹、新鞭,成林较快。老龄竹(3 年以上)不宜作母竹。

2. 母竹粗度

中径竹(刚竹类)以胸径 2~3 cm 为宜,小径竹(方竹、紫竹等)以胸径 1~2 cm 为宜。

3. 母竹形态

要求生长健壮、分枝较低;枝叶繁茂,枝、叶、梢完整;高度与秆径粗度的比例协调,外形挺拔健壮,无病虫害及开花迹象。

4. 土球要求

土球直径以 30～40 cm 为宜。土球过小,母竹易过度失水,降低成活,且竹鞭短,根系少,成林慢;土球过大,不便于运输及移栽操作。中小型观赏竹,通常生长较密,因此可将几支竹一同挖起作为一株母竹。具体要求为:散生竹 1 支/株,混生竹 2～3 支/株,丛生竹 4～5 支/丛。母竹挖起后,一般应砍去竹梢,保留 4～5 节分枝,修剪过密枝叶,以减少水分蒸发,提高种植成活率。

3.6.1.4　母竹的挖掘与运输

按不同竹种移栽所需携带土球大小的不同,确定相应的挖掘半径。毛竹、刚竹、佛肚竹等大径竹,挖掘半径不小于竹子胸径的 5 倍;苦竹、淡竹、孝顺竹等中径竹,挖掘半径不小于竹子胸径的 7 倍;墨竹、凤尾竹等小径竹类的挖掘半径一般不小于竹子地径的 10 倍。母竹挖掘前要首先判明竹鞭走向,一般来说,竹鞭走向与竹子最下一节分枝的朝向大致相同。根据竹鞭的位置和走向,在离母竹 50 cm 左右的地方破土找鞭,先在确定的挖掘圆周上轻轻挖开表土层,然后按来鞭(即着生母竹的竹鞭的来源方向)20～30 cm、去鞭(即着生母竹的竹鞭向前生长的方向)40～50 cm 的长度将鞭截断,再沿竹鞭两侧约 20～35 cm 的地方开沟深挖,将母竹连同竹鞭一并挖出。挖掘时断鞭处保持截面光滑,不伤鞭芽。所留竹鞭,一般保留 4 个以上的健芽。挖掘过程中逐步掏空竹蔸四周和底部,避免损伤竹秆与竹鞭的连结部分,最好不要摇动竹秆。母竹所带土球以草绳或其他材料进行包扎,以防土球破碎。

3.6.1.5　种植穴挖掘及定植前修剪

按设计要求,确定每一竹种、每一植株的种植位置,并在种植前一天挖好种植穴。种植穴规格视所栽竹子携带土球大小而定,如栽植毛竹的种植穴约长 100 cm、宽 60 cm。母竹一旦入穴,土球与穴周边距离不小于 6 cm,,以利培土及压实。此外,母竹入穴种植前,还要先行修枝整形,以减少水分蒸发,有利于提高成活率。修枝整形的强度以不影响全竹外形美观为标准。

3.6.1.6　母竹的栽植

栽竹的原则是:深挖穴、浅栽竹;下紧围、高培蔸;宽松盖、稳立柱;鞭平秆可斜。母竹运到栽植地后,应立即种植。首先,将表土或有机肥与表土拌匀后回填种植穴内,一般为 10 cm。然后解除母竹根盘中的包扎物,将母竹放入穴内,根盘面与地表面保持平行,使鞭根舒展,下部与土壤密切接触,或土球底部与穴底泥土紧密衔接,不留空隙。然后回填土壤,先填表土,后填心土,自下而上分层分批进行,捡去石块、树根等杂物,并以木制捣棒将填土拨向土球底部,使土球与种植穴周边衔接密实,防止上实下松,培土与地面齐平或略高于地面。竹子宜浅栽不宜深栽,通常母竹根盘表面比种植穴顶部低 3～5 cm 即可。在斜坡上栽竹时,培土表面与坡面保持平整。在填土踏实过程中注意勿伤鞭芽。然后浇足"定根水",进一步使鞭、根与土密切接触。待水全部渗入土后,再覆盖一层松土,在竹秆基部堆成馒头形。有条件的可在馒头形土堆上加盖一层稻草或杂草,以防止种植穴水分蒸发。如果母竹高大或在风大的地方,还需加以支撑,以防风吹竹秆摇晃,降低成活率。

3.6.2 丛生竹的栽植

3.6.2.1 栽植时间

丛生竹一般于 3～5 月竹鞭发芽,6～8 月开始出笋,且丛生竹不耐严寒。所以丛竹栽植时间最好是在春季 2～3 月竹子"休眠"期进行,此时笋芽尚未萌发,竹液还未流动,栽植成活率最高,当年即可出笋,3～4 年即可成林。但是,如果管理条件好或采用容器育苗,也可四季种竹。

3.6.2.2 母竹选择

应选择生长健壮、枝叶繁茂、没有病虫害、秆基芽眼肥大充实、须根发达的 1～2 年生竹子。这时的竹子发笋力强,栽后易成活,成林迅速,是丛生竹移竹造林的最好母竹。此外,选择母竹还要大小适中,一般大秆竹种的胸高直径为 3～5 cm,小秆竹种为 2～3 cm。过于细小的竹株生活力差,影响成活;竹株过于粗大,竹蔸大,挖掘、搬运、栽植都不方便,也不宜选作母竹。

3.6.2.3 母竹挖掘

1. 竹丛分株

母竹在挖掘前应先了解新老竹的关系、地下茎的连接状况等,竹丛的分株与成活关系很大,分出的母竹、新壮竹适当搭配成活率高,发笋力强。分株时首先应了解地下茎相互关系,有些竹丛新老竹的关系很明显,但在秆多时难于分辩,在这种情况下要摸清新老竹相互关系。新竹多在老竹分枝方向的一侧,看老竹出枝的方向,一般可以找出新老竹的关系。用手轻轻摇动老竹,新竹同时被牵动,即可断定连接的位置。在土层深厚、土质紧的情况下,往住摇动老竹,新竹不动,可采用花镐插入竹丛内,接触秆柄,即轻击秆柄,竹摇动时,亦可断定地下茎连接的关系。基本掌握地下茎连接的关系后,根据竹丛具体情况,进行分株。母竹可取 2～3 株一丛,较差的竹种可适当多一些。根据竹子由内向外发展的生长规律,竹丛外围壮竹多,须根多,分出母竹植株可少一些;愈接近中央区域则老竹多,竹蔸多,须根少,分株时可适当多带几株。实践证明,选择壮竹,少伤须根,多带土,单株栽植也能生长良好。

2. 母竹挖掘

先在离母株 25～30 cm 的外围扒开土壤,由远及近,逐渐深挖,防止挖伤秆基竹眼。竹蔸的须根应尽量保留。在靠近老竹的一侧,找出母竹秆柄与老竹秆基的连接点,然后用利凿、山锄或快刀猛力切断母竹的秆柄,连蔸带土挖起。在切断母竹秆柄时必须特别注意,防止劈破或撕裂秆柄秆基,否则母竹的柱蔸受伤腐烂,影响成活。有时为了保护母竹,可连老竹一并挖起,即挖"母子竹"。根据竹种特性和竹秆大小,决定挖掘时的带土量和母竹秆数。

一般根径较长或较大秆的竹种如梨竹、麻竹、绿竹、刺竹等,竹株粗大,竹蔸根系发达,单株挖蔸带土要多些;小型竹种如孝顺竹、凤尾竹等竹株较小,密集丛生,竹根分布也较集中,可以 3～5 株成丛挖起栽植。母竹挖起后,发枝低的竹秆,留 2～3 盘枝,在竹秆 110～200 cm 高处,从节间中斜行切断,切口呈马耳形。这样可以减少母竹蒸腾失水,便于搬运和栽植,栽后不需架设防风支柱。挖起的母竹不能及时栽植,应放在阴凉避风地方,并适当浇水。如远距离搬运,可用湿草包扎竹笼,防止损伤芽眼及震落宿土。

3.6.2.4　母竹栽植

丛生竹种植必须遵循浅埋、踩实的原则。种植穴的大小视母竹竹兜或土球大小而定,一般应大于土球或竹兜 50%～100%,直径约为 50～70 cm,深约 30 cm。栽竹前,穴底先填细碎表土,最好能施入腐熟有机肥与表土拌匀后回填。将母竹苗斜放在种植穴内,若能判断秆基弯曲方向,可将竹笼的弯柄朝下(即弓背朝下、正面朝上),芽眼向两侧。这样不但根系舒展有利于成活和发笋长竹,而且有利于加大母竹出笋长竹的水平距离。竹笼距地面约 10 cm,竹尾最后一个竹节露出土面,梢部的马耳形切口向上。整根竹苗除竹尾的最后一个节可露出土面外,其余部分全部用土覆盖,盖土后要踩紧,再盖一层松土,最后在竹笼部分浇定根水。

3.6.3　混生竹的栽植

混生竹生长发育规律于散生竹与丛生竹之间,5～8 月发笋长竹,所以栽竹季节以秋季 10～12 月和春季 2～3 月为宜。混生竹既有横走地下茎,又有秆基芽眼,都能出笋长竹,其生长繁殖特性介于散生竹与丛生竹之间,移栽方法可两者兼而有之,在此不再赘述。

3.7　栽植成活期的养护管理

园林树木栽植后,即进入成活期。对于树木而言,因栽植季节的不同,成活期的长短也不相同。一般第一年栽植后,经过一个冬季,到第二年春天树木能够正常生根发芽,表明树木栽植成活,所经历的这个阶段就是树木的成活期。冬季栽植的树木,应视为春季栽植的提前,成活期应到第二个春天。为了保证树木栽植成活,成活期的管理至关重要。树木经过挖掘、运输、移栽,破坏了根系、消耗了水分,打破了地上和地下两部分的水分平衡和养分平衡,给树木成活带来困难。俗话说"三分栽、七分管",充分说明了树木栽植后养护管理的重要性。

3.7.1　水肥管理

3.7.1.1　水分管理

主要包括土壤灌水、树冠喷水和雨季排水等。栽后水分管理直接关系到苗木的成活率。新栽的树木除了"灌三水"外,在干旱季节要注意多灌水,最好能保证土壤含水量达最大持水量的 60%。一般情况下,树木移栽后第一年应灌水 5～6 次,一般乔木树种应连续进行 3～5 年,灌木最少 5 年,土质差的或树木因缺水而生长不良,或遇干旱年份,则应延长浇水期限,直到树木根系与地上部分的树冠,不再依赖浇水也能维持正常生长为止。对于绿篱而言,为使绿篱尽快成活,应当勤浇水,一般干旱的月份,一周最少浇水一次。不过各地可根据具体情况而定,只要保证生长正常即可。新植乔灌木的一般浇水量见表 3 - 11,新植绿篱的参考浇水量见表3 - 12。

表 3-12　绿篱浇水量(参考)

绿篱种植槽宽度/cm	水堰宽度/cm	种植槽长度每延长 1 m 浇水量/kg
40	60	60
50	70	70
60	80	80
80	100	100
100	120	120
120	140	140

对于常绿树种、珍贵树种或反季节栽植的树木,在高温干旱季节,为补充树体水分,应向树冠喷水增加冠内空气湿度,并降低温度、减少蒸腾,促进树体水分平衡。喷水宜采用喷雾器、喷枪或人工捏管喷水,直接向树冠喷射,让水滴均匀落在枝叶上。喷水时间可在上午 10:00～下午 4:00,每隔 1～2 小时喷一次。

在南方多雨季节,要特别注意防止土壤积水。除绿地的排水外,可在树的基部适当培土,使树盘的土面适当高于地面,以防止树木根系处于淹水状态。

3.7.1.2　施肥管理

施肥有利于恢复树势。树木移植初期,根系吸肥力低,宜采用根外追肥,一般半个月左右一次。用硫酸铵、磷酸二氢钾等速效性肥料配制成浓度为 0.5%～1% 的肥液,选早晚时段或阴天进行叶面喷洒,如喷后遇降雨还应重喷一次。根系萌发后,可进行土壤施肥,要求薄肥勤施,以防伤根。在树木生长期,结合中耕除草,在树木根系施用土壤磷钾激活剂、微生物菌剂等生化制剂能使土壤活力增强、促发新根和根系生长。对于已出现萎蔫的树木,叶面不能吸收养分时,可采用树木输液的办法来给它们补充养分和水分。

绿篱与色块应以基肥(有机肥)施用为主,具体方法是沿绿篱及色块边缘条状开沟施肥。沟开至接触植株的吸收根,其深度与宽度一般为 30×30 cm。绿篱在每年生长期必须进行追肥,追肥采取撒施或水施,肥料以速效肥为主。一年中的追肥次数应根据绿篱的长势而定,一般为 1～3 次。如果是常绿针叶类树种,消耗养分相对较少,一般在每年春季追肥一次,以豆饼类、马粪类等有机肥为好;常绿阔叶树种生长快、消耗养分相对较多,应在每年春秋季各施一次有机肥(复合肥也可)。除了土壤施肥,也可采取根外追肥,即叶面喷肥。常用于绿篱叶面喷施的肥料有尿素和磷酸二氢钾,前者可促进绿篱抽梢长叶,后者使叶片肥厚、浓绿。

竹类树木施肥宜结合松土进行,随着立竹量的增加,施肥量应逐年增加。为促进地下鞭生长,提高出笋率和成竹率,加速竹林郁闭,一年可进行三次施肥,时间一般在 2、6、9 三个月。移栽当年的母竹可施化肥 50～150 g、腐熟人粪尿 5～10 kg。化肥应均匀撒施,也可冲水浇施,浓度宜淡不宜浓。人粪尿应加水稀释 2～4 倍,进行浇泼施肥。新建竹林可以使用各种肥料,有机肥、化肥都可以使用,但应掌握少量多次、浓度宜淡、方法适当的原则。在竹林生长旺盛季节,宜施速效化肥、腐熟人粪尿等;在冬季宜施用缓效的有机肥。

3.7.2　平堰、培土与覆盖

平堰是将单株栽植浇水的水堰(见图3-6)或连片栽植浇水的畦埂平整后,将它们的泥土覆盖在树木根基周围,使其略微高出地面(见图3-32)。由于刚栽植时栽植穴的土壤疏松,多次浇水后土壤沉实下降,有些植株的根系顶部就会露出土面,这样不利于根系的生长与越冬,此时就需要在植株基部培土遮根。丛生竹的笋芽都发生在杆基,新竹成竹一年后又从杆基出笋成竹,各处相继发生,密集成丛,地下部位就会逐年抬高、露出地面,使根系吸收营养困难、生长势逐年衰退。为此,凡杆基露出者均需培土,并结合施肥进行。在秋季栽植的树木,也应在根颈处培土,起到保温防寒的作用。

在绿地林下、树穴、根盘的裸露地面可采用碎树皮、稻草、地膜等进行覆盖(见图3-33),可防止飞尘产生和水土流失,减少地面水分蒸发和抑制杂草生长、改良土壤结构、增加美观效果。此外,为了充分利用土地进行绿化,亦可在树穴和根盘的地面上种植小灌木或地被植物,不仅能覆盖地面,还能增加绿化和美化效果。

图3-32　平堰后的树干基部

碎树皮覆盖

稻草覆盖

地膜覆盖

图3-33　新栽树木基部的覆盖

3.7.3　留芽去萌

移栽时的修剪会使树木在发芽阶段萌发出过量的芽,一些萌芽力强的阔叶树如国槐、柳树、杨树等容易产生大量的萌芽。此时,应及时除去过多的萌芽,否则容易消耗树体的水分和养分,还会影响将来树形的形成和美观。在去芽过程中,也要适当保留一部分芽,即去除枝干基部的芽,保留树体高位的芽,因为芽位高就能迫使水分、养分向高处输送,有利于全株成活。及时剪去树干上萌发的过多枝条及根部长出的萌蘖等,可以避免水分和养分的流失、保证树木尽快成活和正常生长。

3.7.4　植株修剪

为维持新栽树木的水分平衡,常进行不同程度的修剪,这时的修剪又称为"栽后修剪"。它和栽植前的修剪目的及修剪方法都基本相同,实际上是在栽前修剪的基础上进行的补充修剪,具体方法与本书"3.3.3 树木定植"里的定植前修剪基本相同。

3.7.5　保温防冻

新植大树的枝梢、根系萌发迟,积累的养分少,因而组织不充实、抗寒能力差,易受低温危害,在冬季应做好保温防冻工作。一方面,入秋后要控制氮,增施磷、钾肥,并逐步延长光照时间、提高光照强度,以提高树体的木质化程度,增强自身抗寒能力。另一方面,在寒潮来临前,可采取地面覆盖、设立风障、搭制塑料大棚等方法做好树体保温工作(详见本书"6.1.1 低温的危害与防治"部分的相关内容)。

3.7.6　防病治虫

春季新移植的树木抵抗能力弱,又值夏季病虫害高发期,如果不注意防范,就会因遭病虫危害而死亡,降低成活率。病虫防治坚持"以防为主、防治结合"的原则,根据树种特性和病虫害发生发展规律,做好防范工作,如树干伤口应涂抹保护剂及冬季涂白树干等。一旦发生病虫危害,要对症下药,及时防治(详见本书"6.5 病虫害防治"部分的相关内容)。

3.7.7　松土除草

树木根际土壤常因人为践踏、车辆辗压及经常浇水沉实等原因变得坚硬、板结,影响树木根系的呼吸,从而影响其移栽成活和正常的生长发育。松土可以破碎土表结皮、疏松土壤,割断表层和底层土壤的毛细管联系,减少地表蒸发,利于保水蓄水,改善土壤透水性及通气性,并为大量吸收降水及土壤微生物的活动创造良好的条件,有利于树木的移栽成活和正常的生长发育。

除草的主要目的是消除杂草根系对树木根系在吸收养分和水分方面的竞争,有的杂草根系还会分泌出对树木有害的有毒物质使树木生长不良;而多数杂草的根系又能结成稠密的网状,形成厚厚的一层草皮,影响雨水入土,并使底层土壤通气不良,造成树木根系无法穿透和得不到足够的水分和养分;杂草的存在还给病虫的滋生提供了有利条件。除草要本着"除早、除小、除了"的原则(详见本书"4.1.5 园林树木的土壤管理"部分的相关内容)。

3.7.8　成活率调查与补植

3.7.8.1　调查的目的、时间与方法

对新栽树木进行成活与生长情况的调查,一方面为了及时补栽,不影响绿化效果;另一方

面是为了分析生长不良与死亡的原因,总结经验与教训,以指导今后的实践工作。

新栽树木的成活调查,一般分两个阶段进行:一是栽后不久(约1个月左右),调查栽植成活的情况;二是在当年秋末,调查栽植成活率。因为在春季与秋季新栽的树木,在生长初期,一般能抽枝、展叶,表现出喜人的景象,但是其中有一些植株,不是真正的成活,而是"假活"——由树干、根系及枝叶内原来贮存的水分和养分供应而导致发芽。一旦气温升高、水分亏损,这种"假活"植株就会出现萎蔫,若不及时救护,容易在高温干旱期间死亡。因此,新栽树木是否成活至少要经过第一年高温干旱及寒冷冬季的考验后才能确定。

新栽树木成活调查方法,如果栽植量大,可以分地段对不同树种进行抽样调查;如果数量少可进行逐株的全部调查。对于已成活的植株,应测定新梢生长量,确定其生长势的等级;对于死亡的植株要仔细观察,分析地上与地下部分的状况,找出树木生长不良或死亡的主要原因。调查之后应建立相应树木的档案,按树木统计成活率及死亡的主要原因,写出调查报告,确定补植任务,提出进一步提高树木成活率的措施。

3.7.8.2　补植

植株死亡或缺株应尽早补植,以弥补时间上的损失。落叶树的补植,一般应在春季土壤解冻后、发芽以前或在秋季落叶后、土壤冰冻以前进行;针叶树、常绿阔叶树的补植,一般应在春季土壤解冻以后、发芽以前或在秋季新梢停止生长后、降霜前进行。补植的树木应选用原来的品种,规格应相近或稍大一些;若改变品种或规格,应征得业主方的同意,并能与原来的景观相协调。

4 园林树木的土肥水管理

园林树木的土壤、水分和营养管理(又称"施肥管理")的任务是为树木生长发育创造良好的环境条件,满足树木生长发育对水、肥、气、热的要求,以便快速、持久、充分地发挥树木在园林中的功能。园林树木土壤、水分和营养管理的关键是从土壤改良入手,通过实施各种措施改良土壤,并同时进行松土除草、地面覆盖、施肥、灌水与排水等技术,改善土壤的理化性质,提高土壤肥力等,以满足树木生长发育的需要。

4.1 土壤管理

土壤是树木生长的基地,是树木生命活动所需水分和养分的供应库与贮藏库,也是许多微生物活动的场所。土壤的好坏直接关系到树木生长的状况,树木生长的好坏直接影响园林树木景观效果,所以分析了解园林树木生长地的土壤条件及其管理措施是从事园林树木栽培养护工作的主要任务之一。

4.1.1 树木对土壤的要求

树木对土壤的要求是有选择的,在生产实践中,有的是因树木选择土壤,有的是因土壤选择树木。无论哪一种情况都应该是不同的树木栽植在相适应的土壤中,如喜酸性的树木则栽在酸性土壤中;而耐盐碱的树木种在含盐分高的地区;耐水湿的树木栽在湖边、河边或低湿地;在高山上和干旱地则种植耐干旱的树木。这就是适地适树。一般说来,树木都喜欢保水保肥和通气良好的土壤。黏性土壤保水保肥能力好,但通气与排水能力差;而沙性土壤保水保肥能力差,但通气条件好。无论哪种土壤,其腐殖质含量直接影响水分和肥分的保持能力以及物理性质的优劣,因此对土壤施有机肥很重要。

树木生长地下层土壤排水的好坏对其生长有直接的影响,水分过多或积水(耐水湿的除外)往往会引起烂根,故树木生长地的下层土壤应排水良好不能积水;同时地下水位也不能过高,过高造成土层薄,湿度大,通透性差,使树木生长不良。树木生长也要求一定的土层厚度,从调查得知,小灌木、大灌木、浅根性乔木、深根性乔木等要求土层厚度分别为 45 cm、60 cm、90 cm、150 cm。

树木栽植地的土壤要求充分风化,如果土壤没有充分风化则孔隙度低,通气不良,微生物活动弱或无,致使肥力极低,树木生长不好。在实践中,常常遇到填方地段或新堆的土山,如做好地形后立即栽植树木,因土壤没有很好地风化,会使树木生长不良。深翻和耕地(尤其是秋耕)是促进土壤风化的最好措施。

4.1.2　园林树木生长的土壤类型

土壤是园林树木生长发育的基础,也是其生命活动所需水分和营养的源泉。因此,土壤的类型和条件直接关系着园林树木能否正常生长。由于不同的树木对土壤的要求是不同的,栽植前了解栽植地的土壤类型,对于树木种类的选择具有很重要的意义。据调查,园林树木生长地的土壤大致有以下几种类型。

4.1.2.1　荒山荒地

荒山荒地的土壤还未深翻熟化,其肥力低,保水保肥能力差,不适宜直接作为园林树木的栽培土壤。如需荒山造林,则需要选择非常耐贫瘠的园林树木种类,如荆条、酸枣等。

4.1.2.2　平原沃土

平原沃土适合大部分园林树木的生长,是比较理想的栽培土壤,多见于平原地区城镇的园林绿化区。

4.1.2.3　酸性红壤

我国长江以南地区常有红壤土。红壤土呈酸性反应,土粒细、结构不良。水分过多时,土粒吸水成糊状;干旱时水分容易蒸发散失,土块易变得紧实坚硬,常缺乏氮、磷、钾等元素。许多树木不能适应这种土壤,因此需要改良。例如,增施有机肥、磷肥、石灰,扩大种植面,并将种植面连通,开挖排水沟或在种植面下层设排水层等。

4.1.2.4　水边低湿地

水边低湿地的土壤一般比较紧实,水分多,通气不良,而且北方低湿地的土质多带盐碱,对树木的种类要求比较严格,只有耐盐碱的树木能正常生长,如桎柳、白蜡、刺槐等。

4.1.2.5　沿海地区的土壤

滨海地区如果是沙质土壤,盐分被雨水溶解后就能够迅速排出;如果是黏性土壤,因透水性差,会残留大量盐分。应先设法排洗盐分,如"淡水洗盐"和施有机肥等,再栽植园林树木。

4.1.2.6　紧实土壤

城市土壤经长时间的人流践踏和车辆碾压,土壤密度增加,孔隙度降低,导致土壤通透性不良,不利于树木的生长发育。这类土壤需要先进行翻地松土,增添有机质后再栽植树木。

4.1.2.7　人工土层

如建筑的屋顶花园、地下停车场、地下轨道、地下贮水槽等上面栽植树木的土壤一般是人工修造的。人工土层这个概念是针对城市建筑过密现象而提出的解决土地利用问题的一种方法。由于人工土层没有地下毛细管水的供应,而且土壤的厚度受到限制,土壤水分容量小,因此如果没有及时的雨水或人工浇水,则土壤会很快干燥,不利于树木生长。又由于人工土层薄,受外界温度变化的影响比较大,导致土壤温度的变化幅度较大,对树木的生长也有较大的影响。由此可见,人工土层的栽植环境不是很理想。由于上述原因,人工土层中土壤微生物的活动也容易受影响,腐殖质的形成速度缓慢,因此选择人工土层的土壤构成很重要。人工土壤还需要减轻建筑负荷和节约成本,特别是屋顶花园,因而要选择既要保水、保肥能力强,又要质地轻的材料,例如,混合蛭石、珍珠岩、煤灰渣、草炭等。

4.1.2.8 市政工程施工后的场地

在城市中,由于施工将未成熟化的心土翻到表层,使土壤肥力降低。机械施工、碾压后的土地,会导致土壤坚硬、通气不良。这种土壤一般需要经过一定的改良才能保证树木的正常生长。

4.1.2.9 煤灰土或建筑垃圾土

煤灰土或建筑垃圾土是在生活居住区产生的废物,如煤灰、垃圾、瓦砾、动植物残骸等形成的煤灰土以及建筑后留下的灰槽、灰渣、煤屑、砂石、砖瓦块、碎木等建筑垃圾堆积而成的土壤。这种土壤不利于树木根系的生长,一般需要在种植坑中换上比较肥沃的壤土。

4.1.2.10 工矿污染地

由于矿山、工厂等排出的废物中的有害成分污染土地,致使树木不能正常生长。此时除选择抗污染能力较强的树种外,也可以进行换土,不过成本较高。

除以上类型外,还有盐碱土、重黏土、砂砾土等土壤类型。在栽植前应先了解土壤类型,有的放矢地进行树木种类选择或改良土壤。

4.1.3 园林树木栽植前的整地

整地包括土壤管理和土壤改良两个方面,它是保证园林树木栽植成活和正常生长的有效措施之一。很多类型的土壤需要经过适当调整和改造,才能适合园林树木的生长。不同的树木对土壤的要求是不同的,但是一般而言,园林树木都要求保水保肥能力好的土壤,而在干旱贫瘠或水分过多的土壤上,往往生长不良。

4.1.3.1 整地的方法

园林树木栽植地的整地工作包括适当整理地形、翻地、去除杂物、碎土、耙平、填压土壤等内容,具体方法应根据具体情况进行。

1. 一般平缓地区的整地

对于坡度在8°以下的平缓耕地或半荒地,可采取全面整地的方法。常翻耕30 cm深,以利蓄水保墒。对于重点区域或深根性树种可深翻50 cm,并增施有机肥以改良土壤。为利于排除过多的雨水,平地整地要有一定坡度,坡度大小要根据具体地形和树木种类而定,如铺种草坪,适宜坡度为2%~4%。

2. 工程场地地区的整地

在这些地区整地之前,应先清除遗留的大量灰槽、灰渣、砂石、砖石、碎木及建筑垃圾等,在土壤污染严重或缺土的地方应换入肥沃土壤。如有经夯实或机械碾压的紧实土壤,整地时应先将土壤挖松,并根据设计要求做地形处理。

3. 低湿地区的整地

这类地区由于土壤紧实,水分过多,通气不良,又多带盐碱,常使树木生长不良。可以采用挖排水沟的办法,先降低地下水位防止返碱,再行栽植。具体办法是在栽植前一年,每隔 20 m 左右挖一条 1.5～2.0 m 宽的排水沟,并将挖出的表土翻至一侧培成垅台。经过一个生长季的雨水冲洗,土壤盐碱含量减少,杂草腐烂,土质疏松,不干不湿,再在垅台上栽植。

4. 新堆土山的整地

园林建设中由挖湖堆山形成的人工土山,在栽植前要经过至少一个雨季的自然沉降,然后再整地植树。由于这类土山多数不太大,坡度较缓,又全是疏松新土,整地时可以按设计要求进行局部的自然块状调整。

5. 荒山整地

在荒山上整地时要先清理地面,挖出枯树根,搬除可以移动的障碍物。坡度较缓、土层较厚时可以用水平带状整地法,即沿低山等高线整成带状,因此又称环山水平线整地。在水土流失较严重或急需保持水土、使树木迅速成林的荒山上,则应采用水平沟整地或鱼鳞坑整地,也可以采用等高撩壕整地法。在我国北方土层薄、土壤干旱的荒山上常用鱼鳞坑整地,南方地区常采用等高撩壕整地。

4.1.3.2 整地时间

整地时间的早晚关系到园林栽植工程的完成情况和园林树木的生长效果。一般情况下应在栽植前三个月以上的时期内(最好经过一个雨季)完成整地工作,以便蓄水保墒,并可保证栽植工作及时进行。这一点在干旱地区尤其重要。如果现整现栽,栽植效果将会大受影响。

4.1.4 园林树木生长过程中的土壤改良

园林绿地的土壤改良包括:深翻熟化、客土栽植、土壤质地改良、pH 值的调节和盐碱地的改良、应用土壤改良剂等。

4.1.4.1 深翻熟化

深翻结合施肥,特别是施有机肥,可以改善土壤结构和理化性质,促使土壤团粒结构的形成,增加孔隙度。因此,深翻后土壤的含水量和通气状况会大大改善。由于土壤中的水分和通气状况好转,使土壤微生物活动加强,加速土壤熟化,使难溶性营养物质转化为可溶性养分,相应地提高了土壤的肥力。

1. 深翻适应的范围

在荒山荒地、低湿地、建筑的周围、土壤的下层有不透水层的地方、人流的践踏和机械压实过的地段等栽植树木,特别是栽植深根性的乔木时,定植前都应深翻土壤,给根系生长创造良好的条件,促使根系往纵深发展。对重点布置区或重点树种也应该适时适量深耕,以保证树木随着年龄的增长,对水、肥、气、热的需要。过去曾认为深翻伤根多,对树木生长不利。实践证明,合理的深翻,虽然伤断了一些根系,但由于根系受到刺激后会发生大量的新根,因而提高了吸收能力,促使树木健壮的生长。

2. 深翻的时间

深翻一般在秋末冬初进行为佳。因为此时地上部分生长基本停止或趋于缓慢,同化产物消耗少,并已经开始回流积累;这时又正值根系秋季生长高峰,伤口容易愈合,并发出部分新根,吸收能力提高,吸收与合成的营养物质在树体内进行积累,有利于树木翌年的生长发育。同时秋翻后经过漫长的冬季,有利于土壤风化和积雪保墒。如果由于某种原因,秋季没有进行深翻,也可以在早春进行,最好在土壤一解冻就及早实施。此时地上部分尚属于休眠状态,根系刚开始活动,生长较为缓慢,但除某些树种外,伤根后也较易愈合再生新根。但是早春时间短,气温上升得快,伤根后根系还未来得及很好地恢复,地上部分已经开始生长,需要大量的水分和养分,往往又因为根系供应的水分和养分不能满足地上部分生长的需要,造成根冠水分代谢不平衡,致使树木生长不良。加之,早春工作繁多,劳力紧张,会受其他工作冲击,影响此项工作的进行。

3. 深翻的深度

翻的深度与地区、土质、树种、砧木等有关。黏重土壤要翻得较深;沙质土壤可适当浅翻,地下水位高时也宜浅翻;下层为半风化岩石时则宜加深,以增加土层厚度;深层为砾石或沙砾时也应翻得深些,并捡出砾石,增加好土,以免水流失。地下水位低、土层厚,栽植深根性树木时则宜深翻,反之则浅。下层有不透水层或为黄淤土、白干土、胶泥板及建筑地基等残存物时深翻深度则以打破此层为宜,以利渗水。可见,深翻的深度要因地、因树而异,在一定范围内,翻得越深效果越好,一般为 60~100 cm,最好距根系主要分布层稍深、稍远一些,以促进根系向纵深及周边生长,扩大吸收面积,提高根系的抗逆性。

4. 深翻保持的年限

深翻的作用可以保持数年,不需要年年都进行。深翻效果持续年限的长短与土壤质地有关,一般黏土地、涝洼地翻后易恢复紧实,保持年限较短;疏松的沙壤土保持年限长。据报道,地下水位低、排水良好,翻后第二年即可显示出深翻的效果,多年后效果尚较明显;排水不良的土壤保持深翻效果的年限较短。

深翻应结合施肥、灌溉同时进行。深翻回填土时,必须按土层状况加以处理,通常维持原来的层次不变,就地翻松后掺入有机肥,将心土放在下部,将表土放在最上面。有时为了促使心土迅速熟化,也可以将较肥沃的表土放置沟底,将心土放在最上面,但应根据绿化种植的具体情况灵活掌握,以免引起不良副作用。

4.1.4.2 客土栽培

1. 客土栽培的原因

由于园林绿地土壤条件非常复杂,栽植树木时必须进行客土栽培,否则不能成活,通常在以下情况下进行客土栽培。

(1) 树种需要有一定酸度的土壤,而栽植地土质不符合要求。最突出的例子是在北方种植喜欢酸性土壤的树木,如栀子、杜鹃、山茶、八仙花等,栽植时应将局部地段或花盆内的土壤换成酸性土,至少也要加大种植穴或采用大的种植容器,并放入山泥、泥炭土、腐叶土等,还要混拌一定量的有机肥,以符合喜酸性土壤树种的要求。

(2) 需要栽植地段的土壤根本不适宜园林树木的生长,如重黏土、沙砾土、盐碱地及被工厂、矿山排出的有毒废水污染的土壤等,或建筑垃圾清除后土壤仍然板结、土质不良,这时应考虑全部或局部换入肥沃的土壤。

2. 客土栽培时注意的问题

(1) 做好预算。因为客土栽植比一般栽植需要的经费多,必须有经费做保证的前提下才能实施,所以在栽植前应做好预算。

(2) 做好施工计划。根据不同树种和根系大小及不同情况,做出合理的、科学的换土设计计划,并说明换土的深度以及好土的来源、废土的去处。

(3) 选用的土壤质地要好,肥力较高,但不能随便挖取耕地土壤和破坏植被。

(4) 根据施工的进度,有计划地分期分批进行更换。

(5) 如果换土量较大,好土的来源较困难,客土的质量并不十分理想,可在实施过程中进行改土,如填加泥炭土、腐叶土、有机肥、磷矿粉、复合肥及各种结构改良剂等。

4.1.4.3 土壤质地的改良

理想的土壤应由50%的气体空间和50%的固体颗粒组成。固体颗粒由有机质和矿物质组成。很多土壤测定数据表明,理想的土壤内应含有45%矿物质和5%的有机质。除此之外,矿物质组成颗粒的排列及其大小也十分重要。土壤质地的改良通常有以下方法。

1. 培土(壅土、压土)

这种改良方法在我国南北各地区普遍采用,特别是果园应用较多。此种方法具有增厚土层、保护根系、增加营养、改良土壤结构等作用。在我国南方高温多雨地区,由于降雨多,土壤淋洗损失严重,所以多将树木种在土台上,以后还需大量培土。在土层薄的地区也可以采用培土的方法,以增加土层厚度,促进树木健壮生长。

培土的质地根据栽植地的土壤性质决定,黏土应压沙土,沙土应压黏土。北方寒冷地区一般在晚秋初冬进行,可起保温防冻、积雪防墒的作用,同时压土掺沙后,促使土壤熟化,改善土壤结构,有利于树木的生长。

压土的厚度要适宜,过薄起不到压土的作用,过厚对树木生长不利,"沙压黏"或"黏压沙"时要薄一些,一般厚度为5~10 cm;压半风化石块可厚些,但不要超过15 cm。连续多年压土,土层过厚会影响树木根系呼吸,从而影响树木生长和发育,造成根颈腐烂、树势衰弱。所以,一般压土时,为了防止嫁接树木接穗生根或对根系产生不良影响,亦可适当将土扒开露出根颈。

在压土时要先进行土壤质地的判断。对土壤质地判断最简单的方法是通过手的触摸与揉搓。将适量的土壤放在拇指和食指间揉搓成球,如果球体紧实、外表光滑,而且在湿时十分黏稠,则黏性强;如果不能揉搓成球,则沙性强。但是,如果要得到比触摸、揉搓判断更精确的结果,较准确的方法是在试验室用土筛将土过筛后,土粒加水和无泡洗涤剂后充分摇匀,静止后,分成黏粒、沙粒和粉粒层,测定其百分比。此法需要一定的设备、时间和经费,在应用中受到一定限制。

土壤质地过黏或过沙都不利于树木根系的生长。黏重的土壤板结,通透性差,容易引起根腐病;土壤沙性太强,容易漏水、漏肥,会发生干旱。遇到以上情况都可通过增施有机肥和"沙压黏"或"黏压沙"进行改良。

2. 增施有机质

如果土壤太沙或太黏,其改良的共同方法是增加有机质。在沙性土壤中,有机质就像海绵一样,保持水分和矿质营养。在黏土中,有机质有助于团聚较细的颗粒,形成较大的孔隙度,改善土壤透气排水性能。但是,一次增施有机质不能太多,否则可能会产生可溶性盐过量的问题,特别是在黏土中,施用某些类型的有机质,形成可溶性盐过量更为突出。一般认为 100 m² 的施肥量不应多于 2.5 m³,约相当于增加 3 cm 表土。改良土壤最好的有机质是粗泥炭、半分解状态的堆肥和腐熟的厩肥。未分解的肥料,特别是新鲜有机肥,氨的含量较高,容易损伤根系,施后不应立即进行栽植。

3. 增施无机质

过黏的土壤在深翻或挖穴过程中,应施用有机肥,并同时掺入适量的粗沙;如果土壤沙性过强,可施用有机肥并同时掺入适量的黏土或淤泥,使土壤向中壤质的方向发展。

在用粗沙改良黏土时,不应用建筑细沙,并注意加入量要适宜,如果加入的粗沙太少,可能像制砖一样,增加土壤的紧实度。通常情况下,加沙量应达到原有土壤体积的 1/3,才会有改良黏土的良好效果。除了在黏土中加沙以外,也可以加陶粒、粉碎的火山岩、珍珠岩和硅藻土等。但这些材料比较贵,只有局部或盆栽土改良时才应用。此外,石灰、石膏和硫磺等也是土壤的无机改良剂。

4.1.4.4 土壤酸碱度的调节

不同的树种对土壤的酸碱度适应程度不同,过酸过碱都会对树木生长发育造成不良的影响。因此,除增加有机质外,必须对土壤的 pH 值进行必要的调节。

对 pH 值过低的土壤,主要用石灰改良;pH 值过高的土壤主要用硫酸亚铁、硫磺和石膏改良。pH 值调节的程度,应根据树种对土壤酸碱度的要求而定,最好能调节到某种树需要的最适 pH 值范围。如山茶属的树木一般 pH 值以 4.5~5.5 最好。调节物质施用量根据土壤的缓冲作用、原 pH 值高低、调节幅度与土量多少而决定。

土壤中腐殖质的数量越多,或黏粒含量越多,缓冲作用就越强。因此,在土壤中施用石灰时,缓冲作用越强,施用量也越多。

在酸性强、缓冲作用也强的土壤中,钙的施用量有时高达每千克 3 kg 以上。实际上一次施入大量的钙也很难与土壤混合均匀,所以一次施用量应为每千克 1.0~1.5 kg,分 2~3 年施入,逐渐改善 pH 值。由于树木根系附近的土壤也会发生淋溶,与周围土壤进行物质交换,因此经过 pH 值调节的土壤,并不会长期不变,应定期或在树木由于酸碱度变化出现某种征兆时进行测定,并继续采取相应措施。

在缓冲作用弱的情况下,尽管采用施钙改良了 pH 值,但其状态也不稳定,所以还应同时增施有机肥。

石膏和硫磺可用于 pH 值偏高的土壤改良,特别是石膏,在吸附性钠含量较高的土壤中使用,可能有较好的作用。同时,石膏还有利于某些紧实、黏重土壤团粒结构的形成,从而改善排水性能。但是,由于石膏团聚作用只在低钙黏土(如高岭土)中才能发挥作用,而在含钙高的干旱和半干旱地区的皂土(如斑脱土)中,不会发生任何团聚反应,因此石膏并不适用于所有黏土。在这种情况下,应施较多的其他钙盐,如硫酸钙等。

增施硫磺和硫酸亚铁,也可提高土壤的酸度,但在实践中不能大规模使用,其施入量也受到原来 pH 值高低的影响。

4.1.4.5　盐碱地的改良

盐碱土又称为盐渍土,是盐土和碱土以及各种盐化和碱化土壤的总称。我国盐碱地的分布范围甚广,面积很大,形成复杂,类型繁多。一般来说,盐渍土改良的途径主要有:水利方法改良,包括灌溉、排水、冲洗、渠道防渗、种植水稻等;农业技术改良,包括平整土地、科学耕作、客换土壤、施用有机肥、合理轮作、间作套种等;生物措施改良,主要有种植耐盐作物和牧草、营造防护森林等;化学改良,就是施用相应的化学改良物质来减弱或消除土壤的盐碱性。具体方法还要根据当地的盐碱土成因、特点以及容易获得的改良材料等具体情况来加以确定。

4.1.4.6　应用土壤改良剂改良土壤

土壤改良剂主要包括无机土壤改良剂和有机土壤改良剂两类,其各自的特性见表 4-1。

表 4-1　常用土壤改良剂及其特性

土壤改良剂类型		特　性
无机土壤改良剂	沙子	在质地黏重的土壤中掺入适量沙子,是改造黏土的主要方法。它能增加土壤非毛管孔隙度和通透性。沙子主要改良土壤质地,很少有养分。一般用细颗粒或中颗粒的沙子,沙粒大小应一致,不应不加区别地混合使用。自然界中的沙子有多种形成方式,应根据需要,在节约成本的前提下进行洗择
	石灰	在酸性土壤中,掺入石灰可以中和土壤酸性,又可以促进土壤团粒结构的形成,同时还能够为土壤提供钙元素。在具体使用时,可根据土壤酸度适量加入。还要注意,生石灰加入后,遇水反应产生热量,可能给根系产生危害
	硫酸亚铁、石膏	这些物质是碱性土壤的改良剂,用以中和碱性土壤。南方的花卉在北方盆栽时,容易出现黄化现象,主要原因就是北方的土壤呈微碱性或碱性,用硫酸业铁可以有效地解决这个问题。石膏的成分是硫酸钙($CaSO_4$),在土壤中通过代换作用将 Na^+ 离子代换出来,灌溉或降雨后将 Na^+ 离子淋洗掉
	蛭石	蛭石是一种层片状物质,颗粒较大,孔隙多,质轻,松软,保水通气性能良好。其 pH 值为 7~9,呈中性及碱性反应,能释放出适量的钾、钙、镁等元素。在盆花栽培中,多用蛭石、草炭土、珍珠岩等混合成培养土,效果较好
	珍珠岩	珍珠岩多孔质轻,没有营养成分,其 pH 值为 7.0~7.5,呈中性,主要改善土壤的保水性、透气性和保温性能
	炉渣	炉渣多是钢铁工业产生的废渣,具多孔性,可增加土壤的通透性和保水性,呈碱性反应,适用于酸性土壤。我国钢铁工业产生大量的炉渣,经适当的处理可以用于酸性土壤的改良,成本较低
	粉煤灰	粉煤灰质轻,疏松,含有 Ca、Mg、K 等元素,施入土壤可起到多方面的改良作用,其 pH 值较高,适用于酸性土壤
	黏土、河泥	在沙质土壤中加入适量黏土、河泥,可以增加土壤的黏性,降低孔隙度,增加保水性。河泥含有一定的有机质,在改良土壤结构的同时,增加了土壤的有机质含量

续　表

土壤改良剂类型		特　性
有机土壤改良剂	草炭	草炭又称泥炭,是沼泽树木残体在长年积水、缺氧条件下形成的不完全分解物。呈褐色或暗褐色,酸性或中性反应。疏松多孔,持水能力很强。含氮量为 1%～2.5%,速效氮含量低,含有少量的磷、钾元素。草炭是用途很广的土壤改良材料,对土壤的物理化学性质和土壤养分都有很好的作用。现在比较高档的盆栽花卉大多使用以草炭为主的培养基质。草炭土使用成本较高,在大面积的绿地中不能推广使用,同时大量开采草炭土容易对当地生态环境造成破坏
	其他的有机土壤改良剂	大量的树木残体,如树的枯枝落叶、农作物秸秆、蔗渣、稻壳、木屑等经过粉碎,掺入饼肥、禽畜肥、人粪尿堆沤处理,可以作为土壤改良物质使用。这些物质质轻、松软、保水、保温、透气性能较好,产生多种营养元素,增加土壤的团聚性和保肥性,是很好的有机肥。这类有机物质容易获得,可就地取材,这是农业上常用的土壤改良物质。但是有机物质容易滋生病虫,要进行处理后再施入土壤
	化学合成的有机土壤改良剂	人工化学合成的土壤改良剂一般是高分子化合物,在我国应用较少。我国在林业上应用较多的是保水剂。保水剂是一种高分子化合物,呈颗粒状。使用在树木根系附近,降雨或灌溉后保水剂吸附大量水分,并能保持较长一段时间,供树木根系吸收,为树木成活和生长创造好的条件。土壤保温保墒剂也是一种高分子化合物,喷在土壤表面形成一种薄膜,类似于塑料薄膜。薄膜覆盖在地表有利于保持土壤水分和土壤温度。黑色薄膜还能防止土壤表面杂草的生长,因为植物在黑暗中不能进行光合作用

还有一些土壤改良剂,可根据具体情况选择运用。在一定的条件下,多种方法综合运用才能达到好的效果。

4.1.5　园林树木的土壤管理

4.1.5.1　中耕松土与除草

中耕一般分春耕(20～30 cm)、夏耕(约 20 cm)、秋耕(30～35 cm)。中耕可以切断土壤表层的毛细管,减少土壤水分蒸发,防止土壤返碱。经过中耕,使游人踏实的园土恢复疏松,改良土壤通气和水分状况,促进土壤微生物活动,有利于难溶养分的分解,提高土壤肥力。中耕松土还可提高土温,有利于树木根系生长和土壤微生物的活动。中耕松土的同时除去杂草,减少水分、养分竞争的消耗;清除杂草又可增加绿地景观效果,减少病虫害,做到清洁美观。

松土、除草应在天气晴朗时或者初晴之后,选土壤不过干又不过湿时进行,才可获得最大的保墒效果。松土、除草时不可碰伤树皮,生长在地表的树木浅根则可适当切断。松土、除草对园林树木生长有很大好处,花农对此有丰富的经验,如山东菏泽花农对牡丹每年土壤解冻后至开花前松土 2～3 次,开花后至白露约松土 6～8 次,要求"见草就除",除草后随即松土,每次大雨后要松土一次。当地花农有"春耕深一犁,夏耕刮地皮""地湿锄干,地干锄湿"的经验。特别对于人流密集的绿化林地每年中耕松土 1～2 次,使土壤疏松,改善土壤通气状况,对树木生长非常有利。

在生产实践中,为了清除园林绿地的杂草,如果沿用传统的人工除草方式,往往要耗费大量的劳力。因此,为了节约成本、提高效益,化学除草越来越受到人们的重视。但如果使用不当,不仅除草效果不好,更重要的是还会毒害花草树木和造成环境污染。所以使用除草剂除草,需慎重选择、规范使用。目前,园林绿地常用的除草剂主要有以下几种。

1. 土壤处理剂

(1)乙氧氟草醚。又称果尔、杀草狂等,它是触杀型芽前或芽后早期除草剂,适用于林地、果园、茶园、针叶苗圃等地,防除一年生单、双子叶杂草,如牛毛草、鸭舌草、铁览菜、狗尾草、蓼、黎、苘麻、龙葵、曼陀罗、田芥、苍耳、牵牛花等。在杂草萌发出土前,每 667 m² 用 20%乳油 48~60 ml,兑水后使用低压喷雾器喷施于土表。

(2)莠去津。又叫阿特拉津,可用于果园、林地、苗圃等,防除一年生禾本科杂草和阔叶类杂草,如马唐、狗尾草、早熟禾、看麦娘、千金子、鸭舌草、铁苋菜、蓼、藜,苘麻、龙葵、勿忘我、莎草科等。因其水溶性较大,对多年生杂草也有抑制作用,提高用药量可用于公路、森林防火带等非耕地灭生性除草。在春季杂草萌动时或树苗移栽前 7~10 天,每 667 m² 用 40%悬浮剂 200~350 g,兑水喷雾土表。注意此药不可用于果园,以免产生药害。

(3)西玛津。西玛津的水溶性较差,易被土壤吸附,喷于土表后只能用来防除一年生的单、双子叶杂草,而对深根杂草的防效差。林地在化学整地时使用,每 667 m² 用 400~600 g,防火林带为 600~800 g,苗圃为 200~300 g,兑水喷雾。

(4)二甲戊灵。又称二甲戊乐灵、施田补、除草通等,用于防除马唐、牛筋草、狗尾草、看麦娘、早熟禾等一年生禾本科杂草和藜、苋、繁缕、辣子草、芥菜等一些阔叶杂草,也可用于果园、花木苗圃的杂草防除,一般每 667 m² 用 33%乳剂 200~300 ml。在杂草出土前兑水喷雾于土表。二甲戊乐灵挥发性小,且不易光解,施药后混土与否对药效影响不大。为减轻药害,应先施药后浇水,增加土壤对其吸附性有利于药效的发挥。二甲戊灵只对部分双子叶杂草有效,因而在双子叶杂草较多的地块可考虑与其他杀阔叶杂草的除草剂混用。

(5)异丙甲草胺。又叫都尔,是选择性芽前旱地土壤处理剂,主要防除稗草、马唐、牛筋草、狗尾草、画眉草等一年生禾本科杂草,兼治苋菜、马齿苋、荠菜、辣子草、繁缕等部分小粒种子的阔叶杂草和碎米莎草科,对多年生杂草和多数阔叶杂草防效较差,可用于花木苗圃地。每 667 m² 用 72%乳油 80~100 ml,兑水 50 kg 进行土壤喷雾。

(6)恶草酮。又称恶草灵,是一种选择性触杀型土壤处理剂,在提高用量的情况下兼有苗后早期叶面处理的作用。恶薄酮可有效地防除一年生的禾本科、莎草科及阔叶杂草,对恶性杂草酢浆草有特效。恶草酮在结缕草、狗牙草系列等多年生暖型草坪休眠期结束前尽早喷药,以控制芽前或苗后早期杂草,每 667 m² 用量为 150~200 ml;生长期使用时,应人工拔掉 1~5 叶期的禾本科、莎草科科及 2 叶期以上的阔叶类杂草。

2. 茎叶处理剂

(1)吡氟禾草灵、精吡氟禾草灵。吡氟禾草灵又称稳杀得,用于果园、林地、苗圃等,可防除一年生的禾本科杂草,提高剂量可防除多年生生的禾本科杂草,如马唐、牛筋草、狗尾草、旱稗、早熟禾、看麦娘、千金子、牛筋草、芦苇、白茅、狗牙草。当杂草 4~6 叶期,对一年生的杂草每 667 m² 用 35%乳油 67~100 ml;对多年生的杂草每 667 m² 用 130~160 ml,兑水后茎叶喷雾。相对湿度高时施药,除草效果好。精吡氟禾草灵,又称精稳杀得,仅含具有杀草活性的异构体,除去了无活性的异构体,因而杀草活性提高了 1 倍,制剂为 15%乳油。

（2）氟吡乙禾灵、高效氟吡乙禾灵。氟吡乙禾灵又称盖草能,用于林业苗圃、花卉苗圃、果园等防除一年生禾本科杂草,如看麦娘、马唐、牛筋草、狗尾草、旱稗、早熟禾、假高粱、千金子、芦苇等,对阔叶类杂草和莎草科无效。当杂草 4～6 叶期,每 667 m² 用 12.5％乳油 60～80 ml,兑水茎叶喷雾。杂草对氟吡乙禾灵吸收速度很快,施药后 1～2 小时下雨不影响药效。高效氟吡乙禾灵,又称高效盖草能,制剂为 10.8％乳油。

（3）稀禾定。又称拿扑净,可用于茶园、果园、苗圃、幼林地防除一年生禾本科杂草,提高剂量可防除多年生的杂草,如白茅、葡萄冰草、狗牙草等,对阔叶树木无影响。一般一年生禾本科杂草 2～3 叶期每 667 m² 用 20％乳油 65～100 ml,4～5 叶期用 100～150 ml,6～7 叶期用 150～175 ml;多年生禾本科杂草 3～6 叶期用 150～200 ml。

（4）苯磺隆。又称阔叶净、巨星,可用于匍茎紫羊毛、草地早熟禾等禾本科草坪,及阔叶类杂草如黄花蒿、蒲公英、小蓟、反枝苋、铁苋菜、马齿苋、苍耳、问荆、巨麦菜等。在杂草 2～5 叶期,每 667 m² 用 10％可湿性粉剂 4.5～15 g,兑水 30～40 kg 喷雾。苯磺隆药效发挥缓慢。苯磺隆对禾本科草安全,喷雾时注意防止雾滴飘移到邻近阔叶花卉上,以免产生药害。

（5）灭草松。又称苯达松,是一种选择性触杀型茎叶处理剂,可以有效地防除莎草科和阔叶杂草,对禾本科杂草无效。在阔叶类杂草 3～5 叶期、莎草科杂草约 10 cm 高时施药,每667 m² 用 25％水剂 60～100 ml。喷药时应选择在晴朗的天气施药,药后 48 小时不要浇灌,以免影响药效的发挥。

（6）草甘膦。草甘膦又称农达、林达等,为输导型灭生性的除草剂。草甘膦杀草速度慢,一般一年生杂草在施药 1 周后才表现中毒症状,多年生杂草在 2 周后表现中毒症状。杂草中毒后先是地上部分逐渐枯黄,继而变褐,最后根部腐烂死亡。草甘膦进入土壤后,很快与土壤中的金属离子结合而失去活性,施药前或施药后对土壤中的种子无杀伤作用。草甘膦可用于果园、林地、苗圃等田地及田埂、道路、庭院等非耕地的杂草防除。一年生杂草 5～7 叶期、多年生杂草 5～6 叶期时施用。施药时若杂草太小,没有足够的吸收药剂的叶面积,可能会影响其防效。草甘膦的用药量因草的种类而异,一年生的杂草每 667 m² 用 10％水剂 400～750 ml;香附子、蒿、艾、车前草、小飞蓬等用 750～1000 ml;白茅、芦苇、刺儿菜、狗牙草、半夏等用1000～2000 ml。防除多年生杂草,可把 2000 ml 药剂分两次施用,效果更好。

（7）百草枯。又称克芜踪、对草快,是触杀型灭生性除草剂,杀草速度很快,叶片着药后2～3 小时就开始变色发黄,3～4 天内可将绿色部分破坏,全株干枯死亡。药剂落到土壤里很快失效,因而施药后很短的时间就可以种植植物。由于百草枯无内吸传导作用,对地下的根和茎无杀伤作用。在杂草 15 cm 以下,每 667 m² 用 20％水剂 150～250 ml,兑水喷雾。兑水量要能喷湿所有的杂草。百草枯对绿色树皮有杀伤作用,应在株、行间定向喷雾,喷药时应防止药液飘移到其他树木的绿色部分。

在一些地方,当地的乡土草种已经形成一定的景观特色（如马蔺、苦荬菜、点地梅、酢浆草、百里香等）则不必清除,只将其中影响景观效果的其他草种去除,这样做既能保持物种的多样性,又可以形成一定的地域性景观,还节省不少栽植和养护费用。

4.1.5.2　地面覆盖

利用有机物或活的树木体覆盖土壤表面,可以防止或减少水分蒸发、减少地面径流、增加土壤有机质、调节土壤温度、减少杂草生长,为树木生长创造良好的环境条件。若在生长季进行覆盖,以后把覆盖的有机物随即翻入土中,还可增加土壤有机质,改善土壤结构,提高土壤肥力。覆盖的材料以就地取材、经济适用为原则,如水草、谷草、豆秸、树叶、树皮、木屑、发酵后的马粪、泥炭等均可应用。在大面积粗放管理的园林中,还可将草坪修剪下来的草头随手堆于树盘附近,用以覆盖。一般对于幼龄的园林树木或疏林草地的树木,多仅在树盘下进行覆盖,覆盖的厚度通常以 3~6 cm 为宜,鲜草约 5~6 cm,过厚会有不利的影响。一般均在生长季节土温较高而较干旱时进行地面覆盖。杭州历年进行树盘覆盖的效果证明,这样做可比对照树的抗旱能力延长 20 天。

地被树木可以是紧伏地面的多年生树木,也可以是一二年生的较高大的绿肥作物,如饭豆、绿豆、黑豆、苜蓿、苕子、猪屎豆、紫云英、豌豆、蚕豆、草木樨、羽扇豆等,用绿肥作物覆盖地面,除覆盖作用之外,还可在开花期翻入土内,收到施肥改土的效果。用多年生地被树木覆盖地面除具有覆盖作用外,还可以减免尘土飞扬,增加园景美观,又可占据地面与杂草竞争,降低园林树木养护费的成本。

不论是地被树木或是绿肥作物,如作为树下的覆盖树木,均要求适应性强、有一定的耐阴能力、覆盖作用好、繁殖容易、与杂草竞争的能力强,但又与树木矛盾不大。如果此处为疏林草地,人们可进去活动,则选用的覆盖树木应耐踩、无汁液流出和无针刺,最好还应具有一定的观赏性和经济价值。

常用的草本地被有铃兰、石竹类、勿忘草、百里香、萱草、二月兰、酢浆草、鸢尾类、麦冬类、丛生福禄考、玉簪类、吉祥草、蛇莓、石碱花、沿阶草、白三叶、红三叶、紫花地丁等。木本地被有地锦类、金银花、木通、扶芳藤、常春藤类、络石、菲白竹、倭竹、葛藤、裂叶金丝桃、偃柏、爬地柏、野葡萄、山葡萄、蛇葡萄、凌霄类等。

4.2 施肥(营养)管理

4.2.1 营养管理的意义和作用

养分是园林树木生长的物质基础,养分管理是通过合理施肥来改善与调节园林树木营养状况的管理工作。

园林树木多为生长期和寿命较长的乔灌木,生长发育需要大量的养分。而且园林树木多年生长在同一个地方,根系所达范围内的土壤中所含的营养元素(如氮、磷、钾以及一些微量元素)是有限的,吸收时间长了,土壤的养分就会减少,不能满足植株继续生长的需要。尤其是植株根系会选择性吸收的那些营养元素,更容易造成它们的缺乏。此外,城市园林绿地中的土壤践踏严重,土壤密实度大,水气矛盾增加,会大大降低土壤养分的有效性。同时由于园林树木的枯枝落叶常被清理掉,导致营养物质循环中断,易造成养分的贫乏。如果植株生长所需营养不能及时得到补充,势必造成营养不良,轻则会影响正常生长发育,出现黄叶、焦叶、生长缓慢、枯枝等现象,严重时甚至衰弱死亡。

因此,要想确保园林树木能长期健康生长,只有通过合理施肥,增强树木的抗逆性,延缓衰老,才能达到枝繁叶茂的最佳观赏目的。这种人工补充养分或提高土壤肥力,以满足园林树木正常生活需要的措施,称为"施肥"。通过施肥,不但可以供给园林树木生长所必需的养分,而且还可以改良土壤理化性质,特别是施用有机肥料,可以提高土壤温度,改善土壤结构,使土壤疏松并提高透水、通气和保水能力,有利于树木的根系生长;同时还为土壤微生物的繁殖与活动创造了有利条件,进而促进肥料分解,有利于树木生长。

4.2.2　园林树木的营养诊断

园林树木的营养诊断是指导施肥的理论基础,是将树木矿质营养原理运用到施肥管理中的一个关键环节。根据营养诊断结果进行施肥,是园林树木科学化养护管理的一个重要标志,它能使园林树木施肥管理达到合理化、指标化和规范化。

4.2.2.1　造成园林树木营养贫乏症的原因

引起园林树木营养贫乏症的具体原因很多,常见的有以下几方面。

1. 土壤营养元素缺乏

这是引起营养贫乏症的主要原因。但某种营养元素缺乏到什么程度会发生营养贫乏症是一个复杂的问题,因为不同树木种类,即使同种的不同品种、不同生长期或不同气候条件都会有不同表现,所以不能一概而论。理论上说,每种树木都有对某种营养元素要求的最低限值。

2. 土壤酸碱度不合适

土壤 pH 值影响营养元素的溶解度,即有效性。有些元素在酸性条件下易溶解,有效性高,如铁、硼、锌、铜等,其有效性随 pH 值降低而迅速增加;另一些元素则相反,当土壤 pH 值升高至偏碱性时其有效性增加,如钼等。

3. 营养成分的平衡

树木体内的各营养元素含量保持相对的平衡是保持树木体内正常代谢的基本要求,否则就会导致代谢紊乱,出现生理障碍。一种营养元素如果过量存在会抑制树木对另一种营养元素的吸收与利用,这就是所谓的营养元素间的"颉颃"现象。这种颉颃现象在营养元素间是普遍存在的,当其作用比较强烈时就会导致树木营养贫乏症的发生。生产中较常见的颉颃现象有磷—锌、磷—铁、钾—镁、氮—钾、氮—硼、铁—锰等。因此在施肥时需要注意肥料间的选择搭配,避免某种元素过多而影响其他元素的吸收与利用。

4. 土壤理化性质不良

如果园林树木因土壤坚实、底层有隔水层、地下水位太高或盆栽容器太小等原因限制根系的生长,会引发甚至加剧园林树木营养贫乏症的发生。

5. 其他因素

其他能引起营养贫乏症的因素有低温、水分、光照等。低温一方面可减缓土壤养分的转化,另一方面也削弱树木根系对养分的吸收能力,所以低温容易促进缺素症的发生。雨量多少对营养缺乏症的发生也有明显的影响,主要表现为土壤过旱或过湿而影响营养元素的释放、淋失及固定等,如干旱可促进缺硼、钾及磷,多雨容易促发缺镁症等。光照也影响营养元素吸收,光照不足对营养元素吸收的影响以磷最严重,因而在多雨少光照而寒冷的天气条件下,树木最易缺磷。

4.2.2.2 园林树木营养诊断的方法

园林树木营养诊断的方法包括土壤分析、叶样分析、形态诊断等。其中形态诊断是行之有效且常用的方法,它是通过园林树木在生长发育过程中,当缺少某种元素时,其形态上表现出的特定的症状来判断该树木所缺元素的种类和程度。此法简单易行、快速,在生产实践中具有实用价值。

1. 形态诊断法

树木缺乏某种元素,在形态上会表现某一症状,根据不同的症状可以诊断树木缺少哪一种元素。该方法要有丰富的经验积累,才能判断准确。该诊断法的缺点是其滞后性,即只有树木表现出症状才能进行判断,不能提前发现。以下是常见树木缺素症状具体表现。

(1)氮:当树木缺氮时,叶子小而少,叶片变黄。缺氮影响光合作用使苗木生长缓慢、发育不良。而氮素过量也会造成苗木疯长,延缓苗木和幼嫩枝条木质化,易受病、虫危害和遭冻害。

(2)磷:树木缺磷时,地上部分表现为侧芽退化,枝梢短,叶片变为古铜色或紫红色。叶的开张角度小,紧夹枝条,生长受到抑制。磷对根系的生长影响明显,缺磷时根系发育不良,短而粗。苗木缺磷症状出现缓慢,一旦出现再补救,则为时已晚。

(3)钾:树木缺钾表现为生长细弱,根系生长缓慢;叶尖、叶缘发黄、枯干。钾对苗木体内氨基酸合成过程有促进作用,因而能促进树木对氮的吸收。

(4)钙:缺钙影响细胞壁的形成,细胞分裂受阻而发育不良,表现为根粗短、弯曲、易枯萎死亡;叶片小,淡绿色,叶尖叶缘发黄或焦枯;枝条软弱,严重时嫩梢和幼芽枯死。

(5)镁:镁是叶绿素的重要组成元素,也是多种酶的活化剂。树木缺镁时,叶片会产生缺绿症。

(6)铁:铁参与叶绿素的合成,也是某些酶和蛋白质的成分,参与树木体内的代谢过程。缺铁时,嫩叶叶脉间的叶肉变为黄色。

(7)锰:锰能促进多种酶的活化,在树木体代谢过程中起重要作用。缺锰时叶片有斑点,叶片呈杂色。

(8)锌:锌参与树木体内生长素的形成,对蛋白质的形成起催化作用。缺锌时表现为叶子小、多斑,易引起病害。

(9)硼:硼参与碳水化合物的转化与运输,促进分生组织生长。缺硼时表现为枯梢、小枝丛生、叶片小、果实畸形或落果严重。

2. 综合诊断法

树木的生长发育状况一方面取决于某一养分的含量,另一方面还与该养分与其他养分之间的平衡程度有关。综合诊断法是按树木产量或生长量的高低分为高产组和低产组,分析各组叶片所含营养物质的种类和数量,计算出各组内养分浓度的比值,然后用高产组所有参数中与低产组有显著差别的参数作为诊断指标,再与被测树木叶片中养分浓度的比值与标准指标的偏差值评价养分的供求状况。

该方法可对多种元素同时进行诊断,而且从养分平衡的角度进行诊断,符合树木营养的实际特点,且该方法诊断结果比较准确。但不足之处是需要化学分析和专业人员的分析、统计和计算,因此在普通的园林生产中应用很少,主要用于园林科研。

4.2.3 园林树木合理施肥的原则

4.2.3.1 根据园林树木在不同物候期内需肥的特性

一年内园林树木要历经不同的物候期,如根系活动、萌芽、抽稍长叶、开花结果、落叶休眠等。在不同物候期,园林树木的生长中心是不同的,相应的所需营养元素也不同。园林树木体内营养物质的分配,也是以当时的生长中心为重心的。因此在每个物候期即将来临之前,及时施入当时生长所需要的营养元素,才能使树木正常生长发育。

在一年的生长周期内,早春和秋末是根系的生长旺盛期,需要吸收一定数量的磷,根系才能发达,伸入深层土壤。随着树木生长旺盛期的到来,需肥量逐渐增加;生长旺盛期以前或以后需肥量相对较少,在休眠期甚至不需要施肥。在抽稍展叶的营养生长阶段,对氮素的需求量大。开花期与结果期,需要吸收多量的磷、钾肥及其他微量元素,树木才能开花鲜艳夺目,果实充分发育。总的来说,根据园林树木物候期差异,具体施肥时期有萌芽肥、抽梢肥、花前肥、壮花稳果肥以及花后肥等。

就园林树木的生命周期而言,一般幼年期,尤其是幼年的针叶类树种生长需要大量的氮肥,到成年阶段对氮素的需要量减少;对处于开花、结果高峰期的园林树木,要多施些磷钾肥;对古树、大树等树龄较长的要供给更多的微量元素,以增强其对不良环境因子的抵抗力。

园林树木的根系往往先于地上部分开始活动。早春土壤温度较低时,在地上部分萌发之前,根系就已进入生长期,因此早春施肥应在根系开始生长之前进行,才能赶上此时的营养物质分配,使根系向纵深方向生长。故冬季施有机基肥,对根系来年的生长极为有利。但早春施速效性肥料时,也不应过早,以免养分在根系吸收利用之前流失。

4.2.3.2 园林树木种类不同需肥期各异

园林绿地中栽植的树木种类很多,各种树木对营养元素的种类要求和施用时期各不相同,而观赏特性和园林用途也影响其施肥种类、施肥时间等。一般说来,观叶、赏形类园林树木需要较多的氮肥,而观花、观果类对磷、钾肥的需求量较大。如孤赏树、行道树、庭荫树等高大乔木类,为了使之春季抽梢发叶迅速,增大体量,常在冬季落叶后至春季萌芽前期间施用农家肥、饼肥、堆肥等有机肥料,使其充分熟化分解成可吸收利用的状态,供春季生长时利用。这对于前期生长型的树木,如白皮松、黑松、银杏等特别重要。休眠期施基肥,对于柳树、国槐、刺槐、悬铃木等全期生长型的树木的春季抽枝展叶也有重要作用。

对于早春开花的乔灌木,如玉兰、碧桃、紫荆、榆叶梅、连翘等,休眠期施肥对开花也具有重要的作用。这类树木花后及时施入以氮为主的肥料可有利于其枝叶形成,为开花结果打下基础;在其枝叶生长缓慢的花芽形成期,则施以磷为主的肥料。总之,以观花为主的园林树木在花前和花后都应施肥,以达到最佳的观赏效果。

对于在一年中可多次抽梢、多次开花的园林树木,如珍珠梅、木槿、月季等,每次开花后应及时补充营养,才能使其不断抽枝和开花,避免因营养消耗太大而早衰。这类树木一年内应多次施肥,花后施氮、磷为主的肥料,既能促生新梢,又能促花芽形成和开花。若只施氮肥容易导致枝叶徒长而梢顶不易开花的情况出现。

4.2.3.3 根据园林树木吸收养分与外界环境的相互关系

园林树木吸收养分不仅取决于其生物学特性,还受外界环境条件如光、热、气、水、土壤溶液浓度等的影响。

光照充足、温度适宜、光合作用强时,根系吸肥量就多;如果光合作用减弱,由叶输导到根系的合成物质减少了,则树木从土壤中吸收营养元素的速度也会变慢。同样当土壤通气不良或温度不适宜时,就会影响根系的吸收功能,也会发生类似的上述营养缺乏现象。

土壤水分含量与肥效的发挥有着密切的关系。土壤干旱时施肥,由于不能及时稀释导致营养浓度过高,树木不能吸收利用反而遭毒害,所以此时施肥有害无利。而在有积水或多雨时施肥,肥分易淋失,会降低肥料利用率。因此,施肥时期应根据当地土壤水分变化规律、降水情况或结合灌水进行合理安排。

另外,园林树木对肥料的吸收利用还受土壤的酸碱反应的影响。当土壤呈酸性反应时,有利于阴离子的吸收(如硝态氮);碱性反应时,则利于阳离子的吸收(如铵态氮)。除了对营养吸收有直接影响外,土壤的酸碱反应还能影响某些物质的溶解度,如在酸性条件下,能提高磷酸钙和磷酸镁的溶解度;而在碱性条件下,则降低铁、硼和铝等化合物的溶解度,因而也间接地影响树木对这些物质的吸收。

4.3.3.4 根据肥料的性质施肥

施用肥料的性质不同,施肥的时期也有所不同。一些容易淋失和容易挥发的速效性肥或施用后易被土壤固定的肥料,如碳酸氢铵、过磷酸钙等,为了获得最佳施肥效果,适宜在树木需肥期稍前施入;而一些迟效性肥料,如堆肥、圈肥、饼肥等有机肥料,因需腐烂分解、矿质化后才能被吸收利用,故应提前施用。

同一肥料因施用时期不同会有不同的效果。如氮肥或以含氮为主的肥料,由于能促进细胞分裂和延长,促进枝叶生长,并利于叶绿素的形成,故应在春季树木展叶、抽梢、扩大冠幅之际大量施入;秋季为了使园林树木能按时结束生长,应及早停施氮肥,增施磷钾肥,有利于新生枝条的老化,准备安全越冬。再如磷、钾肥,由于有利于园林树木的根系和花果的生长,故在早春根系开始活动至春夏之交,园林树木由营养生长转向生殖生长阶段应多施入,以保证园林树木根系、花果的正常生长和增加开花量,提高观赏效果。同时磷、钾肥还能增强枝干的坚实度,提高树木抗寒、抗病的能力,因此在园林树木生长后期(主要是秋季)应多施磷钾肥,提高园林树木的越冬能力。

4.2.4 园林树木的施肥时期

在园林树木的生产与管理中,施肥时期一般可分为基肥和追肥。施肥的要点是基肥施用的时期要早,而追肥使用的要巧。

4.2.4.1 基肥

基肥是在较长时期内供给园林树木养分的基本肥料,主要是一些迟效性肥料,如堆肥、厩肥、圈肥、鱼肥、血肥以及农作物的秸秆、树枝、落叶等，使其逐渐分解，提供大量元素和微量元素供树木在较长时间内吸收利用。

园林树木早春萌芽、开花和生长，主要是消耗体内贮存的养分。如果树木体内贮存的养分丰富，可提高开花质量和坐果率，也有利于枝繁叶茂、增加观赏效果。园林树木物落叶前是积累有机养分的重要时期，这时根系吸收强度虽小，但是持续时间较长，地上部制造的有机养分主要用以贮藏。为了提高园林树木的营养水平，我国北方一些地区，多在秋分前后施入基肥，但时间宜早不宜晚，尤其是对观花、观果及从南方引种的树木更应早施。如施肥过迟，会使树木生长停止时间推迟，降低树木的抗寒能力。

秋施基肥正值根系秋季生长高峰期，由施肥造成的伤根容易愈合并可发出新根。如果结合施基肥，再施入部分速效性化肥，可以增加树木体内养分积累，为来年生长和发育打好物质基础。秋施基肥，由于有机质有充分的时间腐烂分解，可提高矿质化程度，来年春天可及时供给树木吸收和利用。另外增施有机肥还可提高土壤孔隙度，使土壤疏松，有利于土壤积雪保墒，防止冬春土壤干旱，并可提高地温，减少根际冻害的发生。

春施基肥，因有机物没有充分时间腐烂分解，肥效发挥较慢，早春不能及时供给树木根系吸收，而到生长后期肥效又发挥作用，往往会造成新梢二次生长，对树木生长发育不利。特别是不利于某些观花观果类树木的花芽分化及果实发育。因此，若非特殊情况（如由于劳动力不足秋季来不及施），最好在秋季施用有机肥。

4.2.4.2 追肥

追肥又叫补肥，指根据树木各生长期的需肥特点及时追肥，以调解树木生长和发育的矛盾。在生产上，追肥的施用时期常分为前期追肥和后期追肥。前期追肥又分为花前追肥、花后追肥和花芽分化期追肥。具体追肥时期与地区、树木种类、品种等因素有关，并要根据各物候期特点进行追肥。对观花、观果树木而言，花后追肥与花芽分化期追肥比较重要，而对于锦带花、牡丹、珍珠梅等开花较晚的花木，这两次肥可合为一次。由于花前追肥和后期追肥常与基肥施用时期相隔较近，条件不允许时也可以不施，但对于花期较晚的花木类如牡丹等，在开花前必须保证追肥一次。

4.2.5 肥料种类与用量

4.2.5.1 肥料的种类

根据来源、组成和作用特点不同，一般把肥料分为有机肥料、无机肥料和微生物肥料。肥料种类不同，其营养成分、性质、作用、效果以及施用的树木种类、施用的条件与成本都不相同。

1. 有机肥

以有机质为主的肥料。由动、植物的残骸、人粪尿及土杂肥等经过充分腐熟后而成。厩肥、堆肥、绿肥、饼肥、鱼肥、血肥、人粪尿、家畜和鸟类的粪便，屠宰场的下脚料、马蹄掌以及秸秆、枯枝、落叶等经过腐熟后均成为有机肥。通常农家肥料均为有机肥。

有机质经过土壤微生物的分解，逐渐为树木所利用，能为植物提供多种营养元素，但见效较慢，为迟效性肥料。

2. 无机肥

包括经过加工而成的化肥和天然开采的矿质肥料等。化肥有单质化肥和复合化肥,为速效性肥料,多用于追肥。生产中常用的有硫酸铵、尿素、硝酸铵、碳酸氢铵、过磷酸钙、磷矿粉、氯化钾、硝酸钾、硫酸钾、钾盐等,还有 Fe、B、Mn、Zn、Cu 等微量元素的盐类,它们能给树木提供相应的微量元素营养。

3. 微生物肥料

用对植物生长有益的土壤微生物制成的肥料,分细菌肥料和真菌肥料。细菌肥料由固氮菌、根瘤菌、磷化细菌和钾细菌等制成;真菌肥料由菌根菌等制成。

在生产实际中,应该根据肥料的性质以及在不同土壤条件下对树木的作用和效果,来决定施肥的种类与用量。如磷矿粉生产成本低、肥源较广、肥效长,在酸性土壤上使用效果很好,但在石灰性土壤上应用不合适;氮肥应适当集中使用,在土壤中少量施用氮肥往往没有显著效果,在施用氮肥的土壤中要注意磷、钾肥的使用,因为 P、K 与 N 有颉颃作用,磷、钾肥的使用必须在不缺氮素营养的土壤中才经济合理,否则其效果不大。施用有机肥和磷肥时,除考虑当年的肥效外,往往还需要考虑前一两年施肥的种类和用量。

4.2.5.2　施肥量

园林树木施肥量包括肥料中各种营养元素的比例、一次性施肥的用量和浓度以及全年施肥的次数等数量指标。

1. 影响施肥量的因素

园林树木的施肥量受多种因素的影响,如树木种类、树种习性、树体大小、树木年龄、土壤肥力、肥料的种类、施肥时间与方法以及各个物候期需肥情况等,因此难以制定统一的施肥量标准。

在生产与管理过程中,施肥量过多或不足,对园林树木生长发育均有不良影响。据报道,树木吸肥量在一定范围内随施肥量的增加而增加;超过一定范围,随着施肥量的增加而吸收量下降。施肥过多树木不能吸收,既造成肥料的浪费,又可能使树木遭受肥害;而施肥量不足则达不到施肥的目的。因此,园林树木的施肥量既要满足树木需求,又要以经济用肥为原则。以下情况可以作为确定施肥量的参考。

(1) 不同的树木种类施肥量不同:不同的园林树木对养分的需求量是不一样的,如悬铃木、梅花、碧桃、牡丹等树木喜肥沃土壤,需肥量比较大;而沙棘、刺槐、火棘、臭椿、荆条等则耐瘠薄的土壤,需肥量相对较少。开花、结果多的应较开花、结果少的多施肥,生长势衰弱的应较生长势过旺或徒长的多施肥。不同的树木种类施用的肥料种类也不同,如以生产果实或油料为主的应增施磷钾肥;一些喜酸性的花木,如杜鹃、山茶、栀子花、八仙花等,应施用酸性肥料,而不能施用石灰、草木灰等碱性肥料。

(2) 根据对叶片的营养分析确定施肥量:树木的叶片所含的营养元素量可反映树木体的营养状况,所以近二十年来,广泛应用叶片营养分析法来确定园林树木的施肥量。用此法不仅能查出肉眼见得到的缺素症状,还能分析出多种营养元素的不足或过剩,以及能分辨两种不同元素引起的相似症状,而且能在病状出现前及早测知。

另外,在施肥前还可以通过土壤分析来确定施肥量,此法更为科学和可靠。但此法受设备、仪器等条件的限制,以及由于树木种类、生长期不同等因素影响,所以比较适于大面积栽培的统一树木种类的生产管理,如苗圃地或某一树种的专类园等。

2. 施肥量的计算

关于施肥量的标准有许多不同的观点。在我国一些地方,有以园林树木每厘米胸径0.5 kg的标准作为计算施肥量依据的。但就同一种园林树木而言,化学肥料、追肥、根外施肥的施肥浓度一般应分别较有机肥料、基肥和土壤施肥要低些,而且要求也更严格。一般情况下,化学肥料的施用浓度一般不宜超过 1%～3%,而叶面施肥多为 0.1%～0.3%,一些微量元素浓度应更低。

随着电子技术的发展,对施肥量的计算也越来越科学与精确。目前园林树木的施肥量的计算方法常参考果树生产与管理上所用的计算方法。以下公式能精确地计算出施肥量,但前提是计算前先要测定出园林树木各器官每年从土壤中吸收各营养元素的量,减去土壤中能供给的量,同时还要考虑肥料的损失。

施肥量 =(园林树木吸收肥料元素量－土壤供给量)/ 肥料利用率

此计算方法需要利用计算机和电子仪器等先测出一系列的精确数据,然后再计算施肥量。由于设备条件的限制和在生产管理中的实用性与方便性等原因,目前在我国的园林树木管理中还没有得到广泛应用。

4.2.6 施肥的方法

根据施肥部位的不同,园林树木的施肥方法主要有土壤施肥和根外施肥两大类。

4.2.6.1 土壤施肥

土壤施肥就是将肥料直接施入土壤中,然后通过树木根系进行吸收的施肥,它是园林树木主要的施肥方法。

土壤施肥深度由根系分布层的深浅而定,根系分布的深浅又因树木种类而异。施肥时应将肥料施在吸收根集中分布区附近,才能被根系吸收利用,充分发挥肥效,并引导根系向外扩展。从理论上讲,在正常情况下,园林树木的根系多数集中分布在地下 10～60 cm 范围内,根系的水平分布范围,多数与树木的冠幅大小相一致,即主要分布在冠幅外围边缘垂直投影的圆周内,故可在冠幅外围与地面的水平投影处附近挖掘施肥沟或施肥坑。由于许多园林树木常常经过造型修剪,其冠幅大大缩小,导致难以确定施肥范围。在这种情况下,有专家建议,可以将离地而 30 cm 高处的树干直径值扩大 10 倍,以此数据为半径、树干为圆心,在地面画出的圆周边即为吸收根的分布区,该圆周附近处即为施肥范围。

一般比较高大的园林树木,土壤施肥深度应在 20～50 cm 左右,草本和小灌木类相应要浅一些。事实上,影响施肥深度的因素很多。如树木种类、树龄、水分状况、土壤和肥料种类等。一般来说,随着树龄增加,施肥时要逐年加深,并扩大施肥范围,以满足树木根系不断扩大的需要。一些移动性较强的肥料种类(如氮素)由于在土壤中移动性较强,可适当浅施,随灌溉或雨水渗入深层;而移动困难的磷、钾等元素,应深施在吸收根集中分布层内,直接供根系吸收利用,减少土壤的吸附,充分发挥肥效。

目前生产上常见的土壤施肥方法有全面施肥、沟状施肥和穴状施肥等,爆破施肥法也有少量应用。

1. 全面施肥

分洒施与水施两种。洒施是将肥料均匀地洒在园林树木生长的地面,然后再翻入土中。方法简单、操作方便、肥效均匀,但不足之处是施肥深度较浅,养分流失严重,用肥量大,并易诱导根系上浮而降低根系抗性。此法若与其他施肥方法交替使用则可取长补短,能充分发挥肥料的功效。水施是将肥料随灌水时施入。施入前,一般需要以根基部为圆心,向外 30~50 cm 处作围堰,以免肥水四处流溢。该法供肥及时,肥效分布均匀,既不伤根系,又保护耕作层土壤结构,肥料利用率高,节省劳力,是一种很有效的施肥方法。

2. 沟状施肥

沟状施肥包括环状沟施、弧状沟施、放射状沟施和条状沟施(见图 4-1),其中环状和弧状沟施方法应用较为普遍。环状沟施是指在园林树木的根盘外缘处挖环状沟施肥,一般施肥沟宽 30~40 cm,深 30~60 cm。该法具有操作简便、肥料与树木的吸收根接近,便于吸收、节约用肥等优点;但缺点是受肥面积小、易伤水平根,多适于园林中的孤植树。放射状沟施就是从树木主干周围向周边挖一些放射状沟施肥,该法较环状沟施伤根要少,但施肥部位常受限制。条状沟施是在植株行间或株间开沟施肥,适用于苗圃施肥或呈行列式栽植的园林树木。

图 4-1 环状沟、弧状沟和放射状沟施肥示意图(实线部分为施肥沟)

3. 穴状施肥

穴状施肥与沟状施肥方法类似,若将沟状施肥中的施肥沟变为施肥穴或坑就成了穴状施肥。栽植树木时,栽植坑内施入基肥,实际上就是穴状施肥。目前穴状施肥已可机械化操作,把配制好的肥料装入特制容器内,依靠空气压缩机通过钢钻直接将肥料送入土壤中,供树木根系吸收利用。该方法快速省时,对地面破坏小,特别适合有铺装的园林树木的施肥。

4. 爆破施肥

爆破施肥法就是利用爆破时产生的冲击力将肥料冲散在爆破产生的土壤缝隙中,扩大根系与肥料的接触面。这种施肥法适用于土层比较坚硬的土壤,优点是施肥的同时还可以疏松土壤。目前在果树的栽培中偶有使用,但在城市园林绿化中应用要谨慎,事前必须经公安机关批准,且在离建筑物近、有铺装及人流较多的公共场所不应使用。

5. 打孔施肥

是由穴施衍变而来的一种方法。通常大树下面多为铺装地面或种植草坪、地被,不能开沟施肥时,可采用打洞的办法将肥料施入土壤中。可用孔径 5 cm 的螺旋钻,深度视植物根系而定,一般为 30～60 cm,切忌用冲击钻打洞,以免使土壤紧实影响通气性。从距树干75～120 cm处开始,每隔 80 cm 钻一个施肥洞,施肥洞点应分布到树冠外缘2～3 m 的范围内,如果地面狭窄,洞距可减少到50～60 cm。

填入洞穴的肥料最好用林业专用缓释肥料。其次可用优质有机肥为主的混合肥料,适当配入少量的速效化肥。不能将大量易溶性化肥集中填入洞中,否则会烧伤或烧死植物。在有草坪、地被条件下打洞施肥后,应随后加土封洞,再将草皮复原。在铺装地面施肥后,要在肥料和地表之间留 10 cm 的空隙(原沙石层或灰浆层),用直径 2～15 cm 的粗沙砾石填满,然后放好铺装砖(沥青路面用碎石填平即可)。

6. 微孔释放袋施肥

是把一定量的 16-8-16 配方的水溶性肥料,热封在双层聚乙烯塑料薄膜袋内施用,袋上有经过精密测定的一定量"针孔",针孔的直径和数量决定释放养分的快慢。栽植树木时,将袋子放在吸收根群附近,当土壤中的水汽经微孔进入袋内,使肥料吸潮,以液体的形式从孔中溢出供树木根系吸收。这样释放肥料的速度缓慢,数量也相当小,但可以不断地向根系流入,不会像直接进行土壤施肥那样对根系造成伤害。对于沙性土施肥,此种方式可减少流失。微孔释放袋的活性受季节变化的影响,随着天气变冷,袋中的水汽也随之变少,最终停止营养释放;到春天气温升高,土壤解冻,袋内水汽压再次升高,促进肥料的释放,满足植物生长的需要。这样土壤水气压的变化定时触发肥料释放或停止,确保肥料供应的有效性。对于已定植的树木,也可用 110～115 g 的微孔释放袋,埋在树冠滴水线以内约 25 cm 深的土层中,根据树龄大小决定用量的多少。这种微孔释放袋埋置一次,可满足 8 年左右的营养需要。

7. 树木营养钉和超级营养棒法

现在国际上还在推广一种树木营养钉的施肥方法。这种营养钉是将 16-8-8 配方的肥料,用一种专利树脂黏合剂结合在一起,用普通木工锤打入土壤。打入根区深约 45 cm 的营养钉,溶解释放的氮和钾进入根系十分迅速,可立即被树木利用。用营养钉给大树施肥的速度比钻孔施肥快 2.5 倍左右。此外还有一种超级营养棒,其肥料配方为 16-10-9,并加入铁和锌。施肥时将这种营养棒压入树冠滴水线附近的土壤,即完成施肥工作。

8. 特殊液施

这是河南鄢陵花农给喜酸性土的花木施肥的传统方法,经北京林业大学进行试验后,证明不仅可以用此法保证栀子花等喜酸性土的花木正常生长,不再黄化,还可将已失绿的病株转绿。

具体配方:200～250 kg 水(以雨水为最好);10～15 kg 动物粪便(以猪粪为最好);5～6 kg 油粕饼(以芝麻饼最好);2.5～3 kg 黑矾($FeSO_4 \cdot 7H_2O$,以呈黑红色枣核状的最好)。将原料均匀混合,放入缸中,放在日光下暴晒,不加搅拌,约经 20 天后,原料全部腐熟成黑色液体,即可取上面的清液浇灌喜酸性土的植物,如栀子花、山茶花、杜鹃花等。上面的清液用完后补充一定量的水,直至液体变淡后再重新配制。

4.2.6.2　根外施肥

目前生产上常用的根外施肥方法有叶面施肥和枝干施肥两种。

1. 叶面施肥

叶面施肥是指将按一定浓度配制好的肥料溶液,用喷雾机械直接喷雾到树木的叶面上,通过叶面气孔和角质层的吸收,再转移运输到树木的各个器官。叶面施肥具有简单易行、用肥量小、吸收见效快、可满足树木急需等优点,避免了营养元素在土壤中的化学或生物固定。该施肥方式在生产上应用较为广泛,如在早春树木根系恢复吸收功能前,在缺水季节或缺水地区以及不便用土壤施肥的地方,均可采用此法。同时,该方法也特别适合用于微量元素的施肥以及对树体高大、根系吸收能力衰竭的古树、大树的施肥。另外,该法对于解决园林树木的单一营养元素的缺素症,也是一种行之有效的方法。但是需要注意的是,叶面施肥并不能完全代替土壤施肥,两者结合使用效果会更好。

叶面施肥的效果受多种因素的影响,如叶龄、叶面结构、肥料性质、气温、湿度、风速等。一般来说,幼叶较老叶吸收速度快,效率高;叶背较叶面气孔多,利于渗透和吸收,两面喷雾,以促进肥料的吸收。肥料种类不同,被叶片吸收的速度也有差异。据报道,硝态氮喷后 15 分钟进入叶内,而硫酸镁需 30 分钟,氯化镁 15 小时,氯化钾 30 小时,硝酸钾 1 小时,另外,喷施时的天气状况也影响吸收效果。试验表明,叶面施肥最适温度为 18～25℃,因而夏季喷施时间最好在上午 10:00 以前和下午 16:00 以后,以免气温高,溶液很快浓缩,影响喷肥效果或导致肥害。此外,在湿度大而无风或微风时喷施效果好,避免肥液快速蒸发降低肥效或导致肥害。

在实际的生产与管理中,喷施叶面肥的喷液量以叶湿而不滴为宜。叶面施肥液以肥料含量为 1%～5%最合适,并尽量喷复合肥,可省时、省工。另外,叶面施肥常与病虫害的防治结合进行,此时配制的药液浓度和肥料浓度大小至关重要。在没有足够把握的情况下,溶液浓度应宁淡勿浓。为保险起见,在大面积喷施前需要做小型试验,确定不引起药害或肥害再大面积喷施。

2. 枝干施肥

枝干施肥就是通过树木枝、茎的韧皮部来吸收肥料营养,其吸肥机理和效果与叶面施肥基本相似。枝干施肥有枝干涂抹、枝干注射等方法。

(1) 涂抹法。涂抹法就是先将树木枝干刻伤,然后在刻伤处加上含有营养元素的固体药棉,供枝干慢慢吸收。

(2) 注射法。注射法是将肥料溶解在水中制成营养液,然后用专门的注射器注入枝干。目前已有专用的枝干注射器,但应用较多的是输液方式(参见图 3-23)。此法的好处是避免了将肥料施入土壤中的一系列反应的影响和固定、流失,受环境的影响较小,节省肥料,在树木体急需补充某种元素时用此法效果较好。注射法目前主要用于衰老的古树、大树、珍稀树种、树桩盆景以及大树移栽时的营养供给。

另外,美国生产的一种可伸入枝干的长效固体肥料,通过树液湿润药物来缓慢地释放有效成分,供树木吸收利用,有效期可保持 3～5 年,主要用于行道树的缺锌、缺铁、缺锰等营养缺素症的治疗。

4.3 水分管理

水分是树木的基本组成部分,树木体重量的 40%～80%是由水分组成的,树木体内的一切生命活动都是在水的参与下进行的。只有水分供应适宜,园林树木才能充分发挥其观赏效果和绿化功能。

4.3.1　园林树木水分管理的意义

4.3.1.1　园林树木健康生长的保障

水分缺乏时,轻者会植株萎蔫,叶色暗淡,新芽、幼蕾、幼花干尖或早期脱落;重者新梢停止生长,枝叶发黄变枯、落叶,甚至整株干枯死亡。水分过多,会造成植株徒长,引起倒伏,抑制花芽分化,延迟开花期,易出现烂花、落蕾、落果现象,甚至会引起烂根。

4.3.1.2　改善园林树木的生长环境

水分不但对园林绿地的土壤和气候环境有良好的调节作用,而且还与园林树木病虫害的发生密切相关。如在高温季节进行喷灌可降低土温,提高空气湿度,调节气温,避免强光、高温对树木的伤害;干旱时土壤灌水,可以改善土壤微生物生活环境,促进土壤有机质的分解。

4.3.1.3　节约水资源,降低养护成本

我国是缺水国家,水资源十分有限,而目前的绿化用水大多为自来水,与生产、生活用水的矛盾十分突出。因此,制定科学合理的园林树木水分管理方案、实施先进的灌排技术,确保园林树木对水分需求的同时减少水资源的损失浪费,降低养护管理成本,是我国现阶段城市园林管理的客观需要和必然选择。

4.3.2　园林树木的需水特性

了解园林树木的需水特性,是制定科学的水分管理方案、合理安排灌排水工作、适时适量满足园林树木水分需求、确保园林树木健康生长的重要依据。园林树木需水特性主要与以下因素有关。

4.3.2.1　不同园林树木种类对需水的影响

不同的园林树木种类、品种对水分需求有较大的差异,应区别对待。一般来说,生长速度快,生长期长,花、果、叶量大的种类需水量较大;反之,需水量较小。因此,通常乔木比灌木,常绿树比落叶树,阳性树木比阴性树木,浅根性树木比深根性树木,中生、湿生树木比旱生树木需要的水分多。但需注意的是,需水量大的种类不一定需常湿,需水量小的也不一定可常干,而且耐旱力与耐湿力并不完全呈负相关关系。如抗旱能力比较强的紫穗槐,其耐水湿能力也很强;而刺槐同样耐旱,但却不耐水湿。

4.3.2.2　不同生长发育阶段对需水的影响

就园林树木的生命周期而言,种子萌发时需水量较大;幼苗期由于根系弱小而分布较浅,

抗旱力差,虽然植株个体较小,总需水量不大,但也必须经常保持表土适度湿润;随着植株逐渐长大,总需水量有所增加,对水分的适应能力也有所增强。

在生长周期中,生长季的需水量大于休眠期。秋冬季大多数园林树木处于休眠或半休眠状态,即使常绿树种生长也极为缓慢,此时应少浇或不浇水,以防烂根;春季园林树木大量抽枝展叶,需水量逐渐增大;夏季是园林树木需水高峰期,应根据降水情况及时灌、排水。

在生长过程中,许多园林树木都有一个对水分需求特别敏感的时期,即需水临界期,此时如果缺水,将严重影响树木枝梢生长和花的发育,以后即使有更多的水分供给也难以补偿。需水临界期因气候及树木种类不同而不同,一般来说,呼吸、蒸腾作用最旺盛时期以及观果类果实迅速生长期都要求有充足的水分。由于相对干旱会促使树木枝条停止伸长生长,使营养物质向花芽转移,因而在栽培上常采用减水、断水等措施来促进花芽分化。如梅花、碧桃、榆叶梅、紫薇、紫荆等花灌木,在营养生长期即将结束时适当扣水,少浇或停浇几次水,能提早和促进花芽的形成和发育,从而达到开花繁茂的观赏效果。

4.3.2.3　不同栽植年限对需水的影响

刚栽植的园林树木,根系损伤大,吸收功能减弱,根系在短期内难与土壤密切接触,常需要多次反复灌水,才可能成活。如果是常绿树种,有时还需对枝叶喷雾。栽植一定年限后进入正常生长阶段,地上部分与地下部分间建立了新的平衡,需水的迫切性会逐渐下降,不必经常灌水。

4.3.2.4　不同观赏特性对需水的影响

因受水源、灌溉设施、人力、财力等因素限制,实际园林树木管理中常难以对所有树木进行同等的灌溉,而要根据园林树木的观赏特性来确定灌溉的侧重点。一般需水的优先对象是观花树木、草坪、珍贵树种、孤植树、古树、大树等观赏价值高的树木以及新栽树木。

4.3.2.5　不同生长条件对需水的影响

生长在不同气候、地形、土壤等条件下的园林树木,其需水状况也有较大差异。在气温高、日照强、空气干燥、风大的地区,叶面蒸腾和植株间蒸发均会加强,园林树木的需水量就大;反之则小。另外,土壤的质地、结构与灌水也密切相关。如沙土,保水性较差,应"小水勤浇";较黏重的土壤保水力强,灌溉次数和灌水量均应适当减少。栽植在铺装地面或游人践踏严重区域的树木,应给予经常性的地上喷雾,以补充土壤水分的不足。

4.3.2.6　不同管理技术措施对需水的影响

管理技术措施对园林树木的需水情况有较大影响。一般来说,经过合理的深翻、中耕,并经常施用有机肥料的土壤,其结构性能好,蓄水保墒能力强,土壤水分的有效性高,能及时满足园林树木对水分的需求,因而灌水量较小。

栽培养护工作过程中,灌水应与其他技术措施密切结合,以便在相互影响下更好地发挥每个措施的积极作用,如灌溉与施肥、除草、培土、覆盖等管理措施相结合,既可做好保墒减少土壤水分的消耗,满足树木水分的需求,还可减少灌水次数。

4.3.3　园林树木的灌水

4.3.3.1　灌溉水的水源类型

灌溉水的质量好坏直接影响园林树木的生长。雨水、河水、湖水、自来水、井水及泉水等都可作为灌溉水源。这些水中的可溶性物质、悬浮物质以及水温等各有不同,对园林树木生长的影响也不同。如雨水中含有较多的二氧化碳、氨和硝酸,自来水中含有氯,这些物质不利于树木生长;而井水和泉水的温度较低,直接灌溉会伤害树木根系,最好在蓄水池中经短期增温充气后利用。总之,园林树木灌溉用水不能含有过多的对树木生长有害的有机、无机盐类和有毒元素及其化合物,水温要与气温或地温接近。

4.3.3.2　灌水的时期

园林树木除定植时要浇大量的定根水外,其灌水时期大体分为休眠期灌水和生长期灌水两种。具体灌水时间由一年中各个物候期树木对水分的要求、气候特点和土壤水分的变化规律等决定。

1. 生长期灌水

园林树木的生长期灌水可分为花前灌水、花后灌水和花芽分化期灌水三个时期。

(1) 花前灌水:可在萌芽后结合花前追肥进行,具体时间因地、因树木种类而异。

(2) 花后灌水:多数园林树木在花谢后半个月左右进入新梢迅速生长期,此时如果水分不足,新梢生长将会受到抑制,一些观果类树木此时如果缺水则易引起大量落果,影响以后的观赏效果。夏季是树木的生长旺盛期,此期形成大量的干物质,应根据土壤状况及时灌水。

(3) 花芽分化期灌水:园林树木一般是在新梢生长缓慢或停止生长时,开始花芽分化,此时也是果实的迅速生长期,都需要较多的水分和养分。若水分供应不足,则会影响果实生长和花芽分化。因此,在新梢停止生长前要及时而适量地灌水,可促进春梢生长而抑制秋梢生长,也有利于花芽分化及果实发育。

2. 休眠期灌水

在冬春严寒干旱、降水量比较少的地区,休眠期灌水非常必要。秋末或冬初的灌水,一般称为灌"封冻水"。这次灌水是非常必要的,因为冬季水结冻、放出潜热有利于提高树木的越冬能力和防止早春干旱的作用。对于一些引种或越冬困难的树木以及幼年树木等,浇封冻水更为必要。而早春灌水,不但有利于新梢和叶片的生长,还有利于开花与坐果,同时还可促使园林树木健壮生长,是花繁果茂的关键。

3. 灌水时间的注意事项

在夏季高温时期,灌水最佳时间是在早晚进行。这样可以避免水温与土温及气温的温差过大,减少对树木根系的刺激,有利于树木根系的生长。冬季则相反,灌水最好于中午前后进行。这样可使水温与地温温差减小,减少对根系的刺激,也有利于地温的恢复。

4.3.3.3　灌水量

灌水量受树木种类、品种、砧木、土质、气候条件、植株大小、生长状况等因素的影响。一般地说,耐干旱的树木灌水量少些,如松柏类;喜湿润的树木灌水量要多些,如水杉、山茶、水松等;含盐量较多的盐碱地,每次灌水量不宜过多,灌水浸润土壤深度不能与地下水位相接,以防返碱和返盐;保水保肥力差的土壤也不宜大水灌溉,以免造成营养物质流失,使土壤逐渐贫瘠。

在有条件灌溉时,切忌表土打湿而底土仍然干燥,如土壤条件允许,应灌饱灌足。如已成年大乔木,应灌水使水渗透到 80～100 cm 深处。灌水量一般以达到土壤最大持水量的60%～80%为适宜标准。园林树木的灌水量的确定可以借鉴目前果园灌水量的计算方法,根据土壤的持水量、灌溉前的土壤湿度、土壤容重、要求土壤浸湿的深度,计算出一定面积的灌水量,即:

$$灌水量 = 灌溉面积 × 土壤浸湿深度 × 土壤容重 ×（田间持水量 － 灌溉前土壤湿度）$$

灌溉前的土壤湿度,每次灌水前均需测定田间持水量、土壤容重、土壤浸湿深度等项,可数年测定一次。为了更符合灌水时的实际情况,用此公式计算出的灌水量,可根据具体的树木种类、生命周期、物候期以及日照、温度、干旱持续的长短等因素进行或增或减的调整。

4.3.3.4　灌水方法和灌水顺序

为了节约用水,并充分发挥灌水效益,正确的灌水方法应有利于水分分布均匀、节约用水、减少土壤冲刷、保持土壤的良好结构,并充分发挥灌水效果。随着科学技术的发展,灌水方法不断改进,正朝着机械化、自动化方向发展,使灌水效率和灌水效果均大幅度提高。

1. 灌水方法

（1）地上灌水。地上灌水包括人工浇灌、机械喷灌和移动式喷灌等。

① 人工浇灌。虽然费工多、效率低,但在山地等交通不便、水源较远、设施较差等情况下,也是很有效的灌水方式。人工浇灌属于局部灌溉,灌水前应先松土,使水容易渗透,并做好穴(围堰),深 15～30 cm,灌溉后要及时疏松表土以减少水分蒸发。

图 4-2　机械喷灌

② 机械喷灌。是固定或拆卸式的管道输送和喷灌系统,一般由水源、动力机械、水泵、输水管道及喷头等部分组成,目前已广泛用于园林树木的灌溉(见图 4-2)。喷灌是一种比较先进的灌水方法,其优点主要有:基本避免产生深层渗漏和地表径流,一般可节约用水 20%以上,对渗漏性强、保水性差的砂土甚至可节水 60%～70%;减少对土壤结构的破坏,可保持原有土壤的疏松状态。另外对土壤平整度的要求不高,地形复杂的山地亦可采用;有利于调节气候,减少低温、高温、干风对树木的为害,提高绿化观赏效果;节省劳力,工作效率高。

但是喷灌也有其不足之处:有可能加重某些园林树木感染白粉病和其他真菌病害的发生程度;有风时,尤其风力比较大时,会造成灌水不均匀,且会增加水分的损失;喷灌设备价格和管理维护费用较高,会增加前期投资,使其应用范围受到一定限制。

③ 移动式喷灌。一般是由洒水车改建而成,在汽车上安装贮水箱、水泵、水管及喷头组成

一个完整的喷灌系统,与机械喷灌灌溉的效果相似。由于具有机动灵活的优点,常用于城市街道绿化带的灌水。

(2)地面灌水。是一种效率较高的灌水方式,水源有河水、井水、塘水、湖水等,可进行大面积灌溉。灌水方式可分为畦灌、沟灌、漫灌、滴灌等。

① 畦灌。比较适宜于成行栽植的乔灌木。灌水前先做好畦埂,待水渗完后要及时中耕松土(参见图3-6)。这个方法普遍应用,能保持土壤的良好结构。

② 沟灌。是用高畦低沟的方式,引水沿沟底流动浸润土壤,待水分充分渗入周围土壤后,不致破坏其结构,并且便于实行机械化。

③ 漫灌。是大面积的表面灌水方式,因用水既不经济,也不科学,生产上已很少采用。

④ 滴灌。是近年来发展起来的机械化、自动化的先进灌溉技术。它是将灌溉用水以水滴或细小水流形式,缓慢地施于树木根域的灌水方法(见图4-3)。滴灌的效果与机械喷灌相似,但比机械喷灌更节约用水。其缺点是滴灌对小气候的调节作用较差,而且需要管材较多,对用水质量要求严格,管道和滴头容易堵塞,建造和维护成本比较高。目前比较先进的是自动化滴灌装置,整个操作过程由电脑自动控制,广泛用于蔬菜、花卉的设施栽培生产以及园林庭院观赏树木的养护中。

图4-3　地面滴灌

(3)地下灌水。地下灌水是借助于埋设在地下的多孔的管道系统,使灌溉水从管道的孔眼中渗出,在土壤毛细管作用下,向周围扩散浸润树木根区土壤的灌溉方法。地下灌水具有蒸发量小、节约用水、保持土壤结构、便于耕作等优点,但是要求设备条件较高,在碱性土壤中应注意避免"泛碱"。

2. 灌水顺序

园林树木由于干旱需要灌水时,由于受灌水设备及劳力条件的限制,要根据园林树木缺水的程度和急切程度,按照轻重缓急合理安排灌水顺序。一般来说,新栽的树木、小苗、观花草本和灌木、阔叶树要优先灌水,长期定植的树木、大树、针叶树可后灌;喜水湿、不耐干旱的先灌,耐干旱的后灌。因为新树木、小苗、观花草本和灌木及喜水湿的树木根系较浅,抗旱能力较差,阔叶树类蒸发最大,其需水多,所以要优先灌水。

4.3.4　园林树木的排水

园林树木的排水是防涝的主要措施。其目的是为了减少土壤中多余的水分以增加土壤中空气的含量,促进土壤空气与大气的交流,提高土壤温度,激发好气性微生物的活动,加快有机物质的分解,改善树木的营养状况,使土壤的理化性状得到改善。

排水不良的土壤经常发生水分过多而缺乏空气,迫使树木根系进行无氧呼吸并积累乙醇造成蛋白质凝固,引起根系生长衰弱以至死亡。土壤通气不良会造成嫌气微生物活动,促使反硝化作用发生,从而降低土壤肥力。而有些土壤,如黏土中,在大量施用硫酸铵等化肥或未腐熟的有机肥后,若遇土壤排水不良,肥料将进行无氧分解,从而产生大量的一氧化碳、甲烷、硫化氢等还原性物质,严重影响树木地下部分与地上部分的生长发育。因此排水与灌水同等重要,特别是对耐水力差的园林树木更应及时排水。

4.3.4.1 需要排水的情况

园林树木遇到下列情况之一时,就需要进行排水。

(1) 园林树木生长在低洼地区,当降雨强度大时,汇集大量地表径流,且不能及时渗透,而形成季节性涝湿地。

(2) 土壤结构不良、渗水性差,特别是有坚实不透水层的土壤,水分下渗困难,形成过高的假地下水位。

(3) 园林绿地临近江河湖海,地下水位高或雨季易遭淹没,形成周期性的土壤过湿。

(4) 平原或山地城市,在洪水季节有可能因排水不畅,形成大量积水。

(5) 在一些盐碱地区,土壤下层含盐量高,不及时排水洗盐,盐分会随水位的上升而到达表层,造成土壤次生盐渍化,对树木生长很不利。

4.3.4.2 排水方法

园林树木的排水是一项专业性基础工程,在园林规划及土建施工时就应统筹安排,建好畅通的排水系统。园林树木的排水常见的有以下几种。

1. 明沟排水

明沟排水是在园林绿地的地面上纵横开挖浅沟,使绿地内外联通,以便及时排除积水。这是园林绿地常用的排水方法,关键在于做好全园排水系统。操作要点是先开挖主排水沟、支排水沟、小排水沟等在绿地内组成一个完整的排水系统,然后在地势最低处设置总排水沟。这种排水系统的布局多与道路走向一致,各级排水沟的走向最好相互垂直,但在两沟相交处应成45°~60°的锐角相交,以利排水流畅,防止相交处沟道淤塞。此排水方法适用于大雨后抢排积水,或地势高低不平不易出现地表径流的绿地排水。明沟宽窄应视水情而定,沟底坡度一般以0.2%~0.5%为宜。

2. 暗沟排水

暗沟排水是在地下埋设管道形成地下排水系统,将低洼处的积水引出,使地下水降到园林树木所要求的深度。暗沟排水系统与明沟排水系统基本相同,也有干管、支管和排水管之别。暗沟排水的管道多由塑料管、混凝土管或瓦管做成。建设时,各级管道需按水力学要求的指标组合施工,以确保水流畅通,防止淤塞。此排水方法的优点是不占地面、节约用地,并可保持地势整齐便利交通,但造价较高,一般结合明沟排水应用。

3. 滤水层排水

滤水层排水实际就是一种地下排水方法,一般用于栽植在低洼积水地以及透水性极差的土地上的树木,或是针对一些极不耐水湿的树木在栽植之初就采取的排水措施。其做法是在树木生长的土壤下层填埋一定深度的煤渣、碎石等透水材料,形成滤水层,并在周围设置排水孔,遇积水就能及时排除。这种排水方法只能小范围使用,起到局部排水的作用。如屋顶花园、广场或庭院中的种植池或种植箱,以及地下商场、地下停车场等的地上部分的绿化排水等。

4. 地面排水

地面排水又称地表径流排水,就是将栽植地面整成一定的坡度(一般在 0.1%～0.3%,不要留下坑洼死角),保证多余的雨水能从绿地顺畅地通过道路、广场等地面集中到排水沟排走,从而避免绿地内树木遭受水淹。这种排水方法既节省费用,又不留痕迹,是目前园林绿地使用最广泛、最经济的一种排水方法。不过这种排水方法需要在绿地建设之初,经过设计者精心设计安排,才能达到预期效果。

5 园林树木的整形修剪

整形修剪是园林树木栽培及管护中的常规工作之一,是园林树木栽培过程中一项十分重要的养护管理措施,这对提高绿化效果和观赏价值起着十分重要的作用。整形修剪的目的除了调节和控制园林树木生长与开花结果、生长与衰老更新之间的矛盾外,更重要的是满足观赏要求。此外,园林树木的病虫防治和安全生长,也都离不开整形修剪措施的落实。

5.1 整形修剪的概念、意义与原则

5.1.1 整形修剪的概念

"整形"是指为提高园林树木观赏价值,按其习性或人为意愿而修整成为各种优美形状的措施。"修剪"是指对植株的某些器官,如芽、干、枝、叶、花、果、根等进行剪截、疏除或其他处理的具体操作。

园林树木的整形工作总是结合修剪进行的,所以除特殊情况外,整形的时期与修剪的时期是一致的。整形与修剪两者密不可分。整形是修剪的主要目的,修剪是整形的重要手段,两者统一于一定的栽培管理的要求之下。

5.1.2 整形修剪的意义

5.1.2.1 美化植物外形、提高观赏效果

一般说来,自然植物的外形大多是美的,具有特定的观赏效果。但从丰富园林景观的需要来说,单纯自然的外形是不能满足需求的,必须通过一定的人工修剪整形,使园林树木在自然美的基础上,创造出与周围环境和谐统一的景观,这样更符合人们的观赏特点。如现代园林中规则式建筑物前的绿化,就要具有艺术美和自然美的形体来烘托,也就是说将植物整修成规则或不规则的特殊形体,才能把建筑物的线条美进一步衬托出来。

从冠形结构来说,经过人工整形修剪的植株,各级枝序的分布和排列会更科学更合理,各层的主枝在主干上分布有序、错落有致,各占一定方位和空间,互不干扰,层次分明,主从关系明确,结构合理,形态美观。

5.1.2.2　增加园林树木的开花结果量

园林树木如果管理不善,会使开花部位上移、外移、内膛空虚,花果量大减。通过修剪可调节植物体养分,使其合理分配,防止徒长,使营养集中供给顶芽、叶芽,新梢生长充实,促进大部分短枝和辅养枝成为花果枝,形成较多的花芽,从而提高花果数量和质量,达到花开满枝、果实满膛之目的。此外,一些花灌木还可以通过修剪达到控制花期和延长花期的目的。

5.1.2.3　改善通风透光条件,减少病虫害的发生

自然生长的植物或修剪不当的植株,往往枝条密生、叶片拥挤、树冠郁闭、内膛枝细弱老化、冠内光照不足、通风不良、相对湿度大大增加,这为喜欢湿润环境的病虫害繁殖蔓延提供了条件。通过修剪、疏枝,可增强树冠内通风透光能力,还可提高园林树木的抗逆能力和减少病虫害的发生几率。

5.1.2.4　调节园林树木的生长势

园林树木在生长过程中因环境不同,生长情况各异。生长在片林中的树木,由于接受上方光照,因此向高处生长,使主干高大,侧枝短小,树冠瘦长;相反,孤植树木,同样树龄同一种树木,则树冠庞大,主干相对低矮。但在园林绿地中种植的花木,很多生存空间有限,如生长在建筑物旁、假山或池畔的,为了与环境相协调,可用人工修剪来控制植株的高度和体量。当然植物在地上部分的长势还受根系在土壤中吸收水分、养分多少的影响,如种植在屋顶和平台上的植物,土层浅,养分、水分和空间都不足,可以剪掉地上部分不必要的枝条,控制体量,保证植株正常生长。

通过修剪可以促进局部生长。由于枝条位置各异,枝条生长有强有弱,往往容易造成偏冠,极易倾斜或倒伏。因此要及早修剪,改变强枝先端方向、开张角度,使强枝处于平缓状态,以减弱生长或去强留弱。但修剪量不能过大,防止削弱生长势。具体是"促"还是"抑",要因植物种类而异,要因修剪方法、时期、株龄等而异,既可促使衰弱部分强壮起来,也可使过旺部分减弱下去。

对于有潜伏芽、寿命长的衰老植株还可进行适当重剪,结合施肥、浇水可使之更新复壮,重新发挥其观赏价值和生态效应。

5.1.2.5　协调比例,创造最佳园林美化效果

在园林绿化中,人们常将不同的观赏植物相互搭配造景,配置在一定的园林空间中或者和建筑、山水、园桥等小品相配,创造相得益彰的艺术效果,这就需要控制植株的形态大小和比例。但自然生长的树木往往树冠庞大,不能与这些园林小品相协调,就必须通过合理的修剪整形来加以控制,及时调节其与环境的比例,保持它在景观中应有的大小和外形。如与假山配置的树木常用修剪整形的方法控制植株的高度,使其以小见大,衬托山体的高大。

5.1.2.6　提高园林树木的栽植成活率

在苗木移栽过程中,苗木起运会不可避免地造成根部伤害。苗木移栽后,根部难以及时供给地上部分充足的水分和养料,造成植株水分吸收和蒸腾比例失调,容易造成树叶凋萎甚至整

株死亡。通常情况下,在起苗之前或起苗之后,适当剪去劈裂根、病虫根、过长根,疏去病弱枝、徒长枝、过密枝,有些还需要摘除部分叶片,以保证移栽苗木的水分平衡,提高园林树木的栽植成活率。

5.1.2.7 调节与市政建设的矛盾

在城市街道绿化中,由于市政建筑设施复杂,常与树木之间发生矛盾。尤其是行道树,上有架空线缆、下有管道电线、地面有人流车辆等,要使树枝上不挂电线、下不妨碍人流交通,主要还得靠修剪整形措施来加以解决。

5.1.3 整形修剪的原则

在对园林树木进行整形修剪时,应根据一定的原则进行相应的工作。

5.1.3.1 根据园林绿化目的对该树木的要求

在园林绿化中,不同的绿化目的要求对树木的修剪整形方式不同,而不同的修剪整形措施会造成不同的景观效果,因此首先应明确该树木在园林绿化中的目的要求。例如,同是圆柏,它在草坪上作孤植观赏与作为绿篱时,就有完全不同的修剪整形要求,因而具体的整剪方法就有很大的差异。圆柏作为孤植观赏时一般采取常规性修剪、留中央主干的整形方式,对主枝附近的竞争枝应进行短截,保证中心主枝的顶端优势,避免形成多头现象;而作为绿篱时需采用多次修剪,限制高度,控制其顶端优势,使之呈圆柱形树冠。

5.1.3.2 根据树木的生长发育习性

园林树木的整形修剪,必须根据该树木的生长发育习性进行,否则可能达不到既定的目的与要求。整形修剪时一般应注意以下两方面。

1. 树木的生长发育和开花习性

树木种类不同,生长习性差异很大,必须采用不同的修剪整形措施。例如自然体形呈尖塔形、圆锥形树冠的乔木,如雪松、水杉、钻天杨、桧柏、银杏等,顶芽的生长势特别强,形成明显的主干与侧枝的从属关系,对这一类树木就应该采用保留中央领导干的整形方式,稍加修剪,形成圆柱形、圆锥形等形状。对于一些顶端生长势不太强,但发枝能力却很强、容易形成丛状树冠的,如大叶黄杨、小叶女贞、连翘、金银木、棣棠、贴梗海棠、毛樱桃等可修剪整形成圆球形、半球形等形状。对喜光树种,如榆叶梅、碧桃、樱花、紫叶李等,如果为了多开花的目的,就可以采用自然开心形的整形修剪方式;而像龙爪槐、垂枝柳等具有曲垂展开习性的,则应采用盘扎主枝为水平圆盘状的方式,使树冠呈开张的伞形。

树木的萌芽发枝力的大小和愈伤能力的强弱,对整形修剪的耐受力有很大的关系。具有很强萌芽发枝能力的树木,大都能耐受多次的修剪,例如,悬铃木、大叶黄杨、贴梗海棠、金叶女贞等。萌芽发枝力弱或愈伤能力弱的树木,如银杏、水杉、桂花、玉兰等,则应少修剪或只轻度修剪。

在园林中经常要运用修剪整形技术来调节各部位枝条的生长状况以保持均整的树冠,这就必须根据植株上主枝和侧枝的生长关系来进行。树木枝条间的生长规律是：在同一植株上，枝条越粗壮，其上的新梢就愈多，制造有机养分及吸收无机养分的能力也越强，使该枝条生长得更粗壮；反之，弱枝则因新梢少，营养条件差而生长越衰弱，这造成了"强枝越强、弱枝越弱"的现象。所以应该用修剪的措施来调节和平衡各主枝间的生长势，采用"对强主枝强剪（即留得短些），对弱主枝弱剪（即留得长些）"的方法，对强主枝加以抑制，使养分转至弱主枝方面来，使强弱主枝达到逐渐平衡的效果。而要调节侧枝的生长势，则应采用"对强侧枝弱剪，对弱侧枝强剪"的原则，这是由于侧枝是开花结实的基础，侧枝若生长过强或过弱，都不利于转变为花枝，所以对强侧枝弱剪可适当地抑制其生长作用，从而集中养分使之有利于花芽的分化；同样花果的生长发育亦对强侧枝的生长产生抑制作用。对弱侧枝行强剪，则可使养分高度集中，并借顶端优势的刺激而发生出强壮的侧枝，从而获得调节侧枝生长的效果。

另外，树木花芽的着生方式和开花习性有很大差异，有的是先开花后发叶，有的是先发叶后开花，有的是单纯的花芽，有的是混合芽，有的着生于枝的中部或下部，有的着生于枝梢。这些千变万化的差异都是修剪时应该考虑的因素，否则很可能造成很大的损失。

2. 植株的年龄

植株处于幼年期时，由于具有旺盛的生长势，所以不宜进行强修剪，否则会使枝条在秋季不能及时成熟而降低抗寒力，同时也会造成延迟开花年龄的后果。所以对幼龄小树除特殊需要外，不宜强剪，只宜弱剪，以求扩大树冠，促进成形。成年期树木正处于旺盛的开花结实阶段，此期树木具有完整优美的树冠，这个时期的修剪整形目的在于保持植株的健壮完美，使开花结实能长期保持繁茂和丰产、稳产，所以关键在于配合其他管理措施综合运用各种修剪方法以达到调节均衡的目的。衰老期树木，因其生长势力衰弱，每年的生长量小于死亡量，处于向心生长更新阶段，所以修剪时应以强剪为主，以刺激其恢复长势，并善于利用徒长枝来达到更新复壮的目的。

5.1.3.3 根据树木生长的环境条件

树木的生长发育与环境条件间具有密切关系，因此即使具有相同的园林绿化目的要求，但由于环境条件不同，在进行具体修剪整形时也会有所不同。例如，同是一株独植的乔木，在土地肥沃处以整剪成自然式为佳，而在土壤瘠薄或地下水位较高处则应适当降低分枝点，使主枝在较低处即开始构成树冠；而在多风处，主干也宜降低高度，并使树冠适当稀疏，增加透风性，以防折枝和倒伏。在冬季长期积雪地区，对枝干易折断的树木应进行重剪，尽量缩小树冠的面积以防大枝被积雪压断。

疏枝可使邻近的其他枝条增强生长势，并有改善通风透光状况的效果；强剪可使所保留下的芽得到较强的生长势；弱剪对生长势的加强作用较强剪小。当然这种刺激生长的影响是仅就一根枝条面言的。实际上，各芽所表现出的生长势强与弱的程度还受着邻近各枝以及上一级枝条和环境条件的影响。

另外，在游人众多的景区或规则式园林中，修剪整形应当尽量精细，并适当进行艺术造型，使景观多姿多彩，充满生气。

5.2 整形修剪的时间与方法

5.2.1 整形修剪时期

园林树木的修剪工作，一般随时都可进行，如抹芽、摘心、除蘖、剪枝等。由于树木的抗寒性、生长特性及物候期对修剪时期有重要影响，因此修剪期可分为休眠期修剪（冬季修剪期）和生长期修剪（春季或夏季修剪）两个时期。

5.2.1.1 休眠期修剪

园林树木从休眠后至次年春季树液开始流动前（落叶树从落叶开始至春季萌发前）修剪称为休眠期修剪。这段时期内树木生长停滞，树木体内养料大部分回归根部，修剪后营养损失最少，且修剪的伤口不易被细菌感染腐烂，对树木生长影响较小。因此大部分园林树木的大量修剪工作都在此时间内进行。

冬季修剪对观赏树种树冠的构成、枝梢的生长、花果枝的形成等有重要影响，因此进行修剪时要考虑树龄和树种。通常对幼树的修剪以整形为主；对于观叶树以控制主枝生长、促进侧枝生长为目的；对花果树则着重于培养构成树形的主干、主枝等骨干枝，以早日成形，提前观花现果。

对于生长在冬季严寒地区或抗寒力差的树木以早春修剪为宜，以避免修剪后伤口受冻害。早春修剪应在植株根系旺盛活动之前、营养物质尚未由根部向上输送时进行，可减少养分的损失，对花芽、叶芽的萌发影响不大。对有伤流现象的树木，如核桃、槭类、四照花、葡萄、桦树等，在萌发后修剪会有大量伤流发生，伤流使植株体内的养分与水分流失过多，造成树势衰弱，甚至枝条枯死，因此修剪不能太晚。

5.2.1.2 生长期修剪

园林树木自萌芽后至新梢或副新梢延长生长停止前这段时期内的修剪叫做生长期修剪。在生长期内修剪，若剪去大量枝叶，对树木尤其对花果树的外形有一定影响，故宜尽量轻剪。对于发枝力强的树，如在休眠期修剪基础上培养直立主干，就必须对主干顶端剪口附近的大量新梢进行短截，目的是控制它们生长，调整并辅助主干的长势和方向。花果树及行道树的修剪，主要控制竞争枝、内膛枝、直立枝、徒长枝的发生和长势，以集中营养供骨干枝旺盛生长之需。而绿篱和草花的生长期修剪，主要为保持整齐美观，同时剪下的嫩枝可作插穗。

5.2.2 整形修剪方法

整形修剪的方法归纳起来基本是"截、疏、伤、变、放"等几个种面，可根据修剪的目的不同灵活采用。

5.2.2.1 截

是将当年生或一年生枝条的一部分剪去（见图5-1）。其主要目的是刺激剪口下的侧芽萌发、抽发新梢、增加枝条数量、多发叶多开花。它是园林树木修剪时最常用的方法。短截程度影响到枝条的生长,短截程度越重,对单枝的生长刺激越大(见图5-2)。

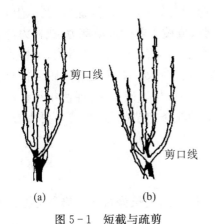

图5-1 短截与疏剪

(a)延长枝、发育枝短截 (b)强旺密集枝疏除

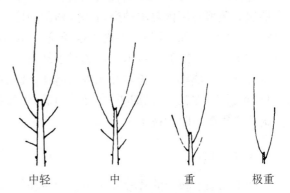

图5-2 不同程度短截修剪的反应

1. 轻短截

只剪去一年生枝的少量枝段。一般是轻剪枝条的顶梢(剪去枝条全长的1/4~1/3),主要用于花果类树木强壮枝的修剪。去掉枝条顶梢后刺激其下部多数饱满芽的萌发,分散了枝条的养分,促进产生大量的短枝,这些短枝一般容易形成花芽。

2. 中短截

剪到枝条中部或中上部饱满芽处(剪去枝条全长的1/3~1/2)。由于剪口芽强健壮实,养分相对集中,刺激其多发强旺的营养枝,截后形成较多的中、长枝,成枝力高,生长势强,主要用于某些弱枝复壮以及骨干枝和延长枝的培养。

3. 重短截

剪到枝条下部半饱满芽处。由于剪掉枝条大部分(剪去枝条全长的2/3~3/4),对局部的刺激作用大,对植株的总生长量有很大影响,剪后萌发的侧枝少,但由于营养供应充足,一般都萌发强旺的营养枝。主要用于弱树、老树、老弱枝的复壮更新。

4. 极重短截

在春梢基部仅留1~2个不饱满的芽,其余剪去。此后萌发出1~2个弱枝,一般用于竞争枝处理或降低枝位。

5. 回缩

又称缩剪,即将多年生枝条剪去一部分。当树木或枝条生长势减弱、部分枝条开始下垂、树冠中下部出现光秃现象时,为了改善光照条件和促发新旺枝以恢复树势或枝势时常用这种修剪方法。

5.2.2.2 疏

又称疏剪或疏删,将枝条自分生处剪去,不保留任何芽。疏剪可调节枝条均匀分布,加大空间,改善通风透光条件,有利于植株内部枝条生长发育,有利于花芽分化。疏剪的对象主要是病虫枝、伤残枝、内膛密生枝、干枯枝、并生枝、过密的交叉枝、衰弱的下垂枝等(见图 5-1)。疏剪工作贯穿全年,休眠期和生长期均可进行。

疏剪强度可分为轻疏(疏枝占全树枝条的 10%)、中疏(10%～20%)、重疏(20%以上)三个层次。疏剪强度依树木种类、长势、树龄而定。萌芽力强、成枝力弱的或萌芽力、成枝力都弱的种类,少疏枝,如马尾松、雪松等枝条轮生,每年发枝数有限,尽量不疏枝。萌芽力、成枝力都强的种类,可多疏,如悬铃木。轻疏对于幼树可以促进树冠迅速扩大,对于花灌木则可提早形成花芽开花。成年树生长与开花进入盛期,枝条多,为调节生长与生殖关系,促使年年有花或结果,可适当中疏。衰老期树木,发枝力弱,为保持有足够的枝条组成树冠,疏剪时要小心,只能疏去必须要疏除的枝条。

5.2.2.3　伤

伤是用破伤枝条的各种方式来达到缓和树势、削弱受伤枝条生长势目的的修剪方法。有环状剥皮、刻伤、扭梢等方法。

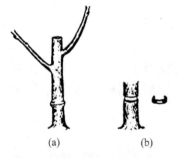

图 5-3　横向刻伤与环状剥皮
(a)横向刻伤　(b)环状剥皮

1. 环状剥皮

环状剥皮是在生长期对不大开花结果的枝条,用刀在枝干或枝条基部适当部位,剥去一定宽度的环状树皮的方法。它在一段时期内可阻止枝梢碳水化合物向下输送,有利于环状剥皮枝条的上方枝条营养物质的积累和花芽的形成,但弱枝、伤流过旺及易流胶的树种不宜应用环状剥皮。环状剥皮应深达木质部,剥皮宽度以 1 月内剥皮伤口能自我愈合为限,一般为 3～5 mm。太宽会使伤口长期不能愈合而对树木生长不利(见图 5-3)。

2. 刻伤

用刀在芽或枝的附近进行刻伤的方法,以深达木质部为度(见图 5-3)。当在芽或枝的上方进行切刻时,由于养分、水分受伤口的阻隔而集中于该芽或枝条,可使生长势加强。当在芽或枝的下方进行切刻时,则生长势减弱,但由于有机营养物质的积累,能使枝、芽充实,有利于加粗生长和花芽的形成。切刻愈深愈宽时,其作用就愈强。

此法在观赏树木修剪中广为应用,如雪松的树冠往往发生偏冠现象,用刻伤可加以纠正;再如观花观果树的光秃枝,为促进下部萌发新枝,也可采用刻伤方法。

3. 扭梢和折梢

在生长季内,将生长过旺的枝条,特别是着生在母枝背面的旺枝,在中上部扭曲下垂称为扭梢。将新梢折伤而不断则为折梢。扭梢与折梢是伤骨(木质部)不伤皮,目的是阻止水分、养分向生长点输送,削弱枝条长势,利于花枝的形成,如碧桃常采用此法来促进花枝的形成(见图 5-4)。

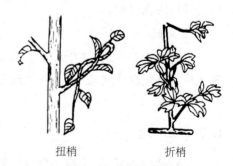

扭梢　　　折梢

图 5-4　扭梢和折梢

5.2.2.4　变

就是改变枝条生长方向、控制枝条生长势，如曲枝、撑枝、拉枝、抬枝等。其目的是改变枝条的生长方向和角度，使顶端优势转位、加强或削弱。将直立生长枝向下曲成拱形时，顶端优势减弱，枝条生长转缓。下垂枝因向地生长，顶端优势弱，枝条生长不良，为了使枝势转旺，可抬高枝条，使枝顶向上（见图 5-5）。

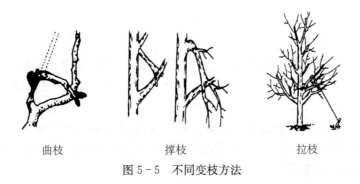

曲枝　　　　撑枝　　　　拉枝

图 5-5　不同变枝方法

5.2.2.5　放

又称缓放、甩放或长放，即对一年生枝条不做任何短截，任其自然生长。利用单枝生长势逐年减弱的特点，对部分生长中等的枝条长放不剪，下部易发生中、短枝，停止生长早，同化面积大，光合产物多，有利于花芽形成。幼树、旺树常以长放缓和树势，促进提早开花结果。长放用于中庸树、平生枝、斜生枝效果更好。对于幼树的骨干枝、延长枝、背生枝或徒长枝不能放。弱树也不宜多用长放。

5.2.2.6　其他修剪方法

1. 摘心

在生长季节，随新梢伸长，随时剪去其嫩梢顶尖的技术措施称为摘心。具体进行的时间依树木种类、目的要求而异。通常在新梢长至适当长度时，摘去先端 2~5 cm，可使摘心处 1~2 个腋芽受到刺激发生二次枝，根据需要二次枝还可再进行摘心（见图 5-6）。

摘心前　　　　摘心后

图 5-6　生长季节摘心

2. 剪梢

在生长季节，由于某些树木新梢未及时摘心，使枝条生长过旺，伸展过长，且木质化。为调节观赏树木主侧枝的平衡关系以及调整观花观果树木营养生长和生殖生长的关系，采取剪掉一段已木质化的新梢先端，即为剪梢。

3. 抹芽

把多余的芽抹去称为抹芽。此措施可改善其他留存芽的养分供应状况而增强生长势。常用在培养树木通直主干或防止主枝顶端竞争枝的发生上。在修剪时将无用或有碍于骨干枝生长的芽除去。

4. 去蘖

主干基部及大伤口附近经常长出嫩枝,称为"萌蘖"。它们往往有碍树形、影响生长,及时把它们去除就是去蘖。去蘖最好在木质化前进行,可直接用手掰掉枝条,这样可使养分集中供应植株,改善生长发育状况。此外,一些树种如碧桃、榆叶梅等容易形成根蘖,也应及早去除。

5. 疏花、疏果

花蕾过多会影响开花质量,如月季、牡丹等,为促使花朵硕大,常可用摘除侧蕾的措施而使主蕾充分生长。对一些观花树木,在花谢后常进行摘除枯花工作,不但能提高观赏价值,而且可避免结实消耗养分。

观花树木为使花朵繁茂,避免养分过多消耗,常将幼果摘除,例如,对月季、紫薇等,为使其连续开花,必须时时剪除果实。以采收果实为目的,也为使果实肥大、提高品质或避免出现"大、小年"现象而摘除适量果实。

5.2.3　整形修剪的注意事项

5.2.3.1　整形修剪程序

整形修剪时最忌漫无次序、不假思索地乱剪,这样常会将需要保护的枝条也剪掉了,而且速度也慢。应按照一定的程序进行。园林树木修剪的程序概括起来为"一知、二看、三剪、四拿、五处理"。

1. 一知

修剪人员必须知道操作规程、技术规范及特殊要求,同时必须知道树木的生物学习性、园林用途等相关信息。

2. 二看

修剪前先绕植株一周仔细观察,看修剪对象固有的生长习性及具体立地条件、株形结构是否合理、生长势是否均衡、营养生长与生殖生长的关系是否协调等。综合分析后确定相应的修剪技术措施,对实施的修剪方法应心中有数。

3. 三剪

根据因地制宜、因树木类别修剪的原则进行合理修剪。按照"由基到梢、由内及外,由粗剪到细剪"的顺序来修剪。即先看好树木的整体应整成何种形式,然后由主枝的基部自内向外地逐渐向上修剪,这样就会避免差错或漏剪,既能保证修剪质量,又可提高修剪速度。

4. 四拿

修剪下的枝条及时拿掉,集中运走,既保证环境整洁,又可以随时看到修剪的效果。

5. 处理

剪下的枝条,特别是病虫害枝条要及时处理,防止病虫害蔓延。

5.2.3.2　剪口芽的处理

在修剪具有永久性各级骨干枝的延长枝时,应特别注意剪口与其下方芽的关系(见图5-7)。(a)是正确的剪法,即斜切面与芽的方向相反,其上端与芽的顶端相齐,下端与芽的腰部相齐。这样剪口面不大,又利于对芽供应养分、水分,使剪口面不易干枯而可很快愈合,芽也会抽梢良好。(b)的剪法,易形成过大的切口,切口下端已到芽基部的下方,由于切口的水分蒸腾作用,会严重影响芽的生长势,甚至可使芽干枯死亡。(c)的剪法还算可行,但技术不熟练的易发生如(e)或剪损芽体的弊病。(d)(e)(f)的剪法,留下一小段枝梢,容易为病虫的侵袭打开门户,而且如果遗留的枝梢过长时,在芽萌发后易形成弧形的生长现象(见图5-8)。

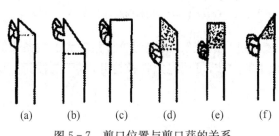

图5-7　剪口位置与剪口芽的关系

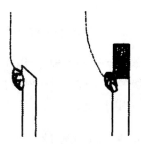

图5-8　不同剪法的剪口芽的发枝趋向

此外,除了注意剪口芽与剪口的位置关系外,还应注意剪口芽的方向就是将来延长枝的生长方向。因此,必须从植株整体整形的要求来具体决定究竟应留哪个方向的芽。一般而言,对垂直生长的主干或主枝,每年修剪其延长枝时,所选留的剪口芽的方向应与上年的剪口芽方向相反,这样才可以保证延长枝的生长不会偏离主轴(见图5-9)。至于向侧方斜生的主枝,其剪口芽应选留向外侧或向树冠空疏处生长的方向。

若剪枝或截干造成剪口创面大,应用锋利的刀刃削平伤口,用硫酸铜溶液进行消毒,再涂上保护剂,以防止伤口由于日晒雨淋、病菌入侵而腐烂。常用的保护剂有保护蜡和豆油铜素剂两种。保护蜡用松香、黄蜡、动物油按5:3:1比例熬制而成。熬制时,先将动物油放入锅中用温火加热,再加松香和黄蜡,不断搅拌至完全熔化。由于冷却后会凝固,涂抹前需要加热。豆油铜素剂是用豆油、硫酸铜、熟石灰按1:1:1比例制成的。配制时,先将硫酸铜和熟石灰研磨成粉末,将豆油倒入锅中煮至沸腾,再将硫酸铜与熟石灰放入油中搅拌至完全熔化,冷却后即可使用。

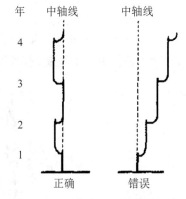

图5-9　垂直主干延长枝的逐年修剪法

5.2.3.3　主枝或骨干枝的分枝角度

对高大的乔木而言,分枝角度太小时,容易受风吹、雪压、冰挂或结果过多等压力而发生劈裂事故(见图5-10a)。因为在两个大枝之间由于加粗生长而互相挤压,不但不能有充分的空间发展新组织,反而使已死亡的组织残留于两个大枝之间,因而降低了承压力。反之,如分枝角度较大时,由于有充分的生长空间,故枝间的组织联系得很牢固而不易劈裂(见图 5 – 10b)。

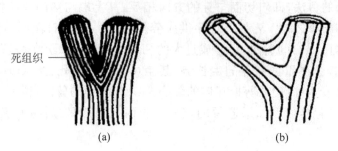

死组织

图 5 – 10　主枝或大枝分枝角大小的影响
(a) 分枝角小易产生死组织,两枝间结合不太牢固　(b) 分枝角大,两枝间结合牢固

基于上述的道理,所以在修剪时应剪除分枝角过小的枝条,而选留分枝角较大的枝条作为下一级的骨干枝。对于刚形成树冠而分枝角较小的大枝,可用绳索将枝拉开,或于二枝间嵌撑木板,加以矫正。

5.2.3.4　大枝锯截

在截除粗大的侧生枝干时,应先用锯子在粗枝基部的下方,由下向上锯入 1/3～2/5,然后再自上方在基部略前方处从上向下锯下,如此可以避免劈裂(见图 5 – 11)。最后再用利刃将伤口自枝条基部切削平滑,并涂上保护剂以免病虫侵害和水分的蒸腾。伤口削平滑的措施会有利于愈伤组织的发展,有利于伤口的愈合。

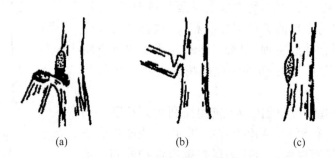

(a)　　　　　　　(b)　　　　　　　(c)

图 5 – 11　大枝锯截的方法
(a) 错误:自上向下锯时易发生撕裂损伤　(b) 正确:自下向上锯,再自上向下锯
(c) 最后削平伤口,并涂上保护剂

5.2.3.5　整形修剪的安全措施

(1) 修剪时使用的工具应当锋利,上树机械或折梯在使用前应检查各个部件是否灵活,有无松动,防止发生事故。

(2) 上树操作必须系好安全带、安全绳,穿胶底鞋,手锯一定要拴绳套在手腕上,以保安全。

（3）作业时严禁嬉笑打闹，要思想集中，以免错剪。有五级以上大风时，不宜在高大树木上修剪。

（4）在高压线附近作业时，应特别注意安全，避免触电，必要时应请供电部门断电配合。

（5）在行道树修剪时，必须专人维护现场，树上树下要互相联系配合，以防锯落大枝砸伤过往行人和车辆。

（6）修剪病枝的工具，要用硫酸铜消毒后再修剪其他枝条，以防交叉感染。修剪下的枝叶应及时收集，有的可作插穗或接穗用，病虫枝则需堆积烧毁。

5.2.4　整形形式

园林绿地中的树木担负着多种功能任务，所以整形的形式各有不同，但是概括起来可以分为以下三类。

5.2.4.1　自然式整形

园林树木因其分枝方式、生长发育状况不同，形成了各种各样的形状。在保持原有的自然形状的基础上适当修剪整形，称为自然式整形。在园林绿地中，以自然式整形最为普遍，施行起来亦最省工，而且自然式整形是符合树木本身的生长发育习性的，因此常有促进树木生长良好、发育健壮的效果，并能充分发挥该树木的外形特点，还能充分体现园林植物的自然美，最易获得良好的观赏效果。

自然式整形的基本方法是利用各种修剪技术，按照树木本身的自然生长特性，对树木外形作辅助性的调整和促进，使之早日形成规范、标准的自然外形，主要是对各种扰乱生长平衡、破坏外形的徒长枝、冗长枝、内膛枝、并生枝以及干枯枝、病虫枝等加以抑制或剪除，维护树木外形的匀称完整。

5.2.4.2　人工式整形

根据园林观赏的需要，将树木强制修剪成各种特定形状，称为人工式整形。由于人工式整形是与树木本身的生长发育特性相违背，植株一旦长期不进行修剪，其形体效果就容易被破坏，所以需要经常不断地修剪整形。适用于人工整形的树木一般都是耐修剪、萌芽力和成枝力都很强的种类。

常见的整形形式有各种规则的几何形体或是非规则的各种形体，如鸟、兽、城堡等。

1. 几何形体的整形方法

通过修剪整形，最终树木的外形成为各种几何形体，如正方体、长方体、梯形体、圆柱体、球体、半球体或不规则几何体等。这类形式的整形需按照几何形体的构成规律作为标准来进行，例如正方体整形应先确定每边的长度；球体应确定半径等。灌木球状造型的整剪过程见图 5-12。需要注意的是，进行球面修剪时，要将剪刀翻转过来，利用剪刀的反面才能在植株上修剪出曲线。另外，修剪时一般要先剪上半部分，再修剪下半部分。

从幼树开始,培育球形树木 连续几年对其进行轻度修剪 当植株长至需要的高度时,开始 经过多次修剪成型,一般要2~
的轮廓 以刺激树木生长密实 按球形树木进行整剪 3年

图5-12　灌木类球形树木的整剪过程

2. 非几何形体整形方法

（1）垣壁式。在庭院及建筑附近作为垂直绿化墙壁目的的整形形式。在欧洲的古典式庭园中常可见到这种形式。常见的垣壁式形式有U形、义字形、肋形、扇形等（见图5-13）。垣壁式的整形方法是使主干低矮,在主干上向左右两侧呈对称或放射状配列主枝,并使之保持在同一平面上。

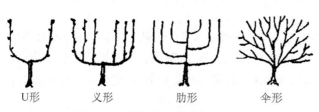

U形　　　义形　　　肋形　　　伞形

图5-13　常见的垣壁式整形形式

图5-14　动物造型的雕塑式整形

（2）雕塑式。根据整形者的设计意图,创造出各种各样的形状,如建筑物形式亭、台、楼阁等,常见于寺庙、陵园及名胜古迹处;动物形式鹿、大熊猫、兔、马、孔雀等（见图5-14）;还有装饰物品如花篮及大型体育活动的会徽等。这些整形方式应注意树木的形体与四周园景相协调,线条勿过于繁琐,以轮廓鲜明简练为佳。整形的具体做法视修剪者技术而定,亦常借助于棕绳或铁丝,事先做好轮廓样式进行整形修剪。

5.2.4.3　自然与人工混合式整形

这种形式是由于园林绿化上的某些要求,对自然树形加以或多或少的人工改造而形成的。常见的有以下几种:

1. 杯状形

树冠无中心主干,仅有相当一段高度的基部树干,自主干上部分生3个主枝,均匀向四周排开,3个主枝各自再分生2个枝而成6个枝,再以6枝各分生2枝即成12枝,即所谓"三杈六股十二枝"的树形。这种几何形状的规整分枝不仅整齐美观,而且树冠内不允许有直立枝、内向枝的存在,一经出现必须剪除。此种树形在城市行道树和景观树中较为常见(见图5-15)。

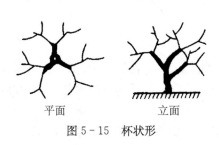

平面　　　　立面

图5-15　杯状形　　　　　　　　图5-16　开心形

2. 开心形

这是对杯状形改良的一种形式,适用于轴性弱、枝条开展的树种。整形的方法也是不留树冠中央干而留多数主枝配列四方,分枝较低。在主枝上每年留有主枝延长枝,并于侧方留有副主枝处于主枝的空隙处。整个树冠呈扁圆形,可在观花小乔木及苹果、桃等喜光果树上应用(见图5-16)。

3. 多领导干形

一株树木留2～4个主要领导干,于其上分层配列侧生主枝,形成匀称的树冠。常见树形有馒头形和直立的椭球形。本形适用于生长较旺盛的种类,可塑成优美的树冠,提前开花结果,延长小枝寿命,最宜于观花小乔木、丛生型大灌木等的整形,如玉兰、木槿、木本海棠等(见图5-17)。

图5-17　多领导干形　　　　　　图5-18　中央领导干形

4. 中央领导干形

留一强大的中央领导干,在其上较均匀地保留主枝,再由主枝产生各级侧枝。这种形式是对自然树形加工较少的一种整形形式。常见的树形有圆锥形、圆柱形、卵圆形等。这种形式适用于轴性强的树种,能形成高大的树冠,最适合作庭荫树、独赏树及松柏类乔木的整形(见图5-18)。

5. 圆球形

此形具一段极短的主干,在主干上分生多数主枝,主枝分生侧枝,各级主侧枝均相互错开利于通风透光,叶幕层较厚,园林中广泛应用,如黄杨、小叶女贞、球形龙柏等常修剪成此形。

6. 灌丛形

主干不明显,每丛自基部留主枝 10 个左右,其中保留 1～3 年生主枝 3～4 个,每年剪掉 3～4 个老主枝,更新复壮。

7. 伞形

多用于一些垂枝形树木的修剪整形,如龙爪槐、龙桑、垂枝桃、垂枝榆等。这类树木修剪需保留 3～5 个主枝作为一级侧枝,只要一级侧枝布局得当,以后的各级侧枝下垂,并保持垂枝的相同长度,即可形成伞形树冠。

以上所述的三类整形方式,在园林绿地中以自然式应用最多,既省人力、物力,又易成功。其次为自然与人工混合式整形,它比较费工,亦需适当配合其他栽培技术措施。关于人工式整形,一般言之,由于很费人工,且需要有较熟练的技术人员才能修整,故常只在园林绿地的局部或有特殊美化要求的地方应用。

5.3　各类园林树木的整形修剪

园林绿地中栽植有各种不同用途的树木,即使树种相同,由于园林用途的不同,其整形修剪的形式和要求也是不同的。

5.3.1　庭荫树的整形修剪

庭荫树一般栽植在公园(或庭院)的中心、建筑物周围或南侧、园路两侧,具有庞大的树冠、挺秀的树形、健壮的树干,能带来浓荫如盖、凉爽宜人的环境。

一般来说,庭荫树的树冠不需要专门整形,而多采用自然树形。但由于特殊的要求或风俗习惯等原因,也有采用人工式整形或自然和人工混合式整形的。庭荫树的主干高度应与周围环境的要求相适应,一般无固定的规定而主要视树种的生长习性而定。

庭荫树的树冠与树高的比例大小,视树种及绿化要求而异。孤植的庭荫树树冠以尽可能大些为宜,以最大可能地发挥其遮荫和观赏效果;而且对一些树干皮层较薄的种类,如七叶树、白皮松等,有防止烈日灼伤树皮的作用。一般认为,庭荫树的树冠高度以占整个树高的 2/3 以上为佳,以不小于 1/2 为宜,如果树冠过薄,会影响树木的生长及健康状况。

庭荫树在具体修剪时,除人工形式需每年用较多的劳动力进行休眠期修剪整形以及夏季生长期修剪外,对自然式树冠只需每年或隔年将病虫枝、干枯枝、扰乱树形的枝条、基部发生的萌蘖枝以及主干上由不定芽发长的冗长枝等一一剪除,对老、弱枝进行短剪,给以刺激使之增强生长势即可。

5.3.2　行道树的整形修剪

行道树是指在道路两旁整齐列植的树木,每条道路上的树种可能不同。城市道路行道树主要有道路遮荫、美化街道和改善城区小气候等作用。

行道树要求枝条伸展、树冠开阔和枝叶浓密。行道树一般使用树体高大的乔木树种，主干高度要求 2.5～6.0 m 之间，行道树上方有架空线路通过的干道，其主干的分枝点高度，应在架空线路的下方，而为了车辆行人的交通方便，分枝点不得低于 2～2.5 m。城郊公路及街道、巷道的行道树，主干高可达 4～6 m 或更高。定植后的行道树要每年修剪扩大树冠，调整枝条的伸出方向，增加遮荫保湿效果，同时也应考虑到行道树后面建筑物的采光问题。

行道树树冠形状依栽植地点的架空线路及交通状况决定。在架空线路多的主干道上及一般干道上，常采用规则形树冠，修剪整形成杯状形、开心形等立体几何形状。在机动车辆少的道路或狭窄的巷道内，可采用自然式树冠。行道树定干时，同一条干道上分枝点高度应一致，使之整齐划一，不可高低错落，影响美观与管理。

5.3.2.1 几何形体行道树的修剪与整形

1. 杯状形行道树的修剪与整形

杯状形行道树具有典型的"三杈六股十二枝"的冠形，主干高 2.5～4 m。整形工作是在定植后的 5～6 年内完成的。以悬铃木为例，春季定植时，于树干 2.5～4 m 处截干，萌发后选 3～5 个方向不同、分布均匀与主干成 45°夹角的枝条作主枝，其余分期剥芽或疏枝，冬季对主枝留 80～100 cm 短截，剪口芽留在侧面，并处于同一平面上，使其匀称生长；第二年夏季再剥芽疏枝，幼年悬铃木顶端优势较强，在主枝呈斜上生长时，其侧芽和背下芽易抽生直立向上生长的枝条，为抑制剪口处侧芽或下芽转向直立生长，抹芽时可暂时保留直立主枝，促使剪口芽侧向斜上生长；第三年冬季于主枝两侧发生的侧枝中，选 1～2 个作延长枝，并在 80～100 cm 处再短剪，剪口芽仍留在枝条侧面，疏除原先暂时保留的直立枝、交叉枝等。如此反复修剪，3～4 年后即可形成杯状形树冠。

骨架构成后，树冠扩大很快，疏去密生枝、直立枝，促发侧生枝，内膛枝可适当保留，增加遮荫效果。上方有架空线路时，勿使枝条与线路触及，按规定保持一定距离。靠近建筑物一侧的行道树，为防止枝条扫瓦、遮门、堵窗，影响室内采光和安全，应随时对过长枝条行短截修剪。

生长期内要经常进行抹芽，抹芽时不要损伤树皮，不留残枝。冬季修剪时应把交叉枝、并生枝、下垂枝、枯枝、伤残枝及直立枝等全部剪除。

2. 开心形行道树的修剪与整形

多用于无中央主轴或顶芽能自疏的树种，树冠自然展开。定植时，将主干留 3 m 左右截干，春季发芽后，选留 3～5 个位于不同方向、分布均匀的侧枝进行短剪，促进枝条生长成主枝，其余全部抹去。生长季节注意将主枝上的芽抹去，只留 3～5 个方向合适、分布均匀的侧枝。来年萌发后选留侧枝，使其全部共留 6～10 个左右，并使之向四方斜生，适当进行短截，促发次级侧枝，以便冠形丰满、匀称。

5.3.2.2 自然式冠形行道树的修剪与整形

在树木有任意生长的条件，但又不妨碍交通和其他公用设施的情况下，行道树多采用自然式冠形，如塔形、卵圆形、扁圆形等。

1. 中央领导干形行道树的修剪与整形

这一类的行道树主要是一些顶端优势明显的树种,如银杏、水杉、圆柏、雪松、枫杨等。

中央领导干形的行道树分枝点的高度按树种特性及树木规格而定,栽培中要保护顶芽向上生长。郊区多用高大树木,分枝点在 4～6 m 以上。主干顶端如受损伤,应选择一直立向上生长的枝条或在壮芽处短剪,并把其下部的侧芽抹去,抽出直立枝条代替,避免形成多头现象。

阔叶类树种如大叶香樟,不耐重抹头或重截,应以冬季疏剪为主。修剪时应保持树冠与树干的适当比例,一般树冠高占整个树高的 3/5。在快车道两旁的树木分枝点高度至少应在 3 m 以上。注意最下部的三个主枝上下位置要错开,方向均称,角度适宜。要及时剪掉三大主枝上最基部贴近树干的侧枝,并选留好三大主枝以上的其他各个主枝,使它们呈螺旋形往上排列。再如银杏,每年枝条短截,下层枝应比上层枝留得长,萌生后形成圆锥状树冠。成形后,仅对枯病枝、过密枝疏剪,一般修剪量不大。

2. 多领导干形行道树的修剪与整形

这一类行道树树种的主干性不强,如旱柳、刺槐、栾树、白蜡、榆树等,分枝点高度一般为 2～3 m,留 5～6 个主枝,各主枝间拉开适当距离,使其自然长成卵圆形或扁圆形的树冠。每年的主要修剪对象是密生枝、枯死枝、病虫枝和伤残枝等。

5.3.3　灌木(或小乔木)的整形修剪

灌木(或小乔木)的修剪整形需依据树木种类、植株生长的周围环境、长势强弱及其在园林中所起的作用进行。按树种的观赏目的和生长发育习性不同,可以分为以下几类修剪整形方式。

5.3.3.1　观花类灌木的修剪与整形

1. 根据树势强弱的整形修剪

幼树生长旺盛,以整形为主,宜轻剪。直立枝、斜生枝的上位芽在冬剪时应抹掉,防止生长直立枝。一切病虫枝、干枯枝、破坏树形枝、徒长枝等用疏剪方法剪去。丛生花灌木的直立枝,选择生长健壮的加以轻摘心,促其早开花。

壮年树应充分利用立体空间,促使多开花。休眠期修剪时,在秋梢以下适当部位进行短截,同时逐年选留部分根蘖,并疏掉部分老枝,保证枝条不断更新,保持丰满树形。

老弱植株以更新复壮为主,采用重短截的方法,使营养集中于少数腋芽,重新萌发壮枝,及时疏删细弱枝、病虫枝、枯死枝。

2. 根据季节不同的整形修剪

落叶花灌木依修剪时期可分冬季修剪(休眠期修剪)和夏季修剪(花后修剪)。冬季修剪一般在休眠期进行;夏季修剪在花落后进行,目的是抑制营养生长,增加全株光照,促进花芽分化,保证来年开花。夏季修剪宜早不宜迟,这样有利于控制徒长枝的生长。若修剪时间稍晚,直立徒长枝已经形成,如条件允许,可用摘心办法使其生出二次枝,以增加开花枝的数量。

3. 根据花灌木生长和开花习性进行的整形修剪

(1) 早春开花,花芽(或混合芽)着生在二年生枝条上的花灌木,如连翘、榆叶梅、碧桃、迎春、牡丹等,是在前一年的夏季高温时进行花芽分化,经过冬季低温阶段于第二年春季开花。因此,应在开花即将结束后、叶芽开始膨大尚未萌发时进行修剪。修剪的部位依树木种类及纯花芽或混合芽的不同而有所不同。连翘、榆叶梅、碧桃、迎春等萌芽性较强的种类,可在开花枝条基部留 2~4 个饱满芽进行短截;而萌芽性较弱的牡丹则仅将残花剪除即可。

(2) 夏秋季开花,花芽(或混合芽)着生在当年生枝条上的花灌木,如紫薇、木槿、珍珠梅等,是在当年萌发枝上形成花芽,因此应在休眠期进行修剪。将二年生枝基部留 2~3 个饱满芽或一对对生的芽进行重剪。剪后可萌发出一些茁壮的枝条,虽然花枝会少些,但由于营养集中,会产生较大的花朵。有些灌木如希望当年开两次花的,可在花后将残花及其下的 2~3 芽剪除,刺激二次枝条的发生,适当增加肥水则可二次开花。

(3) 花芽(或混合芽)着生在多年生枝上的花灌木,如紫荆、贴梗海棠、垂丝海棠等。虽然花芽大部分着生在二年生枝上,但当营养条件适合时,多年生的老枝甚至于老干亦可分化花芽。对于这类灌木中进入开花年龄的植株,修剪量应较小,在早春可将枝条先端枯干部分剪除,在生长季节为防止当年生枝条过旺而影响花芽分化时可进行摘心,使营养集中于多年生枝干上。

(4) 花芽(或混合芽)着生在开花短枝上的花灌木,如西府海棠、苹果、梨等,这类灌木早期生长势较强,每年自枝条基部发生多数萌芽,自主枝上发生大量直立枝。当植株进入开花年龄时,多数枝条形成开花短枝,在短枝上连年开花,这类灌木一般不大进行修剪,可在花后剪除残花,夏季生长旺盛时,将生长枝进行适当摘心,抑制其生长,并将过多的直立枝、徒长枝进行疏剪或重截,以培养更多的开花短枝。

(5) 一年多次抽梢、多次开花的花灌木,如月季、四季桂。可在休眠期对当年生枝条进行短剪或回缩强枝,同时剪除交叉枝、病虫枝、并生枝、弱枝及内膛过密枝。寒冷地区可进行强剪,必要时进行埋土防寒。生长期可多次修剪,可于花后在新梢饱满芽处短剪(通常在花梗下方第 2~3 芽处)。剪口芽很快萌发抽梢,形成花蕾开花,花谢后再剪,如此重复,直到年终。

5.3.3.2　观果类灌木的整形修剪

观果灌木的修剪期和方法与早春开花的种类大体相同,但需特别注意及时疏除过密的枝条,确保通风透光,减少病虫害,促进果实着色,提高观赏效果。为提高结实率,一般在夏季常采用环状剥皮、疏花、疏果等修剪措施。观果类灌木种类丰富,如金银木、枸杞、火棘、沙棘、铺地蜈蚣、南天竹、石榴、枸骨、金橘、南蛇藤等。

5.3.3.3　观枝类灌木的整形修剪

观赏枝条的灌木如红端木、金枝柳、金枝槐、棣棠等,一般冬季不作修剪整形,可在早春萌芽前重剪,以后轻剪,以促使多萌发幼嫩枝条,并充分发挥其观赏作用。这类灌木的嫩枝颜色最鲜艳,老枝颜色一般较暗淡,除每年早春重剪外,应逐步疏除老枝,不断更新。

5.3.3.4　观叶类灌木的整形修剪

观叶灌木有观春叶的,如黄连木、山麻秆、红叶石楠等;有观秋叶的,如黄栌、鸡爪槭、南

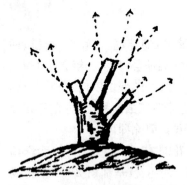

图5-19　萌芽力极强树种的修剪

天竹等;还有常年叶色均为异色的,如金叶女贞、红叶小檗、紫叶李、金叶圆柏等。其中有些种类的花也具有观赏价值,如紫叶李。对既观花又观叶的种类,往往按早春开花的种类修剪;其他种类应在冬季或早春施行重剪,以后进行轻剪,以促使其萌发更多具有观赏价值的幼嫩枝叶。

5.3.3.5　萌芽力极强或冬季易干梢类灌木的整形修剪

这类灌木如山茱萸、胡枝子、荆条及醉鱼草等,可在冬季自地面刈去地上部分,或对地上部分进行重度回缩,使来春重新萌发更多新枝(见图5-19)。

5.3.4　绿篱的整形修剪

绿篱是选用萌芽力和成枝力强、耐修剪的树种,密集呈条带状栽植而成,起防范、美化、组织交通和分隔功能区作用的绿化形式。适宜作绿篱的树木很多,如女贞、大叶黄杨、小叶黄杨、桧柏、侧柏、小龙柏、红叶小檗、冬青、火棘、蔷薇等。对绿篱进行整形修剪,既为了整齐美观,增添园景,也为了使篱体生长茂盛,长久不衰。

5.3.4.1　绿篱的整形形式

绿篱的整形形式应根据设计意图和要求采用不同的方法,主要有自然式和整形式两种。

1. 自然式绿篱的整形修剪

自然式绿篱一般可不进行专门的整剪措施,仅在栽培管理过程中将病老枯枝剪除即可。自然式绿篱主要是绿墙、高篱和花篱采用较多,修剪时只要适当控制高度,并疏剪病虫枝、干枯枝,任枝条自然生长,使其枝叶相接、紧密成片提高阻隔效果即可。如兼有防范功能的枸骨、火棘等绿篱和蔷薇、木香等花篱,一般以自然式修剪为主,开花后略加修剪使之继续开花,冬季剪去枯枝、病虫枝即可。但对蔷薇等萌发力强的树种,盛花后也可进行重剪,可使新枝粗壮,篱体高大美观。

2. 整形式绿篱的整形修剪

中篱和矮篱常用于草地、花坛镶边,或组织人流的走向。这类绿篱低矮,为了保持整齐美观,常需要定期进行专门的修剪整形工作。

(1) 整形式绿篱的形式。整形式绿篱的形式各式各样。目前在园林绿化中多采用几何图案式的修剪整形,如矩形、梯形、篱面波浪形等(见图5-20);也有修剪成高大的壁篱式,给雕像、山石、喷泉等景观作背景用,或将绿篱本身作为景物。

整形式绿篱在栽植的方式上通常多用直线型,但在园林中为了特殊的需要,例如需方便于安放坐椅、雕像等物时,亦可栽成各种曲线或几何形。在剪整时,立面的形体必须与平面的栽植形式相和谐。此外,在不同的地形中,运用不同的整剪方式亦可收到改造地形的功效,这样不但增加了美化效果,而且在防止水土流失方面有很大的实用意义。

(2) 整形式绿篱的整形修剪方法。绿篱定植后剪去原有高度的1/3~1/2,修去平伸侧枝,

图 5-20 常见绿篱的整形形式

(a) 断面观 (b) 侧面观

统一高度和侧面,促使下部侧芽萌发生成枝条,形成枝叶紧密的矮墙,显示立体美。绿篱每年最好修剪 2~4 次,使新枝不断发生,更新和替换老枝。整形绿篱修剪时,顶面与侧面兼顾,不应只修顶面不修侧面,这样会造成顶部枝条旺长,侧枝伸出斜长。从篱体横断来看,以矩形和底大上小的梯形较好,这样的绿篱下面和侧面枝叶采光充足,通风良好,生长茂盛,不易发生下部枝条干枯和空秃现象。

数字、图案式绿篱,断面多用长方形整形方式,要求边缘棱角分明、界限清楚、篱带宽窄一致,每年修剪次数应比一般镶边、防范的绿篱为多。枝条的替换、更新时间应短,不能出现空秃,以保证文字和图案清晰。

整形式绿篱的剪整中,经验丰富的可随手修剪即能达到整齐美观的要求,不熟练的则应先用线绳定型,然后以线绳为界进行修剪。

5.3.4.2 绿篱的更新

绿篱的栽植密度都很大,无论怎样精心地修剪和养护,随着树龄的增长,最终都无法控制在应有的高度和宽度内保持美观,从而失去规整的状态,因此绿篱需要定期更新。

对于常绿阔叶树种绿篱,其萌发力和成枝力都很强,当它们年老变形后,可以用平茬的方法来促使萌发新梢。方法是不留主干或只留很矮的一段主干,主干一般保留 20 cm 左右,这样抽发的新梢在一年中可以长成绿篱的雏形,两年左右即可恢复原来的篱体形态。萌发力一般的种类也可以通过逐渐疏除老干的方法更新。常绿针叶类绿篱一般很难进行更新复壮,只能将它们全部挖掉,另植新株,重新培养。

5.3.5 藤木类的整形修剪

在自然风景中,对藤本树木很少加以修剪管理,但在园林绿地中常将藤本树木整形成各种园林形式,并作适当的修剪。藤木的整形修剪一般有以下几种处理方式。

5.3.5.1 篱垣式(见图 5-21)

多用于机关、学校、厂矿或公园、小区开放式围墙的绿化美化。定植成活后,在距地面 50 cm 左右去顶,促使发生健壮侧芽,在侧芽中选择生长健壮、分布均匀、分枝角度大、基本处于同一平面的培养为两侧主蔓,再选择直立性

图 5-21 篱垣式

较强的侧芽继续培养为直立主蔓。当新培养的直立主蔓生长到 50 cm 左右时又去顶,利用萌发的侧芽来培养第二层高度的两侧主蔓和直立主蔓。接下来反复进行,逐层培养主蔓,同时再由主蔓产生各级侧蔓来均匀分布,直到成形。

5.3.5.2　棚架式(见图 5-22)

对于卷须类及缠绕类藤木多用这种方式进行整形修剪。整形修剪时,先抹侧芽以保证尽快上架,即将上架时顶芽摘心培养 2～4 条主蔓,再把主蔓均匀分布于棚架上,当主蔓达到一定长度时顶芽摘心,以促进各级侧枝生长,直到把整个棚架都均匀遮住为止。成形后只需剪除干枯枝、病虫枝、扰乱外形枝等即可,但要注意对光秃老枝的及时更新。

图 5-22　棚架式

图 5-23　凉廊式

5.3.5.3　凉廊式(见图 5-23)

在夏天高温炎热的地方,凉廊式整形更能给人们营造一个阴凉宜人的环境。凉廊式整形时,先在近地面处重截,促使发生健壮侧芽,从中培养 3～6 条主蔓,再把主蔓均匀分布于两个侧面,两个侧面布满后才能上架。成形后除了常规修剪外,还要注意防止两个侧面,尤其是两侧下部发生光秃空虚。

5.3.5.4　附壁式(见图 5-24)

这种形式多以吸附类藤木为材料。方法很简单,只需将藤蔓引于墙面,其即可自行依靠吸盘或吸附根而逐渐布满墙面,如五叶地锦、扶芳藤、常春藤、爬山虎等均用此法。这类树木能自行依靠其吸盘或吸附根逐步布满墙面,因此除非影响门窗的采光,一般不修剪藤蔓。此外,在某些庭园中,有在墙壁前 20～50 cm 处设立格架,在格架前栽植观花藤木。如蔓性蔷薇等开花繁茂的种类多在建筑物的墙面前采用本法。对这类藤木修剪时应注意使墙壁基部全部覆盖,各蔓枝在墙面上应分布均匀,勿使互相重叠交错为宜。

在附壁式整形修剪中,最易发生的毛病为基部空虚,不能维持基部枝条长期茂密。对此,可配合轻、重修剪以及曲枝诱引等综合措施,并加强其他栽培管理工作,以促进基部枝条的更新与生长健壮。

图 5 - 24 附壁式整形的爬山虎

图 5 - 25 直立式整形的紫藤

5.3.5.5 直立式(见图 5 - 25)

对于一些茎蔓粗壮的种类,如凌霄、紫藤、九重葛等,可以修剪整形成直立灌木式。此式如用于公园路旁或草坪配景以及用作桩景树,可以收到与众不同的观赏效果。方法就是反复摘心以去除藤木的顶端优势,使其不能长长而只能长粗。技术的关键是摘心的时间和程度要掌握好,否则可能会因摘心不够而长得太长,或者因摘心时间不当及摘心程度太大而导致植株生长衰弱,甚至死亡。

5.3.6 片林的整形修剪

成片树林的整形修剪,主要是维持树木良好的干性和冠形,解决通风透光条件,修剪一般比较粗放。对于有领导干枝的树种(如银杏等)组成的片林,修剪时注意保留顶梢,以尽量保持中央领导干的生长势。当出现竞争枝(双头现象)时,只选留一个。如果领导干枝枯死折断,应选一强壮侧生嫩枝,扶立代替主干延长生长,培养成新的中央领导干。适时修剪主干下部的侧生枝,逐步提高分枝点。分枝点的高度应根据不同树种、树龄而定。

对于一些主干很短,但树已长大,不能再培养成独干的树木,也可以把分生的主枝当作主干培养,逐年提高分枝,呈多干式。

对于大面积的人工松柏林,常进行人工打枝,即将生长在树冠下方的衰弱侧枝剪除。打枝的多少应根据栽培目的及对树木的正常生长发育的影响而定。一般认为打枝不能超过树冠的1/3,否则会影响植株的正常生长。

5.4 常见园林树木的整形修剪范例

5.4.1 香樟

幼树期整形,将顶芽下生长超过主枝的侧枝疏剪,剔去与顶芽距离最近的侧芽,以保证顶芽的优势。如侧枝强、主枝弱现象十分明显,也可去主留侧、以侧代主,并剪除新主枝的竞争

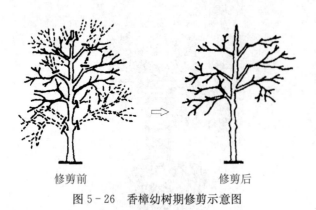

修剪前　　　　　　　修剪后

图 5 - 26　香樟幼树期修剪示意图

枝,疏除主干上的重叠枝,每个水平面保持 2～3 个主枝,使其上下错落、均匀分布。生长季短截主枝延长枝附近的竞争枝,以保证主枝的顶端优势。当树高达到 3 m 左右或最基部的侧枝开始出现衰老时,要及时剔除,以节约树体营养和提高枝下高度(见图 5 - 26)。定植后,注意修剪冠内过密枝,尽量使上下两层枝条互相错落分布,粗大的主枝可回缩修剪,以利扩大树冠,同时应根据栽培目的进行相应的枝下高度、树体高度和对开花结实的控制。

5.4.2　榕树类

5.4.2.1　造型

定植后,每年结合秋冬季修剪进行整形。造型的标准因担负的园林功能不同而不同,如行道树、庭荫树、孤植树、片林、防护树等。一般而言,除防护树外,其余类型都要求单一主干,且主干通直,同时还应具有满足栽培目的的枝下高度、树冠幅度、树冠厚度以及整体的树体外形。

5.4.2.2　枝条处理

在保证由各级骨干枝条组成的基本树体框架相对稳定的前提下,每年秋冬季节应适当修剪,但修剪量宜小。枝条修剪的主要任务是疏除密弱枝、病虫枝和其他无用枝,短截或回缩萌芽力较弱的细长枝条;对萌蘖能力较强的种类,要注意及时疏除或适当选留培养萌蘖枝;根据所承担园林功能的不同,对下部枝条及下垂枝条进行相应的处理。

5.4.2.3　气生根处理

气生根是榕树类植物的一大特点。在不影响其主要园林功能充分发挥的情况下,对其气生根进行适当的选择和处理,可以发挥其独具特色的观赏价值。如对发生部位较高、细长而密集的气生根进行保留,而对发生部位较低、影响行人或车辆通行或影响树体及枝干美观的气生根,进行及时剔除,就可以观赏到榕树上的气生根千丝万缕、似长髯随风飘逸的特色景观(见图 5 - 27)。此外,

图 5 - 27　小叶榕的胡须状气生根

图 5 - 28　小叶榕的"独木成林"景观

在适当的自然条件或人工牵引下,有些气生根会垂直向下伸入地下,且迅速长成自己相对独立的根系,地上部分也随之迅速长得粗壮,从而形成别具特色的支柱根,并可形成"独木成林"的独特景观(见图5-28)。

5.4.3 桂花

5.4.3.1 灌丛形

普通桂花在自然生长情况下,植株基部近根颈处能发生较多萌蘖,生成灌木状。小苗定植后,第一年可任其自然生长;第二年可视生长情况,选留3~5个粗壮枝条作为骨干枝培养,过密枝可疏去;第三、四年主要注意各骨干枝间的均衡生长,树冠内部枝条适当疏稀,不使过密,有碍树形的徒长枝可短截或剪除,基部萌蘖常剪除。灌丛形整形也可有低矮的主干,其上着生的枝也可视作丛生状的主干。灌丛状整形符合桂花的自然生长特性,整形操作简单,修剪量轻,树冠扩大快,用于绿化见效快,是目前采用较多的普通桂花的整形修剪方式(见图5-29)。

图5-29 灌丛形桂花树示意图

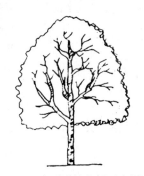

图5-30 直干形桂花树示意图

5.4.3.2 自然直干形

桂花树也可整形成单干形或高干形,用于庭荫树、行道树,甚至于独赏树。单干桂花的整形,主干高低应根据培育目标而定,小苗定植后应选一个健壮直立的枝条作主干,其余枝条均可剪去。此后凡主干上发生的新梢应抹去,也可保留少数短枝进行摘心养干,于冬季再剪除。当主干生长达到目标高度即可定干。在定干高度以上,选留3~5个侧枝作为主枝,对主枝上部可轻截,促使新枝扩张树冠,对定干高度以下的枝条及萌蘖均应随时剔除,直到完全成形为止(见图5-30)。单干桂花的培育适用于干性较强的品种,如金桂和丹桂。

5.4.3.3 成形后的维护修剪

1. 抹芽

发芽时,主干基部的芽也能萌发,应及时将主干下部无用的芽抹掉,使水分和养分集中,维持和促进树冠枝条的生长发育,保证开花和维持理想树形。

2. 疏枝

将萌蘖枝、过密枝、徒长枝、交叉枝、病虫枝等无用或有害枝条疏除,使树冠通风透光、圆满均匀。

3. 短截

对树势上强下弱者,可将上部枝条短截 1/3,以使整体树势均匀强健。对衰老枝条可进行重截或回缩复壮。

5.4.4　梅花

梅花叶芽的萌发力与成枝都较强,由其萌发形成的主枝营养生长旺盛,不易产生花芽,因此宜对其进行短截,促使其发生侧短枝,并在夏秋季形成花芽。梅花的花芽多着生在当年生的新枝上,如老枝上的隐芽萌发为短枝也能开花。花枝根据长度可分为短、中、长三种,20 cm 以下的中花枝着花率最高,2 cm 左右的短枝也能开花,30 cm 以上的长花枝着花较少,仅先端着生几朵(见图 5-31)。

休眠期的整形修剪主要是处理一些密生枝、无用枝,以便保持生长空间,促使新枝发育。同时,为了保证来年花开满树,对只长叶不开花的发育枝,强枝轻剪,弱枝重剪,过密的枝条全部剪除。还要适当地短剪长花枝和中花枝,疏除部分短花枝。

生长期的整形修剪主要是剪除无用的徒长枝和纤弱枝、病虫枝。另外,由于梅花是喜光植物,还要尽量剪除互相重叠、遮挡的枝条,以便让其充分接受光照,这样才能叶茂花繁。

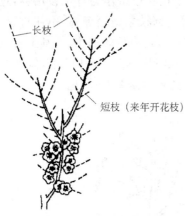

图 5-31　梅花花枝生长关系示意图

5.4.5　山茶花

5.4.5.1　花前修剪与整形

山茶花栽培历史悠久,人们培育出了很多各具特色的栽培品种。根据不同品种的特性,应采用不同的修剪方法。

对于生长较快的直立性品种,如"红露珍""东方亮""大朱砂"等,应用短截的方法从上部剪去 1/3 左右高度,并将中间遮挡光线的弱枝从根部剪除。生长快的剪低一点,生长慢的留高一点。这类品种的山茶花经这种方法修剪后,第二年的生长速度会明显加快,并能很快形成漂亮的树冠。

对生长一般及生长较慢且自然树形较好的品种,如"十八学士""鸳鸯凤冠""白天鹅""赛牡丹"等,只需剪短生长过快及影响树形美观的枝条,使之与其他枝条长度保持均匀一致,同样也应剪除病虫弱枝,未修剪的健康枝条应抹去顶芽或花蕾,以促其产生分枝,并保持与已修剪的枝条生长速度一致。

对于枝条较软、树冠过大且高度不足的品种,如"五色茶花"等,应剪去主干分枝点以下的旁枝,并通过短截细长柔软枝条的方式避免枝条下垂,同时适当将冠副缩小。

5.4.5.2 花后修剪

一般是对开花枝进行适当的短截(见图5-32)。短截的程度取决于植株的长势:长势旺盛的可轻截,以便来年多开花;长势不够旺盛的应适当重截,以便减少开花而增强树势。

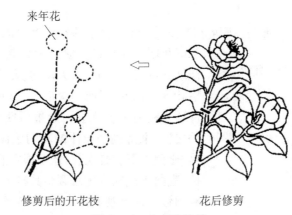

来年花

修剪后的开花枝 　　　　　　花后修剪

图5-32 山茶花修剪

5.4.6 雪松

一般多采用低位分枝的中央领导干形整形方式,整形修剪的总体要求是:树形端正,树体挺拔,呈塔形或宽塔形,轴心明显,下枝贴近地面,层次分明(见图5-33)。

培养树形的过程中始终要依靠中央领导干的顶芽萌发成延长枝,但幼年至壮年阶段的中央领导干质地较软,常呈弯垂状,最易被风吹折而破坏树形,应及时用通直的竹竿绑缚支撑顶梢,以便让其直立生长,并持续保持顶端优势。如果一旦顶梢有损伤,要尽快在树冠顶部找一个直立性较强且生长旺盛的侧枝来加以扶持,培养为新的顶梢。幼树整形需从基部第一分枝开始,分枝点越低越好,越低树形越完满、越漂亮。因此,树冠下部大枝、小枝均应保留,使之自然地贴近地面,万万不可剪除下部枝条,否则就弄巧成拙。

由于雪松从苗期即开始培养树体骨架,其定型修剪与每年的养护修剪是紧密结合在一起的。在正常情况下,整形修剪可在晚秋(10~11月)或早春(2~3月)进行,通常一年一次,修剪不必过多。

雪松是阳性树种,成年植株枝距不宜太小,随着体量的不断增大,枝距也要相应扩大,使其层次分明、株形优美、通风透光良好。对于枝条疏密不均、树冠外形参差不齐的雪松,可以在过密的部位疏剪,也可以通过对新梢的短截促使分枝而使稀疏的部位加密,但是这种短截不能多用,否则会由于伤流原因而影响树势。此外,雪松常因中心主干顶端侧生枝较直立生长,而与中心延长枝形成竞争势态,如放任生

图5-33 雪松幼树的宽塔形树体

长数年后将形成分叉树形。为保持中心主干的顶端生长优势,应将生长旺盛的竞争枝进行适当的疏除或短截。再有,雌株已开始结果的,应疏去全部幼果,这样才有利于新梢生长和保证树势。

5.4.7　广玉兰

由于广玉兰幼苗一般都是由营养繁殖而来,所以很小的幼树就可以开花。但广玉兰在园林绿化中多作为高大观花乔木树种,因此,为了让其幼苗幼树尽快成为大苗、大树,就要及时除去花蕾,使剪口下壮芽迅速形成优势,向上生长,并及时除去侧枝顶芽,保证主枝的生长优势。定植后回缩修剪过于水平或下垂之枝,维持整个树体的均匀饱满,使每轮主枝相互错落,避免上下重叠生长,还要根据栽培目的不同(如行道树、庭荫树或独赏树),调整其枝下高、树高和冠幅(见图5-34)。开始观花后,还要调节开花枝和营养枝比例,以保持营养生长和生殖生长间的相对平衡。由于开花枝及其延长枝每年开花不断,在其经过一段时间的旺盛期后,势必会逐年衰弱。这时,就应在花后及时重截开花枝,促其萌发健壮的侧枝来代替自然延长枝,以避免继续衰弱(见图5-35)。

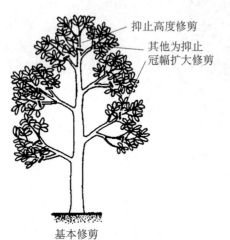

抑止高度修剪
其他为抑止冠幅扩大修剪
基本修剪

图5-34　广玉兰树体修剪

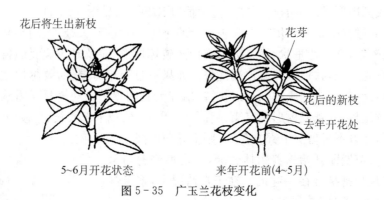

花后将生出新枝

5~6月开花状态

花芽
花后的新枝
去年开花处

来年开花前(4~5月)

图5-35　广玉兰花枝变化

5.4.8　月季

5.4.8.1　丛状月季

1. 休眠期修剪

首先要将枯死枝、病虫枝、交叉枝及生长不好的弱枝从基部剪除,同时剪除砧木或基部的不定芽和根蘖。然后根据植株健壮程度和年龄大小确定留主枝的数目,一般每株留主枝3~7个。如果需要去掉主枝时,则要根据全株枝条分布的疏密情况,适当从枝条密集的部位剪去。

当主枝数确定后,对全株进行修剪,一般每个枝条留 2～3 个芽。剪口芽的方向,直立性较强的品种尽量选留朝株丛外的芽,但务必将剪口附近朝上的芽抹除,以免产生竞争枝,破坏树形,以期获得较为开张的树形,有利于通风透光;枝条分布呈开张形的品种,剪口芽宜选留朝株丛里面的芽,以期新枝长得直立,使树冠紧凑。

在同一主枝上,往往同时存在几个侧枝,要注意各枝条间的主从关系。侧枝剪留长度,自下而上地逐个缩短,使其彼此占有各自相对独立的空间。这样,才能使整个植株开花有高有低、上下错落,富于立体感。要注意剪口应在某一腋芽上方约 0.5～1 cm 的地方,如果离芽太远,则过长的余头常常会发黑坏死,容易感染病虫;如果离芽太近,则芽容易干枯死亡,即使能萌出新枝,由于与母枝相连太少而容易被风吹折。

2. 生长期修剪

生长期的修剪主要是每次的花后修剪,主要包括抹芽、除蕾、除残等工作。抹芽就是对生长过多的幼芽,除主枝上留 2～3 个以外,其余的全部抹除。对嫁接苗,注意去除砧木上发生的萌蘗枝芽。抹芽工作可以从春季一直持续到休眠,可随时进行。天气寒冷的地区,萌芽较迟,可推迟去芽时间。除蕾就是保留中间几个主花蕾,把其余花蕾都摘除。这样就避免了植株的养分浪费,让有限的养分集中供给主枝和主蕾,使植株枝条苗壮、花朵硕大且颜色鲜艳。除残花,就是每次开花过后要及时于花

图 5-36 丛状月季的成片栽植

梗下 1～3 节处剪去残花,对较壮的枝条适当轻剪,以促使其多萌发侧枝(其中有些就是下一轮的开花枝),对较弱的枝条要适当重剪,可以促使其萌发健壮侧枝来成为下一轮的开花枝。如果其他养护管理措施都恰当的话,一般修剪后约 40 天左右又可再次开花。若想植株开花不断,可将春季首批花蕾剪除一部分,从而使每次花期都因有一部分相互错开而得以延长。当然,还必须有更加精细的其他养护管理措施来进行配套才行。需要注意的是,夏季高温期间不宜过早修剪,否则会因气温高、花枝发育时间短而导致花朵小、花期短。同时,在生长期修剪过程中,还要剪除重叠枝、交叉枝、过密枝、徒长枝等无用或有害枝条,以利于植株的通风透光和株丛匀称、饱满。

图 5-37 篱垣式攀缘月季

5.4.8.2 攀援月季

这类月季主要特点是具有较长的藤蔓,如让其自由生长不但不成形,而且影响生长及开花。因此,必须让它在预先安排的支架上生长,才能形成良好、独特的观赏效果。其整形方式以篱垣式(见图 5-37)为主,也可用于垂挂式和花球、花门等园林景观造型。目前这一类月季品种很多,大致分为一季花月季和四季花月季

两类。

1. 一季花品种

攀援月季中,这类品种较多。它们属于夏秋分化型,在头年生的藤蔓上抽生花枝,花枝在来年初夏开花。因此,早春修剪时必须注意尽量保留头年生的健壮枝藤,去除不能开花的老、弱、病枝及过密枝藤,同时进行轻度短截。否则,不适当的强剪,必定会影响春天开花,甚至毁坏植株造型。当藤蔓长到适当长度时,把它们从基部按一定角度分开,使各藤蔓间分布均匀、充分透光,然后将末端向下弯成拱形加以绑扎固定,以促使拱形藤蔓上的腋芽充分发育,抽生出许多分散于空间的花枝,并开出大量的花朵。

花后需将开过花的枝条疏去,留下未开过花的枝条于翌年开花,并适时加强水肥管理,促使植株抽发强壮的侧芽,秋末即能形成健壮的新生枝蔓。枝藤上饱满的芽来年会形成花枝,这样年复一年的生长,就能年复一年的开花。

2. 四季花品种

这类品种花朵大而优美,藤蔓一般较一季花品种的短,有些品种能长成粗壮结实的半直立型植株。它们能一年多次开花,整个生长季开花不断,但主要集中于春秋两季,属于多次分化型。这类月季在定植后 1～3 年内不做大的修剪,每年仅去除死藤及无用的枝蔓,并进行轻度的短截;从第四年开始进行入冬前和春季修剪,每株保留 4～5 根强壮的主蔓,其余老藤则酌情疏除。但要注意这类品种是在 2～3 年生的藤蔓分枝上开花最好,所以不要过多地剪除这种藤蔓。在整形绑缚时,去掉主藤的尖梢,促进侧枝生长、开花。花后将花枝留基部 2～3 个芽短截,大约 1 个多月后即能继续开花。到了冬季,剪去每个侧枝最先端的一年生花技,保留后面的一年生花枝。回缩修剪那些向前伸展过远的侧枝,选留后部向上生长的健壮侧枝,缩短侧枝与主干的距离。

如果要进行花柱造形,主蔓及侧蔓的绑缚均应注意防止花柱出现空隙。当花柱成形后,剪去内膛枯枝、病虫枝、弱小枝、过密枝,更新基部 4～5 年生的老枝,使其多生新技,以保证花柱内膛通风、透光和外形均匀丰满。

如是花格墙造形,定植后可选 3～5 个壮枝,呈放射形绑缚于支架上,将其弱小的侧枝疏剪,多保留两年生枝蔓,以便产生大量花枝。生长期内随时扎绑固定,使其分布均匀。同时有计划地更新枝干,以防止衰老,延长植株寿命。

图 5-38　树状月季

5.4.8.3　树状月季

其整形要领是:一年养根,二年养干,三年养树冠。头一年尽量让砧木株丛任意长大,叶茂根深,以形成强大根系。第二年春季选干定干,选定粗壮直立枝条作主干,其余枝条全部疏掉。对于缺少粗壮直立枝条的植株实行平茬,促使其萌发粗壮直立枝条。定干后,要集中做两件事:一是培养树干,保留树干顶端 3～6 个主枝,其余下部枝条全部及时疏掉,让营养集中供养这些主枝;二是当几大主枝长到 30 cm 以上时,要及时对各条主枝进行短截,促生分枝,使其形成丰满的砧木树冠,这样以冠促干,冠大才能干粗。第二年年底至第三年早春,对主枝进行带木质部的芽接,每个主枝接一个芽,各主枝长度保留 15 cm 左右,芽接位置在每个主枝上方 8 cm 处,此时营养桩暂时保留。通过多次对砧木抹芽和对嫁接品种月季枝条短截,集中培养嫁接月季树冠,其中要注意解决好营养生长和生殖生长的关系,使树冠朝着圆整、紧凑、丰满的方向发展。

定植后的树状月季一般采用"平头式"修剪方法,其修剪原则就是模仿绿篱或色块的修剪方法,尽量短截,以使其多萌发新枝。月季开花习性是枝条顶端形成花芽,枝多花必盛,要让树冠上开花多,整个树冠形成"大花球"景观,才能显示树状月季的观赏性,才能实现树状月季的栽培目的。当整个植株形成"干粗冠圆大花球"后,修剪要遵循"冬季重截以整形,夏秋短截以促花"的基本原则。同时还要剪去砧木萌蘖枝、内膛枯枝、病虫枝、弱小枝、过密技,更新 5 年以上的老枝,以保证树冠内膛适当的通风透光和外形的均匀丰满。

6 园林树木的自然灾害防治

由于自然条件复杂、不同季节的气候变化以及树木种类的多样性,树木在生长发育过程中经常遭受各种自然灾害的威胁。因此,摸清各种自然灾害的规律,采取积极的预防措施是保持树木正常生长、充分发挥其综合效益的重要关键。

6.1 低温与高温危害的防治

6.1.1 低温的危害与防治

无论是生长期还是休眠期,低温都可能对树木造成伤害,在季节性温度变化最大的地区,这种伤害更为普遍。在一年中,根据低温伤害发生的季节和树木的物候状况,可分为冬害、春害和秋害。冬害是树木在冬季休眠中所受到的伤害,而春害和秋害实际上就是树木在生长初期和末期,因寒潮突然入侵和夜间地面辐射冷却所引起的低温伤害。

根据低温对树木伤害的机理,可以分为冻害、干梢、霜害三种基本类型。

6.1.1.1 冻害

冻害是指园林树木在0℃以下气温的环境中,或遇到持续长时间的低温,组织内部结冰引起的伤害。

植物组织内部结冰有两种情形:一种是在细胞内结冰;另一种是在细胞间结冰。前者是指植物组织很快结冰时,冰晶在液泡和原生质中形成,破坏了原生质的结构和造成蛋白质变性,原生质内的一些生物膜也会被划破,这通常会导致组织死亡,因而这种结果是非常严重和不可逆转的。如初冬北方寒潮突然南下,在短时间内的大幅度降温,就会造成我国南方地区的园林树木因遭受严重冻害而死亡。后者是指随着环境温度的逐渐下降,在植物组织内逐渐形成冰晶,由于细胞间隙中的溶液浓度一般低于原生质和液泡液的浓度,因而在降温速度不太快的情形下,细胞间隙的水比细胞内部先达到冰点而结冰,细胞间隙冰晶的形成又导致原生质体内部的水分向外移动,从而引起细胞液浓缩、原生质脱水、蛋白质沉淀、细胞膜变性和细胞壁破裂。细胞间隙形成冰晶时,细胞组织是否被杀死,取决于细胞的耐冻性和冰冻、融化的速度及次数。

冻害的严重程度与冰冻速度有关,冰冻越快则受害愈严重,这是因为冰冻快时细胞内结冰的可能性较大。若结冰仅限于细胞间隙,那么冰冻越快细胞失水收缩也愈快,细胞所受到的机械破坏作用也愈大。一般细胞内结冰必然导致组织坏死,与冰冻的融化速度无关;而在细胞间隙结冰的情况下,融化速度越快冻害的严重程度越大。这是因为细胞壁迅速吸收冰晶融化生成的水分而扩张,但附着于细胞壁的原生质却很难同步吸水扩张,以致被机械撕裂而受害。

1. 冻害的表现

(1) 冻害对花芽的影响。花芽是抗寒力较弱的器官,花芽分化得越完善,其抗冻能力越弱。有的树种花芽受轻微的冻害就会使其内部器官受伤害,最易受冻的是雌蕊。花芽冻害多发生在春季回暖时期,腋花芽较顶花芽的抗寒能力强。花芽受冻后,内部变褐色,初期从表面上只看到芽鳞松散,不易鉴别,到后期花芽不萌发,干缩枯死。

(2) 冻害对枝条的影响。植物处于休眠期时,在木本植物成熟枝条的各种组织中,以形成层最抗寒,皮层次之,而木质部和髓部最不抗寒。因此,轻微冻害只表现为髓部变色,中等冻害时木质部变色,严重冻害时才会冻伤韧皮部。若因冻害造成枝条或茎干的形成层都变色了,枝条或植株就会丧失恢复能力,有可能导致整个枝条或全株死亡。但在生长期则以形成层抗寒力最差。

幼树在秋季因雨水过多贪青徒长,枝条生长不充实,易加重冻害,特别是成熟不良的先端对严寒敏感,常首先发生冻害,轻者髓部变色,较重时枝条脱水干缩,严重时枝条可能冻死。

多年生枝条发生冻害,常表现为树皮局部冻伤,受冻部分最初稍变色下陷,不易发现,如果用刀挑开,可发现皮部已变褐,以后逐渐干枯死亡,皮部裂开和脱落。但是,如果形成层未受冻,则可逐渐恢复。多年生的小短枝,常在低温时间长的年份受冻,枯死后其着生处周围形成一个凹陷圆圈,这里往往是腐烂病入侵的门户。

(3) 冻害对枝杈和基角的影响。遇到低温或昼夜温度变化较大时,植株的枝杈和基角易引起冻害。其原因是:此处进入休眠较晚,且位置特殊、输导组织发育不好,故通过抗寒锻炼较迟。

枝杈和基角的冻害有各种表现:有的受冻后枝杈基角的皮层与形成层变成褐色,而后干枯凹陷;有的树皮呈现块状冻坏;有的顺主干垂直冻裂,形成劈枝。在相同条件下,侧枝与主枝或主干的角度愈小,冻害愈严重,但冻害的程度也与树种和品种有关。

(4) 冻害对主干的影响。主干受冻害后有的形成纵裂,一般称为"冻裂"现象,树皮成块状脱离木质部,或沿裂缝向外卷折。一般生长过旺的幼树主干易受冻害,这些伤口极易招致腐烂病。

形成冻裂的原因是由于气温突然急剧降到零下,树皮迅速冷却收缩,致使主干组织内外张力不均,因而自外向内开裂,或树皮脱离木质部。随着气温的变暖,冻裂处又可逐渐愈合。冻裂往往发生在树木的西南面,因为这一面白天受太阳的照射,加热升温快,夜间降温,温度变化幅度较大的缘故。树干的冻裂多发生在夜间,随着温度的下降,裂缝可能增大,但随着白天温度的升高,树干吸收较多的水分后又能闭合。开裂的心材不会闭合,愈伤组织形成后被封在树体内部。如此时不进行处理,则可能随着冬季低温的到来又会重新开裂。对于冻裂的树木,可按要求对裂缝进行消毒和涂漆;在裂缝闭合时,每隔 30 cm 弦向用螺丝或螺栓固定,以防再次开裂。

　　冻裂一般不会直接引起树木的死亡,但由于树皮开裂,木质部失去保护,容易招致病虫害,不但严重削弱树木的生长势,还会造成木材腐朽成洞。

　　一般落叶树木的冻裂比常绿树木严重,如椴属、悬铃木属、鹅掌楸属、核桃属、柳属、杨属及七叶树属等的某些种类;孤植树的冻裂比群植树严重;生长旺盛的树比幼树和老树敏感;生长在排水不良的土壤上的树木也易受冻害。

　　(5)冻害对根颈的影响。在一年中,树木的根颈部分最迟停止生长,进入休眠最晚,在第二年的春天萌动和解除休眠又较早,因此此处抗寒力较低。在晚秋或晚春温度骤然下降的情况下(加之根颈部位接近地表,温度变化大),根颈最易受到低温或温变的伤害。根颈受害后,外皮先变色,以后干枯,可表现为局部的一块,也可能呈环状。根颈冻害对植株危害很大,常引起树势衰弱或整株死亡。

　　(6)冻害对根系的影响。根系无休眠期,所以植物的根系比其地上部分耐寒力差。根系形成层最易受到冻害,皮层次之,而木质部抗寒力较强。根系虽然没有休眠期,但在冬季的活动能力明显减弱,加之土壤的保护,故冬季的耐寒力较生长期要强,受害较少;如果在生长期遭受低温或急剧降温,反而会更易受害。根系受害后变为褐色,皮部易于与木质部分离。一般粗根较细根耐寒力强;近地面的根系由于地温低,而且变幅大,较下层的根系易于受害;疏松的土壤易与大气进行气体交换,温度变幅大,其中的根系比一般的土壤受害严重;干壤含水量少,热容量低,易受温度的影响,根系受害程度比潮湿土壤严重;新栽植物与幼苗由于根系还没有很好地生长发育,根幅小而浅,易于受冻,而大树根系相对较为抗寒。

　　2. 造成冻害的原因

　　影响园林树木发生冻害的因素很复杂。从内因来说,与树种、品种、树龄、生长势、当年枝条的成熟及休眠均有密切关系;从外因来说,与气象、地势、坡向、水体、土壤、栽培管理等因素分不开。因此,当发生低温危害时应通过多方面观察与分析,找出主要矛盾后才能提出科学合理的解决办法。

　　(1)内因。

　　① 抗寒性与园林树木种类和品种的关系。由于受遗传因素及原生环境的影响,不同的植物种类或同一种类的不同品种其抗寒能力是不一样的,如分布在东北地区的樟子松比分布在华北地区的油松的抗寒性强,而油松又比南方的马尾松的抗寒性强。同是梨属的秋子梨、白梨和沙梨,秋子梨比白梨和沙梨的抗寒性强;同是梅花,原产长江流域的梅花品种比广东黄梅的抗寒性强。

　　② 抗寒性与生长势。植株生长势与其抗寒性之间的关系可以表现为正反两个方面:一方面,旺盛的生长势可以促进有机物的合成和植物激素的代谢,从而增强植株的抗寒性;另一方面,过于旺盛的生长势又会造成植株“贪青晚熟”、推迟进入休眠,这样反而会降低植株的抗寒性。因此,只有那些在生长季节里有着旺盛的生长势,到了秋冬季节又能及时停止生长、按时进入休眠的植株才具有理想的抗寒性。为此,在生产实践中,可以采用适当的养护管理措施来调节园林树木的生长势,使其生长势的变化能尽可能满足提高其抗寒性的需要。

　　③ 抗寒性与枝条内有机代谢的关系。黄国振先生在研究梅花枝条中糖类变化动态与抗寒能力的关系时发现:在整个生长期内梅花与同属的北方抗寒树种——杏和山桃一样,糖类

主要以淀粉的形式存在,到生长期结束前,淀粉的积蓄达到最高,在枝条的环髓带及髓射线细胞内充满着淀粉粒,到 11 月上旬末,原产长江流域的梅品种与杏、山桃一样,淀粉粒开始明显溶蚀分解,到 1 月杏和山桃枝条中淀粉粒完全分解,而梅花枝条内始终残存少量淀粉,没有彻底分解;而广州黄梅在入冬后,始终未观察到淀粉粒分解的迹象。

可见,越冬时枝条中淀粉转化的速度和程度与树种抗寒能力密切相关。淀粉转化的情况表明,长江流域梅品种的抗寒力虽不及杏和山桃,但具有一定的抗寒生理基础;而广州黄梅则完全不具备这种内在条件。

梅花枝条皮部的氮素代谢动态与越冬能力关系也非常密切,越冬力较强的"单瓣玉蝶"比无越冬能力的"广州黄梅"有较高的含氮水平,特别是蛋白氮。

④ 抗寒性与植株成熟度的关系。研究成果充分证明:植株愈成熟,其抗寒力愈强。越冬植株充分成熟的主要标志是:叶、芽充分成熟;植株含水量减少,细胞液浓度增加,积累淀粉多;木本植物的木质化程度高,形成层活动能力减弱等。如植株不成熟,在降温之前还未停止生长的树木,容易遭受冻害。

⑤ 抗寒性与植株休眠的关系。一般处在休眠状态的植株,由于其生理活动处于极不活跃的状态,因此其对外界环境变化的敏感性极差,所以抗寒能力强,且植株休眠愈深,抗寒能力愈强。植物抗寒性的获得,是在秋天和初冬期间对气温逐渐降低的适应过程中发展起来的,这个过程称为抗寒锻炼。一般的植物通过抗寒锻炼才能逐步获得抗寒性。到了春季气候转暖,枝芽开始生长,其抗寒力又在对气温逐渐升高的适应过程中慢慢消失,这一消失过程称为锻炼解除。树木在秋季进入休眠的时间和春季解除休眠的早晚与低温危害的发生有密切关系。

有的植物进入休眠晚,而解除休眠又早,这类植物在冬季气温很低而又多变的北方,容易发生冻害。植株及时停止生长,进入休眠,不容易受到过早来临低温的危害;如果植株不能及时停止生长,当低温突然来临时,因枝芽组织不充实,又没有经过抗寒锻炼而会发生冻害。解除休眠早的植物,受早春低温威胁较大;解除休眠较晚的,可以避开早春低温的威胁。因此,冻害的发生,一般不是在绝对温度最低的隆冬,而是在温度变化最大的秋末或春初。

(2) 外因。

① 低温。低温是造成冻害的直接外因。首先,受害的程度取决于低温到来的时间,当低温到来的时间既早又突然,植物本身还未经过抗寒锻炼,人们也没有采取防寒措施时,很容易发生低温危害。其次,冻害与低温的程度及低温持续的时间有关。日极端最低温度越低,植物受低温危害越严重;低温持续的时间越长,植物受害越严重。

冻害与降温速度和升温速度也有关系,降温速度越快,受害越严重;温度回升速度越快,受害也越严重。如有人用樱桃做如下实验:当温度缓慢降到 $-12 ℃$,然后从 $-12 ℃$ 迅速降到 $-20 ℃$,樱桃死亡率为 15%;当温度迅速降到 $-12 ℃$,然后由 $-12 ℃$ 缓慢降到 $-20 ℃$,樱桃死亡率为 75%;当温度一开始就缓慢下降直到 $-20 ℃$,樱桃的死亡率为 3%。

② 地势与坡向。冻害的产生与地势和坡向也有密切关系。地势、坡向不同,小气候差异较大:地势较高的地方在秋冬季和冬春季的昼夜温度变化较大,因此容易发生冻害。由于我国在北半球,同一地方的南坡也比北坡的昼夜温度变化大,也容易发生冻害。如江苏、浙江一带种植在山地南坡的柑橘,比同样条件下山地北坡的柑橘容易受到冻害,就是因坡向不同而造

成的差异。

③ 水体。水体对冻害的产生也有一定的影响。经调查,离水源较近的橘园比离水源远的橘园受冻害轻。这是由于水的热容量大,能在白天吸收太阳的热量,到晚上周围空气的温度比水温低时,水体则向外放出热量,使周围气温升高,从而减小了夜晚的低温。

④ 土壤。土壤对园林树木冻害的影响主要有两个方面:首先,土壤养分、水分和理化性质是影响植物生长势的重要因素之一;其次,土层厚度、土壤质地、土壤的水气状况又会直接影响土壤的温度变化。在同样的条件下,耐寒性较差的植物在土层薄的地方比在土层厚的地方容易受到冻害,因为土层厚,植物根系扎得深,吸收的养分和水分充足,树体健壮,所以抗寒力强;同时,随着土层的加深,其对根系的保温作用就越好,而根系正常生理功能的保证,是植物抵抗冻害的重要条件之一。

⑤ 种植时间和养护管理水平。不耐寒的园林树木如果在寒冷地区的秋季栽植,冬季就很容易遭受冻害。

养护管理水平不仅可以影响园林树木的生长环境,更重要的是还可以通过整形修剪、水肥管理、病虫防治、激素应用等管护措施来调节植物的生长势,使其从新陈代谢的内在机制上获得更强的抗寒性。如施肥量适宜的比施肥不足或不施肥的植物的抗寒力强;灌"冻水"的比不灌"冻水"的抗寒力强;受病虫害的植物容易发生冻害,而且病虫危害越严重,冻害也发生得越严重。此外,养护管理还可以直接采用人工措施来对植物进行保温防寒,从技术层面来防止低温危害的发生。

(3) 其他因素。影响园林树木抗寒性的外在因素,除了以上几个方面外,常见的还有繁殖方式、砧木种类、种植方式、小环境特点等影响因素。

① 繁殖方式。同一种类或品种的实生苗比嫁接苗耐寒。因为实生苗主根发达、根系分布深入而宽广,所以其抗寒力强;同时实生苗的可塑性大,对环境的适应性强。

② 砧木种类。砧木不同,其抗寒性也不同。如桃花在北方用山桃做砧木,在南方用毛桃做砧木,因为山桃比毛桃抗寒,而毛桃比山桃耐水湿。

③ 种植方式。在其他条件一致的情况下,单株种植的抗寒性最差,群丛种植的抗寒性较强,片林种植的抗寒性最强。因为植株越多,其集群效益越大,在植物抗寒性方面也是如此。

④ 小环境特点。一些特殊的小环境也是影响植物低温危害的重要因素之一。如生长在风口、凹地、林缘等处的植株相对容易遭受低温危害;反之亦然。

3. 冻害的防治

要防止园林树木冻害的发生,必须首先了解两个基本情况,即园林树木自身的耐寒性和当地的温度条件。在此基础上,再根据自己的生产条件和管护水平来确定园林树木的具体越冬方式。

(1) 栽培措施。虽然很多栽培措施都能提高园林树木的抗寒性,从而对其冻害的预防起到不同程度的作用。为了突出重点,我们只讨论以下几个主要措施。

① 因地制宜和选择抗寒力强的树种、品种及砧木:这是防止冻害最经济、也是最有效的根本措施。

② 运用适当的种植设计来提高植物的抗寒性:把抗寒性较差的植物尽量设计成种植密

度较大的片林或群丛,或者干脆把它们放在片林或群丛的中间,外围再用抗寒性较强的植物来配植和保护。

③ 加强养护管理,提高树木抗寒性。实践经验表明,树木春季加强水、肥供应,合理运用排灌和施肥技术,可以促进新梢生长和叶片增大,提高光合效能,增加营养物质,从而保证树体健壮。后期控制灌水,及时排涝,适量施用磷、钾肥,勤锄深耕,可促使枝、叶及早充实,有利于组织成熟,从而能更好地抵御寒冷。此外,夏季适期摘心,促进枝、叶成熟;冬季修剪,甚至采用人工落叶来减少越冬蒸腾面积,加强病虫害的防治等养护管理措施,均对预防冻害有良好的效果。

④ 适当的低温锻炼。当气温开始缓慢下降时,在植物能够忍受的前提下,尽量让它们多接受低温条件下的抗寒性锻炼,使其自身能逐步适应相应的低温环境。只是在进行这种低温锻炼时,一定要密切关注环境温度的变化情况和锻炼植株的反应情况,发现问题要及时解决,否则就有可能弄巧成拙。

(2)其他措施。除常规的栽培措施外,其他一些养护管理手段也能对园林树木冻害的预防起到明显的作用。常见的措施主要有以下几个方面:

① 灌冻水。在越冬植物进入休眠后、土壤没有冻结前对土壤进行灌水称为"灌冻水"。由于水的热容量比干燥的土壤和空气大得多,灌冻水后土壤的导热能力提高,深层土壤的热量容易传导上来,因而可以提高地表空气的温度;灌冻水还可提高空气中的含水量,使得空气中的蒸汽凝结成水滴时放出潜热,提高气温。灌冻水后土壤含水量明显增大,土壤的热容量也随之加大,从而减缓了表层土壤温度的降低。因此,适时适量地灌冻水对预防园林树木的冻害有着明显的作用。

② 浅耕。土壤水分对土壤有着一定的保温作用,进行浅耕可减少土壤水分的蒸发。同时,浅耕后表土疏松,有利于太阳热量的导入,能明显减小土壤温度的下降。

③ 根颈部培土。植株的根颈部位对低温袭击最为敏感,冬季来临时在根颈部位培土。由于土壤的覆盖保温作用,能在一定程度上防止根颈部位及根系的冻害。

④ 覆盖法。在有害低温到来以前,在低矮植株上直接覆盖干草、落叶、草席等疏松透气的保温层,是我国农林生产中应用极为普遍的保温防寒措施。对那些植株较为高大、直接覆盖有困难的越冬植物,亦可用纸罩、花盆、箩筐(生产上称"扣盆"为或"扣筐")、薄膜等物品来遮盖,以起到防风保温的御寒作用(见图 6-1)。

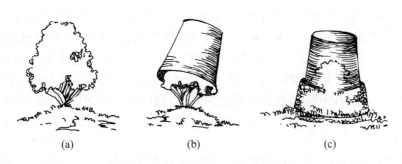

(a)　　　　　　　(b)　　　　　　　(c)

图 6-1　越冬植物的"扣盆"或"扣筐"

(a)未"扣盆"或"扣筐"前的植株　(b)部分扣入"盆"或"筐"内的植株
(c)已完成"扣盆"或"扣筐"的植株

⑤架设风障。为防止寒冷、干燥的冷风吹袭造成冻害，可以在风向上方架设风障（见图 6 - 2），如风向不易确定或有多个风向，可用风障围住植株。

风障多用草帘、芦席、无纺布等作为挡风材料，风障高度要超过植株高度，用木棍、竹竿等支撑牢固，以防大风吹倒。

图 6 - 2　在风向上方架设风障

图 6 - 3　树干涂白

⑥枝干涂白或喷白。在入冬前对树干涂白或喷白，可以减弱温差骤变的危害，还可以杀死一些越冬病虫害（见图 6 - 3）。最常用的石灰硫磺涂白剂的组分及比例为生石灰 8 kg、硫磺 1 kg、食盐 1 kg、植物油 0.2 kg、水 18 kg。配制时先用水分别将生石灰与食盐溶化，然后将石灰乳和食盐水混合，加入硫磺和油脂充分搅匀即可。涂刷操作时应先确定涂白范围，然后再从上到下均匀而全面地涂刷，直到接触地面为止。

⑦卷干与包草。　新植树木、冬季湿冷地不耐寒的树木可用草绳一道道紧接地卷干，或用稻草包裹主干和部分主枝来保温防寒，也可采用宽度为 10～15 cm 的塑料薄膜条卷干防寒。

4. 发生冻害后的救治

尽管园林树木的冻害是以预防为主，但由于自然气候条件变化多样、园林树木种类丰富、各种（或品种）的抗寒能力千差万别，再加之现有的栽培条件和养护管理水平参差不齐，因此园林树木的冻害有时实在是防不胜防。但只要及时正确地对发生冻害的园林树木进行相应的救治，也能大大减小损失。目前，园林生产上常用的冻害的救治方法主要有以下几种。

（1）合理修剪。对遭受冻害的植株，应采取合理的修剪措施，不应进行重剪，否则会产生不利的副作用。那么如何控制修剪量呢？一般要求既要将受害的器官剪至健康部分，以促进枝条的更新与生长，又要保证地上地下器官的相对平衡。在受害后立即修剪，可保留受害枝条 1～2 cm 长，以防下部健康枝条再向下干缩；如果是开春后再行修剪，可直接剪至健康部位，以利于创口的愈合。实践证明：经过合理修剪的受害植株，其恢复速度明显快于重剪和不剪的植株。对一般常绿的盆栽木本花卉及观叶植物，应及时剪去所有枯死部分，并将其搬放到较为暖和的环境中。

（2）保护与修补伤口。仅在枝干局部受到低温危害的粗大植株，可将受害的坏死部分剔去，涂抹伤口愈合剂后，再用薄膜包裹保护好，为其创造一个较为温暖的小环境。一些枝干受害的盆景植株，则可通过桥接或靠接换根来补救。

（3）加强病虫害防治。园林树木遭受低温危害后,因其树势较弱,极易遭受病虫害的侵袭。这时,可结合低温危害的防治,及时足量地施用药效迅速的生化药剂,其中尤以杀菌剂(或杀虫剂)加保湿黏胶剂效果最好,其次是杀菌剂(或杀虫剂)加高脂膜,它们都比单纯的杀菌剂(或杀虫剂)效果好。因为主剂——杀菌剂(或杀虫剂)只能起到单纯的杀菌(或杀虫)作用,而副剂——保湿黏胶剂和高脂膜,既能起到保湿作用,又有增温效果,这些都有利于受害部位愈伤组织的形成,从而促进受伤部位的愈合。

（4）慎重施肥。对于受到冻害的植株,越冬后不能马上追施高浓度的化肥,而应待气温回升、根系恢复吸收功能后,再喷施或浇施低浓度的液肥。如可用 0.3% 的磷酸二氢钾和 0.3% 的尿素液肥进行交替喷施或浇施,效果都很明显。

6.1.1.2　干梢

幼龄树木因越冬性不强而发生枝条脱水、皱缩、干枯现象,称为干梢,有些地方称为灼条、烧条、抽条等。干梢实际上是冻及脱水造成的,严重时全部枝条枯死。轻者虽能发枝,但易造成树形紊乱,不能更好地扩大树冠。

1. 干梢的原因

干梢的发生与树种、品种有关,南方树种或是边缘树种,移植到北方,由于不适应北方冬季寒冷干旱的气候,往往会发生干梢。

于梢与枝条的成熟度和养护管理有关,枝条生长充实的抗性强,反之则易干梢。幼树在秋季如肥水过多,枝条往往会贪青徒长,组织不充实,成熟度低;当低温出现时,枝条受冻后表现为自上至下的脱水、干缩,及发生干梢。造成干梢的原因有多种说法,但各地试验证明,幼树越冬后的干梢是"冻、旱"造成的。即冬季气温低,尤其温降低持续时间长,直到早春,致使土温低,有时甚至是根系周围的土壤已经完全冻结,致使根系吸水困难,而地上部则因温度较高且干燥多风,蒸腾作用加大,造成植株水分代谢失衡,因而枝条逐渐失水,表皮皱缩,严重时最后干枯。所以,干梢实际上是冬季的生理干旱,是冻害的结果。

常绿树木由于在冬季仍然保持着大量枝叶的存在,在同等条件下的蒸腾强度比其他植物要大得多,因此遭受干梢的可能性最大。另外,尽管干梢的发生不是因为土壤缺水引起的,但在冬季低温时,土壤缺水会加剧冻旱的危害程度。

2. 干梢的防治

主要是通过合理的肥水管理,促进枝条前期生长,防止后期徒长,充实枝条组织,促使枝条成熟,增加抗性。就是常说的"促前控后"的措施,并同时注意防治病虫害。

秋季新定植的不耐寒树尤其是幼龄树木,为了预防干梢,一般多采用埋土防寒,即把苗木地上部向北卧倒培土防寒,既可保温减少蒸腾,又可防止干梢。但植株大则不易卧倒,因此也可在树干北侧培起 60 cm 高的半月形的土埂,使南面充分接受阳光,改变微域气候条件,能提高土温,既可缩短土壤冻结期,又可提早化冻,有利根部吸水,及时补充枝条失掉的水分。实践证明用培土埂的办法,可以防止或减轻幼树的干梢。如在树干周围撒布马粪,亦可增加土温,提前解冻;或于早春灌水,增加土壤温度和水分,均有利于防止或减轻干梢。

此外,在秋季对幼树枝干缠纸、塑料薄膜,或胶膜、喷白等,对防止干梢现象的发生具有一定的作用。其缺点是用工多、成本高,应根据当地具体条件灵活运用。

6.1.1.3 霜害

在园林树木的生长季节里,由于急剧降温,大气中的水汽在植物体表面凝结成许多细小的冰晶(这种现象俗称"下霜"或"打霜"),使植物的幼嫩部分因此而产生的伤害称为霜害。由于冬春季寒潮的侵袭,我国除台湾与海南岛的部分热带地区外,在早秋及晚春寒潮入侵时,常因气温骤然下降而给园林树木造成霜害。

根据霜冻发生的时间及其对树木生长的伤害,可分为早霜危害和晚霜危害。早霜又称秋霜,由于某种原因使树木枝条在秋季不能及时成熟和停止生长,其木质化程度低,往往会遭受秋季异常寒潮的袭击,导致严重的早霜危害。晚霜又称为春霜,在春季树木萌动后,气温突然下降,而对树木造成的伤害。我国幅员广阔,各地发生晚霜的时间不同,有的地区晚霜可在6～7月发生。

1. 霜冻为害的表现

霜冻严重地影响园林树木的观赏效果和果品产量,如1955年1月,由于强大的寒流侵袭,广东、福建南部平均气温比正常年份低3～4℃,绝对低温达−0.3℃～4℃,连续几天重霜,使香蕉、龙眼、荔枝等多种树木遭到严重损失,重者全株死亡.轻者则树势减弱,数年后才逐渐恢复。由于霜冻发生时的气温逆转现象,越近地面气温越低,所以树木下部受害较上部重。发生霜冻时,阔叶树是嫩枝、叶片萎蔫、变黑甚至死亡,针叶树的叶片则变红和脱落。

在北方,晚霜较早霜具有更大的危害性。例如,从萌芽至开花期,抗寒力越来越弱,甚至极短暂的零度以下的温度也会给幼嫩组织带来致死的伤害。在此期,霜冻来临越晚,则受害越重,春季萌芽越早,霜冻威胁也越大,北方的杏开花早,最易遭受霜害。

早春萌芽时受霜冻后,嫩芽和嫩枝变褐色,鳞片松散而枯在枝上。花期受冻,由于雌蕊最不耐寒.轻者将雌蕊和花托冻死,但花朵可照常开放,稍重的霜害可将雄蕊冻死;严重霜冻时,花瓣受冻变枯、脱落。幼果受冻轻时,其胚变褐色,果实仍保持绿色,以后逐渐脱落;受冻重时,则全果变褐色,很快脱落。

2. 霜害的防治

霜冻的发生与外界条件有密切关系,由于霜冻是冷空气集聚的结果,所以小地形对霜冻的发生有很大影响。在冷空气易于积聚的地方霜冻重,而在空气流通处则霜冻轻。在不透风林带之间易累积冷空气,形成霜穴,使霜冻加重。由于霜害发生时的气温逆转现象,越近地面气温越低,所以树木下部受害较上部重。湿度对霜冻有一定的影响,湿度大可缓和温度变化,故靠近大水面的地方或霜前灌水的树木都可减轻为害。

防霜的措施应从以下几方面考虑;增加或保持树木周围的热量,促使上下层空气对流;避免冷空气积聚;推迟树木的物候期,增加对霜冻的抗力。

(1)推迟萌动以避免晚霜危害。利用药剂、激素或其他方法使树木萌动推迟(也就是延长休眠期)。因为萌动和开花较晚,可以躲避早春寒潮的霜冻。例如,比久、乙烯利、青鲜素、萘乙酸钾盐(250～500 mg/kg 水)以及顺丁烯二酰肼(MH0.1%～0.2%)溶液在萌芽前或秋末喷洒于树上,可以在一定程度上起到抑制萌动的作用。

(2)改变小气候以防霜护树:根据气象台的霜冻预报及时采取防霜措施,对预防园林树木霜害的发生具有重要作用。具体方法主要有以下几种。

① 喷水法。在将要发生霜冻的黎明,利用人工降雨和喷雾设备向树冠上喷水,因为此时的水温比植株周围的气温高,水遇冷降温时就会放出热量。据测算,1 m³ 的水降低 1℃,就可使相应的 3300 倍体积的空气升温 1℃。同时还能提高地表层的空气湿度,减少地面辐射热的散失,因而起到提高气温防止霜冻的效果。

② 熏烟法。我国早在 1400 多年前就发明的熏烟防霜法,因简单易行且效果明显,至今仍在国内外广泛使用。主要方法是:事先在地上每隔一定距离设置一个发烟堆(用秸秆、野草或锯末等作为发烟材料),然后根据当地气象预报,于即将发生霜冻的凌晨及时点火发烟,形成烟幕。烟幕能减少土壤热量的辐射散失,同时烟粒吸收湿气,使水汽凝结成液体,放出热量,提高温度,保护植物。但在多风或气温 −3℃ 以下时,效果不好。

③ 吹风法。就是在霜冻前利用大型吹风机增强空气流通,将冷空气吹走,以防止它们积聚成霜,从而起到防霜作用。日本、欧美等发达国家的果园、茶园和小型公园常采用这种方法。随着我国科学技术的快速发展,采用这种方法的条件也在逐渐形成。

④ 加热法。加热防霜是现代防霜最有效的方法,最先是美国、前苏联等用于提高果园温度以防霜害。此法是在果园内每隔一定距离放置一个加热装置,在霜冻即将来临时发热加温,下层空气变暖而上升,而上层原来温度较高的空气则下降,在果园周围形成一个暖气层。果园中的加热装置以放置数量多且单个放热小为原则,这样就可以既保护植物,又不致浪费太大。这种方法在园林树木的霜害预防中也正在得到迅速的推广和应用。

3. 霜害后的养护管理

花灌木和果树霜冻发生时或过后,为了减少灾害造成的损失,可进行叶面喷肥。叶面喷肥既能增加细胞浓度,又能疏通叶片的输导系统,对防霜护树和尽快恢复树势效果很好。霜冻过后不能忽视善后的管理和养护,特别是肥水的供应要适时、适量。观果树还可以进行人工授粉,利用晚开的花和腋花芽等提高坐果率,以弥补损失。

6.1.2　高温的危害与防治

高温对园林树木的影响,一方面表现为组织和器官的直接伤害——日灼病;另一方面表现为呼吸加速和水分平衡的间接伤害——代谢干扰。

6.1.2.1　日灼

日灼又称为日烧。是由太阳辐射引起的生理病害。夏季日灼与干旱和高温有关。在强烈日光的直接照射下,由于高温,水分不足,蒸腾作用减弱,致使树体温度难以调节,造成枝干的皮层或果实表面局部温度过高而灼伤,严重者引起局部组织死亡。

高温可造成物理伤害,如焦叶、皮烧等。高温使植物体代谢失调,致使光合作用和呼吸作用不畅,不利于其生长发育,造成很多北方树种、高寒树种在南方生长不良,存活困难,如杨树类、桃、苹果等引种到华南会生长不良,不能正常开花结实。华北地区盛夏。当气温达到 35℃ 以上时,许多树种即表现出受害状,如七叶树、赤杨、花楸、白桦、小叶椴等叶缘枯焦;大花水亚木、北五味子、天女木兰、华北落叶松等如不在遮阳条件下较难度过盛夏。又如在北方,当气温达到 40℃ 时,紫杉叶面大部分受日灼伤害产生突起。

1. 根颈伤害——灼环、颈烧

又称干切。由于太阳的强烈照射。土壤表面温度增高,当地表温度不易向深层土壤传导时,过高的地表温度灼伤幼苗或幼树的根颈形成层,即在根颈处造成一个宽几毫米的环带,称之为灼环。由于高温杀死输导组织和形成层,使幼苗倒伏,以致死亡。一般柏科树种在土壤温度为40℃时就开始受害。

幼苗最易发生根颈灼伤且多发生于茎的南向,表现为茎的溃伤或芽的死亡。

2. 形成层伤害——皮烧或皮焦

由于树木受强烈的太阳辐射,温度过高引起细胞原生质凝固,破坏新陈代谢,使形成层和树皮组织局部死亡。树皮灼伤与树木的种类、年龄及其位置有关。皮烧多发生在树皮光滑的薄皮成年树上,特别是耐阴树种,树皮呈斑状死亡或片状脱落,给病菌侵入创造了有利条件,从而影响树木的生长发育。严重时,树叶干枯、凋落,甚至造成植株死亡。

3. 叶片伤害——叶焦

嫩叶、嫩梢烧焦变褐。由于叶片受到强烈光照下的高温影响,叶脉之间或叶缘变成浅褐或深褐色,或形成星散分布的褪色区、褐色区,边缘很不规则。一些枝条上的叶片差不多都表现出相似的症状。在多数叶片褪色时,整个树冠表现出一种灼伤的干枯景象。

6.1.2.2 高温的间接伤害

高温会导致树木饥饿和失水干化。树木在达到临界高温以后,光合作用开始迅速降低,呼吸作用继续增加,消耗本来可以用于生长的大量碳水化合物,使生长下降。高温引起蒸腾速率的提高,也间接降低了树木的生长和加重了对树木的伤害。干热风的袭击和干旱期的延长、蒸腾失水过多、根系吸水量减少,造成叶片萎蔫,气孔关闭,光合速率进一步降低。当叶子或嫩梢干化到临界水平时,可能导致叶片或新梢枯死或全树死亡。

6.1.2.3 高温危害的常用防治措施

(1) 选择耐高温、抗性强的树种或品种栽植。

(2) 在树木移栽前加强抗性锻炼,如逐步疏开树冠和庇荫树,以便适应新的环境。

(3) 移栽时尽量保留比较完整的根系,使土壤与根系紧密接触,以便顺利吸水。

(4) 树干涂白可以反射阳光,缓和树皮温度的剧变,对减轻日灼和冻害有明显的作用。此外,树干缚草、涂泥及培土等也可防止日灼。花灌木常用苇帘、遮阳网等进行防晒降温处理。将易日灼的苗木间种在大树行间,可减轻日灼危害,促进苗木生长。

(5) 合理整形修剪。可适当降低主干高度,多留辅养枝,避免枝、干的光秃和裸露。在需要去头或重剪的情况下,分2~3年进行,避免一次透光太多,否则应采取相应的防护措施。在需要提高主干高度时,应有计划地保留一些弱小枝条自我遮阴,以后再分批修除。

泡桐、七叶树幼树修枝过重,主干暴露,因皮层薄,很容易在夏季受高温伤害发生日灼,受伤后不能愈合,极易再感染真菌病害。对此类树木修剪时,应注意在向阳面保留枝条,有叶遮荫,则可降低日晒强度,避免日灼发生。

(6) 加强综合管理,能促进根系生长,改善树体状况,增强抗性。生长季要特别防止干旱,避免各种原因造成的叶片损伤。防治病虫危害。合理施用化肥,特别是增施钾肥。必要时还可给树冠喷水或抗蒸腾剂。

（7）加强受害树木的管理。对已经遭受伤害的树木应进行审慎的修剪,去掉受害枯死的枝叶。皮焦区域应进行修整、消毒、涂漆,必要时还应进行桥接或靠接修补。适时灌溉和合理施肥,特别是增施钾肥,有助于树木生活力的恢复。

6.2　风害的防治

在多风地区,园林树木常发生风害,出现偏冠和偏心现象,偏冠会给树木整形修剪带来困难,影响树木功能作用的发挥,偏心的树易遭受冻害和日灼,影响树木正常发育。北方冬季和早春的大风,易使树木干梢干枯死亡。春季的早风,常将新梢嫩叶吹焦,缩短花期,不利授粉受精。夏秋季沿海地区的树木又常遭台风危害,常使枝叶折损,大枝折断,全树吹倒,尤以阵发性大风,对高大的树木破坏性更大。

6.2.1　影响园林树木风害的因素

6.2.1.1　树种的生物学特性与风害的关系

1. 树形特征不同,抗风能力不同

浅根、高干、冠大、叶密的树种如刺槐、加拿大杨等抗风力弱;相反,根深、矮干、枝叶稀疏坚韧的树种如垂柳、乌桕等则抗风性较强。

2. 树枝结构不同,抗风能力不同

一般髓心大、机械组织不发达、生长又很迅速而枝叶茂密的树种,风害较重。一些易受虫害的树种主干最易风折,健康的树木不易遭受风折。

6.2.1.2　环境条件与风害的关系

（1）行道树如果风向与街道平行,风力汇集成为风口,风压增加,风害会随之加大。

（2）局部地势低凹,排水不畅,雨后绿地积水,造成雨后土壤松软,风害会显著增加。

（3）风害也受土壤质地的影响,如土壤质地偏砂,或为煤渣土、石砾土,因结构差、土层薄,抗风性差。如为壤土或偏黏土等,则抗风性强。

6.2.1.3　人为经营措施与风害的关系

1. 苗木质量

苗木移栽时,特别是移栽大树,如果根盘起得小,则因树身大,易遭风害。所以大树移栽时一定要立支柱。在风大地区,栽大苗也应立支柱,以免树身吹歪。移栽时一定要按规定起苗,起的根盘不可小于规定尺寸。

2. 栽植方式

凡是栽植株行距适度、根系能自由扩展的抗风强。如树木株行距过密,根系发育不好,再加上护理跟不上,则风害显著增加。

3. 栽植技术

多风地区的栽植坑应适当加大。如果小坑栽植,树会因根系不舒展、发育不好、重心不稳,易受风害。

6.2.2 风害的防治措施

6.2.2.1 树种的选择

为提高树木抵御自然灾害的能力,在种植设计时,应根据不同地域、不同级别的道路,因地制宜选择或引进各种抗风力强的树种,尤其要注意在风口、过道等易遭风害的地方选择深根性、抗风力强的树种,如枫杨、无患子、香樟、枫香、柳树、乌桕等。株行距要适度,采用低干矮冠整形。此外,要根据当地特点,建立防护林或风障,尽可能的降低风速,免受损失。

6.2.2.2 合理的整形修剪

合理的整形修剪,可以调整树木的生长发育,保持优美树姿,做到树形树冠不偏斜、冠幅体量不过大、叶幕层不过高和避免 V 形权的形成。

6.2.2.3 树体的支撑加固

在易受风害的地方,特别是在台风和强热带风暴来临前,在树木的背风面用竹竿、钢管、水泥柱等支撑物进行支撑,用铁丝、绳索扎缚固定。

对于遭受大风危害,折枝、伤害树冠或被刮倒的树木,要根据受害情况,及时维护。首先要对风倒树及时顺势扶正,培土为馒头形,修去部分或大部分枝条,并立支柱。对裂枝要顶起或吊枝,捆紧基部创面,或涂激素药膏促其愈合;并加强肥水管理,促进树势的恢复。对难以补救者应加以淘汰,秋后重新换植新株。

6.2.2.4 加强园林树木的养护管理

在养护管理措施上应根据当地实际情况采取相应的防风措施。如排除积水;改良栽植地的土壤质地;培育壮根良苗;采取大穴换土;适当深载;合理疏枝,控制树形;定植后立即立支柱;对结果多的树及早吊枝或顶枝,减少落果;对幼树、名贵树种可设置风障等。除此以外,对不合理的违章建筑要令其拆除,绝不能在树木生长地形成狭管效应,防止大树倒伏。

6.3 雪害、雾凇与冰雹的防治

6.3.1 雪害、雾凇的防治

在寒冷的地方,降雪覆盖大地,可增加土壤水分,防止土温过低,避免冻结过深,有利于植物越冬。所以,积雪对树木无害。但在雪量较大的地区,常常因为树冠上积雪过多,使大枝被压裂或压断。一般而言,常绿树比落叶树受害严重,单层纯林比复层混交林受害严重。1976年3月初,昆明市大雪将直径为10 cm的油橄榄的主枝压断,将竹子压倒。2003年11月,北京地区的大雪使很多大树倒伏或大枝折断,造成很大的经济损失。同时,融雪期间时融时冻的交替变化,冷热不均易引起冻害。所以在积雪易成灾的地区,应在雪前给树木大枝设立支柱,枝条过密者应适当修剪;在雪后及时振落积雪,并将受压的枝条提起扶正;或采取其他有效措施,如扫除树干周围的积雪,防止雪害。

在我国西南山地丘陵地区常有雾,遇到低温而形成树挂及雾凇,容易造成常绿树折枝、裂干和死亡。对于树挂,可以用竹竿打击枝叶上的冰挂,令其振落,并给树木大枝设立支柱,进行支撑。但在寒冷的北方冬季发生的雾凇非常漂亮,在多雾凇的地区也是独特的风景,需要及时关注,不要对树木造成伤害。

6.3.2 冰雹的防治

冰雹是夏季或春夏之交较为常见的灾害性天气。它是一些从发展强盛的高大积雨云中降落到地面的小如绿豆、黄豆,大似栗子、鸡蛋的冰粒、冰块或冰球。冰雹季节性明显,破坏力强,对园林树木危害很大。冰雹出现时,常常伴有大风、剧烈的降温和强雷电现象。冰雹的危害主要是由于它降落时的机械破坏作用,砸坏园林树木的枝叶,造成植株倒伏、花果脱落,而突然的会造成土壤板结,还可能由此引起园林树木的各种生理障碍和病虫害。冰雹还会打破塑料大棚和温室玻璃等设施,造成巨大的经济损失。

常用防治雹灾的方法有:在多雹地带,种植牧草和树木,增加森林面积,改善地貌环境,破坏雹云条件,达到减少雹灾目的;增种抗雹和恢复能力强的树木;多雹灾地区降雹季节,农民下地随身携带防雹工具,如竹篮、柳条筐等,以减少人身伤亡。

6.4 雷电危害的防治

每年都有树木遭受雷击伤害的报道。如2005年夏季,南京林业大学校园内1株干茎50 cm的喜树就遭雷击,树干被纵向劈裂。该树后抢救无效而死亡。

6.4.1 雷击伤害的症状及其影响因素

树木遭受雷击以后,木质部可能完全破碎,或烧毁,树皮可能被烧伤或剥落;内部组织可能被严重灼伤而无外部症状,部分或全部根系可能致死。常绿树,特别是云杉、铁杉等上部枝干可能全部死亡,而较低部分不受影响。在群状配置的树木中,直接遭雷击者的周围植株及其附近的禾草类和其他植被也可能死亡。

在通常情况下,超过1370℃的"热闪电"会使整棵树燃起火焰,而"冷闪电"则以3200 km/s的速度冲击树木,使之炸裂。有时两种类型的闪电都不会损害树木的外貌,但数月以后,由于根和内部组织被烧而造成整棵树木的死亡。

6.4.2　影响雷击伤害的因素

　　树木遭受雷击的数量、类型和程度差异极大。它不但受负荷电压大小的影响，而且与树种及其含水量有关。树体高大、在空旷地孤立生长的树木、生长在湿润土壤或沿水提附近生长的树木最容易遭受雷击。在乔木树种中，有些树木如水青冈、桦木和七叶树，几乎不遭受雷击；而银杏、皂荚、榆、槭、栎、松、杨、云杉和美国鹅掌楸等较易遭雷击。树木对雷击的敏感性差异很大的原因目前尚不太清楚。但有些权威人士认为与树木的组织机构及其内含物有关。如水青冈和桦木等，油脂含量高，是电的不良导体；而白蜡、槭树和栎树等，淀粉含量高，是电的良性导体，较易遭雷击。

6.4.3　雷击伤害的防治和后期管护

　　生长在易遭雷击位置的树木，尤其是珍稀古树或具有特殊价值的树木，可安装避雷器，消除雷击伤害的危险。给树木安装避雷器的原理与保护高大建筑物安装避雷器的原理相同，主要差别在于所使用的材料、类型与安装方法。安装在树上的避雷器必须用柔韧的电缆，并应考虑树干与枝条的摇摆和随树木生长的可调性。垂直导体应沿树干用铜钉固定。导线接地端应连接在几个辐射排列的导体上。这些导体水平埋置在地下，并延伸到根区以外，再分别连接在垂直打入地下长约2.4 m的地线杆上。以后每隔几年检查一次避雷系统，并将上端延伸至新梢以上，进行某些必要的调整。

　　对于遭受雷击伤害的树木应进行适当的处理以进行挽救。但在处理之前，必须仔细检查，分析其是否有恢复的希望，否则就没有进行昂贵处理的必要。有些树木尽管没有外部症状，但内部组织或地下部分已经受到严重损伤，不及时处理就会很快死亡。对外部损害不大或具有特殊价值的树木可立即采取措施进行救助。具体方法如下：撕裂或翘起的边材应及时钉牢，并进行覆盖，促进愈合和生长；劈裂的大枝条应及时复位加固和进行合理修剪，并对伤口进行适当的修整、消毒和涂漆；撕裂的树皮应削至健康部位，并适当整形、消毒和涂漆；在树木根部使用速效肥。

6.5　病虫害防治

　　由于自然界生物物种的多样性以及生物链的复杂性，生长在自然环境中的园林树木，不可避免地要遭受各种致病微生物和害虫的危害。另外，由于人们对自然环境的破坏，尤其是城市环境的恶化，以及园林苗木的大量引种、运输与流通，又为各种病虫害的爆发、蔓延和传播创造了条件。调查表明，我国总计有园林病害5508种、园林植物害虫3997种、其他有害生物162种，其中有近400种病虫害发生普遍而严重。害虫以蚧虫、蚜虫、粉虱、蓟马和螨类最为突出。园林树木的叶部、枝干部、根部等都有一些危害严重和难以防治的病害种类。

　　病虫害的防治首先要了解病虫害的发生原因、侵染循环及生态环境，掌握危害的时间、部位、程度等规律，才能找出较好的防治措施。对病虫害的防治，"防重于治"是一个不可动摇的原则。如在园林管理工作上经常注意预防工作,就可以避免不应有的损失。除了预防工作,也应懂得"治"的一般知识,作好充分准备,以防万一,有计划地扑灭既已发生的病虫害。

6.5.1　园林树木病害的基本知识

园林树木在生长发育过程中,因受到环境中的致病因素(非生物或生物因素)的侵害,使植株在生理、解剖结构和形态上产生局部的或整体的反常变化,导致植物生长不良、品质降低、产量下降,甚至死亡,严重影响观赏价值和园林景观的现象,称为园林树木病害。

6.5.1.1　病害的种类及病原微生物类型

园林树木、花卉病害可分为生理伤害引起的非传染性病害和病原菌引起的传染性病害两大类。如果同一地区有多种作物同时发生相类似的症状,而没有扩大的情况,一般是冻害、霜害、烟害或空气污染所引起;同一栽培地的同一种植物,其一部分可全部发生相类似的症状,又没有继续扩大的情形时,可能是营养水平不平衡或缺少某种养分所引起,这些都是非传染性的生理病。如果病害从栽培地的某地方发生,且渐次扩展到其他地方,或者病害株掺杂在健康株中发生,并有增多的情形;或者在某地区,只有一种作物发生病害,并有增加情形,这些都可能是由病原菌引起的侵染性病害。引起侵染性病害的病原菌种类很多,主要有真菌、细菌、病毒、线虫,此外还有少数放线菌、藻类和菟丝子等。

6.5.1.2　病害的症状

园林树木受生物或非生物病原侵染后,表现出来的不正常状态,称为症状。症状是病状和病症的总称。寄主感病后本身所表现出来的不正常变化,称为病状。园林树木病害都有病状,如花叶、斑点、腐烂等。病原物侵染寄主后,在寄主感病部位产生的各种结构特征,称为病症,如锈状物、煤污等,它构成症状的一部分。有些病害的症状,病症部分特别突出,寄主本身无明显变化,如白粉病;而有些病害不表现病症,如非侵染性病害和病毒病害等。

病害是一个发展的过程,因此园林树木的症状在病害的不同发育阶段也会有差异。有些园林树木病害的初期症状和后期症状常常差异较大。但一般而言,一种病害的症状常有它固定的特点,有一定的典型性,只是在不同的植株或器官上,又会有一些特殊性。在观察园林树木病害的症状时,要注意不同时期症状的变化。

1. 坏死

植物受病原菌危害后出现细胞或组织消解或死亡现象,称为坏死。这种症状在植株的各个部分均可发生,但受害部位不同,症状表现有差异。在叶部主要表现为形状、颜色、大小不同的斑点;在植物的其他部位如根及幼嫩多汁的组织表现为腐烂;在树干皮层表现为溃疡等,如杨树腐烂病。

2. 枯萎或萎蔫

典型的枯萎或萎蔫指园林树木根部或干部维管束组织感病后表现失水状态或枝叶萎蔫下垂现象。主要原因在于植物的水分疏导系统受阻。如果是根部或主茎的维管束组织被破坏,则表现为全株性萎蔫;侧枝受害,则表现为局部萎蔫,如黄栌枯萎病。

3. 变色

主要有三种类型：退绿、黄化和花叶。园林植物感病后，叶绿素的形成受到抑制或被破坏而减少，其他色素形成过多，叶片出现不正常的颜色。病毒、支原体及营养元素缺乏等均可引起园林树木出现此症状。

4. 畸形

畸形是由细胞或组织过度生长或发育不足引起的。常见的有植物的根、干或枝条局部细胞增生而形成瘿瘤；植物的主枝或侧枝顶芽生长受抑制，腋芽或不定芽大量发生而形成丛枝，如泡桐丛枝病；感病植物器官失去原来的形状，如花变叶、菊花绿瓣病。

5. 流胶或流脂

植物感病后细胞分解为树脂或树胶流出。

6. 粉霉

植物感病部位出现白色、黑色或其他颜色的霉层或粉状物，一般都是病原微生物表生的菌体或孢子，如芍药白粉病和玫瑰锈病等。

6.5.1.3 病害发生过程和侵染循环

病害的发生过程包括侵入期、潜育期和发病期三个阶段。侵入期指病原菌从接触植物到侵入植物体内开始营养生长的时期。该时期是病原菌生活中的薄弱环节，容易受环境条件的影响而死亡，也是防治的最佳时期。潜育期指病原菌与寄主建立寄生关系起到症状出现时止，一般5~10天。可通过改变栽培技术，加强水肥管理，培育健康苗木，使病原苗在植物体内受抑制，减轻病害发生程度。发病期是病害症状出现到停止发展时止，该时期已较难防治，必须加大防治力度。

侵染循环是指病原苗在植物一个生长季引起的第一次发病到下一个生长季第一次发病的整个过程，包括病原菌的越冬或越夏、传播、初侵染与再侵染等几个环节。病原菌种类不同，越冬或越夏场所和方式也不同，有的在枝叶等活的寄生体内越冬越夏，有的以孢子或菌核的方式越冬越夏，必须应有针对性地采取措施加以防治。病原菌必须经过一定的传播途径，才能与寄主接触，实现侵染。传播途径主要有空气、水、土壤、种子、昆虫等。了解其传播方式，切断其传播途径，便能达到防治的目的。病原菌传播后侵染寄主的过程有初侵染和再侵染之分。初侵染是指植物在一个生长季节里受到病原菌的第一次侵染。再侵染是指在同一季节内病原菌再次侵染寄主植物。再侵染的次数与病菌的种类和环境条件有关。无再侵染的病害比较容易防治，主要通过消灭初侵染的病菌来源或阻断侵入的手段来进行。存在再侵染的病害，必须根据再侵染的次数和特点，重复进行防治。绝大多数的树木花卉病害都属于后者。

6.5.2 常见虫害的基本知识

对植物有害的昆虫都称为害虫。害虫按其口器结构的不同可分为咀嚼式口器害虫和刺吸式口器害虫。前者如蛾类幼虫、金龟子成虫等，后者如蚜虫、红蜘蛛、介壳虫、蓟马等。咀嚼式口器害虫往往造成植物产生许多缺刻、蛀孔、枯心、苗木折断、植物各器官损伤或死亡。刺吸式口器害虫是刺吸植物体内的汁液，使植物受生理损害，受害部位常常出现各种斑点，或引起变色、皱缩、卷曲、畸形、虫瘿等症状。

不同的害虫有不同的生活习性，掌握害虫的生活习性，才能把握时机有效地加以防治。

6.5.2.1 昆虫的概念

昆虫是无脊椎动物中种类最多的类群，也是唯一具翅的类群，从生物分类来讲属于动物界节肢动物门的昆虫纲。与园林树木有关的主要昆虫包括直翅目、等翅目、半翅目、同翅目、缨翅目、鞘翅目、鳞翅目、双翅目和膜翅目共九个目，常见的有甲虫、蛾、蝶、蚜、蚧、蜂、蚁、蝇、蚊、蝗、蟋等。昆虫纲与其他动物最主要的区别是：成虫整个躯体分头、胸、腹三部分；胸部具有 3 对分节的足，通常还有 2 对翅；在生长发育过程中，需要经过一系列内部结构及外部形态的变化，即变态；用气管呼吸；具外骨骼。

另外，尽管螨类属于节肢动物门、蛛形纲的蜱螨目，而不属于昆虫纲，但由于其危害特点与防治方法与昆虫纲害虫具有很多相似性，所以习惯上一直都把它与昆虫一起进行研究。

6.5.2.2 昆虫的生殖方式

大多数昆虫是雌雄异体的动物，进行两性生殖，也有其他的特殊生殖方式。昆虫的雌、雄成虫，除第一性征（雌、雄外生殖器）外，还有其他形态上的明显区别，这种现象称为性二型。如介壳虫类、袋蛾类及某些尺蛾类昆虫的雄虫具翅，雌虫则无翅；蛾类雄虫触角为羽毛状，雌虫则为丝状等。

性多型：除雌、雄二型外，在同一性别的昆虫中，还可分化成具有不同形态和生殖机能的或者在"家族"中负担不同职能的个体群。典型的如蚂蚁、白蚁、蜜蜂等社会性昆虫，除雌、雄二型外，还有无性别区分的工蚁和工蜂。

6.5.2.3 昆虫的发育

昆虫的个体发育大体上可分为两个阶段：胚胎发育是第一个阶段，在卵内进行直到幼虫孵出为止；第二个阶段由幼虫自卵中孵出直至成虫性成熟为止，包括幼虫、成虫两个虫态阶段或幼虫、蛹、成虫三个虫态阶段，称胚后发育。

6.5.2.4 昆虫的变态及其类型

昆虫的胚后发育过程中，每一个发育阶段，在外部形态、内部结构和生活习性等方面，都有或大或小的变化，整个过程一般包括卵、幼虫、蛹和成虫四个阶段，或卵、若虫、成虫三个阶段。同一个体在不同发育阶段的形态变异，称变态。昆虫的变态大致分为完全变态和不完全变态两大类型。

1. 不完全变态

昆虫一生经过卵、若虫、成虫三个虫态。蝗虫、蝽象、蝉等昆虫的幼体与成虫形态、习性和生活环境相似，只是体积小、翅和附肢短、性器官不成熟，这种变态即称为不完全变态，也叫做"渐变态"，其幼虫称为"若虫"。

2. 完全变态

昆虫一生经过卵、幼虫、蛹、成虫四个虫态，如甲虫、蛾、蝶、蜂、蚁、蚊等。这类昆虫的幼虫不仅外部形态和内部器官与成虫差异很大，而且生活习性也完全不同。从幼虫变为成虫的过程中，口器、触角、足等附肢都需经过重新分化。因此，在幼虫与成虫之间要经历"蛹"来完成剧烈的内外变化。

6.5.2.5　昆虫的世代与生活史

昆虫自卵孵化出幼虫到成虫性成熟能产生后代为止的个体发育周期，称为一个世代。各种昆虫完成一个世代所需的时间不同，在一年内能完成的世代数也不同。除种类不同外，一个世代的长短往往还与昆虫所分布的地理位置、环境因素等密切相关。

一年发生多代的昆虫，由于成虫的发生期较长，且成虫的产卵期往往先后不一，这样同一时期内，在一个地区可同时出现同一种昆虫的不同虫态阶段，造成上下世代间重叠的现象，称为世代重叠。

生活史是指害虫在一生中各个虫期的经过情况。在 1 年中的发生经过情况称为年生活史，包括每年发生的代数、各世代各虫态发生期和历期、越冬虫态及场所等。害虫的卵、幼虫、蛹和成虫的发生期都可分为初、盛、末三个时期。虫态达 20％左右时为始盛期，达 50％时为高峰期，达 80％时为末盛期，在始盛期前进行防治能收到较好的效果。

6.5.2.6　昆虫的习性

不同的害虫有不同的生活习性，掌握害虫的生活习性，才能把握好防治时机，有效地加以防治。昆虫的习性主要包括下面几个方面：

1. 食性

昆虫的食性可分为单食性、寡食性和多食性三类。寡食性害虫和多食性害虫防治时，范围不能仅局限在可见的被害区域，应更加广泛地进行防治。

2. 趋性

害虫具有趋向或逃避某种刺激因素的习性，前者为正趋性，后者为负趋性。趋性有趋光性、趋化性、趋温性等。防治上主要是利用害虫的正趋性，如利用灯光诱杀具趋光性的害虫。

3. 假死性

当害虫受到刺激或惊吓时，立即从植株上掉下来暂时不动的现象称假死性。对于这类害虫，可采取从植株上震落下来，然后进行捕杀的方式加以防治。

4. 群集性

指害虫群集生活、共同为害的习性。一般在幼虫期有此特性，因此在该时期集中进行防治会达到较好的效果。

5. 社会性

昆虫进行群居生活，一个群体中个体有多型现象，有不同的分工，如蜜蜂、蚂蚁、白蚁等。

6. 本能

是一种复杂的神经生理活动，为种内个体所共有，如筑巢、做茧、对后代的照顾等。本能常表现为各个动作之间相互联系、相继出现,是物种在长期进化过程中对环境的适应。

7. 拟态和保护色

都是昆虫在长期进化中有利于适应性的表现。拟态是模仿环境中其他动植物的形态或行为,以躲避敌害。保护色是指某些昆虫具有与它的生活环境中的背景相似的颜色,有利于躲避敌害,如枯叶蝶的体色和形态很似枯叶,当停留于灌木丛中时,就很难被发现。

6.5.3 病虫害的防治原则和措施

病虫害防治的原则是"预防为主,综合防治"。在综合防治中应以耕作防治法为基础,将各种经济有效、切实可行的办法协调起来,取长补短,组成一个比较完整的防治体系。园林树木病虫害防治的方法多种多样,归纳起来可分为耕作防治、物理机械防治、生物防治、化学防治、植物检疫等。

6.5.3.1 耕作防治法

1. 选用抗病虫害的优良品种

利用抗病虫害的种质资源,选择或培育适于当地栽培的抗病虫品种,是防治病虫害最经济有效的重要途径。

2. 选用无病健康苗

在育苗上应注意选择无病状、强壮的苗,或用组织培养的方法大量繁殖无病苗。

3. 轮作

不少害虫和病原菌会在土壤或带病残株上越冬,如果连年在同一块地上种植同一种树种,易发生严重的病虫害。实行轮作可使病原菌和害虫得不到合适的寄主,使病虫害显著减少。

4. 改变栽种时期

病虫害发生与环境条件如温度、湿度有密切关系,因此可把播种栽种期提早或推迟,避开病虫害发生的旺季,以减少病虫害的发生。

5. 肥水管理

改善植株的营养条件,增施磷、钾肥,使植株生长健壮,提高抗病虫能力,可减少病虫害的发生。水分过分多,不但对植物根系生长不利,而且容易使根部腐烂或发生一些根部病害。合理的灌溉对地下害虫具有驱除和杀灭作用,排水对富湿性根病具有显著的防治效果。

6. 中耕除草

中耕除草可以为树木创造良好的生长条件,增加抵抗能力,也可以消灭地下害虫。冬季中耕可以使潜伏土中的害虫病菌冻死,除草可以清除或破坏病菌害虫的潜伏场。

6.5.3.2 物理机械防治法

1. 人工或机械的方法

利用人工或简单的工具捕杀害虫和清除发病部分,如人工捕杀小地名虎幼虫,人工摘除病叶、剪除病技等。

2. 诱杀

很多夜间活动的昆虫具有趋光性,可以利用灯光诱杀,如黑光灯可诱杀夜蛾类、螟蛾类、毒蛾类等 700 种昆虫。有的昆虫对某种色彩有敏感性,可利用该昆虫喜欢的色彩胶带吊挂在栽培场所进行诱杀。

3. 热力处理法

不适宜的温度会影响病虫的代谢,从而抑制它们的活动和繁殖。因此可通过调节温度进行病虫害防治,如温水(40~60℃)浸种、浸苗、浸球根等可杀死附着在种苗、花卉球根外部及潜伏在内部的病原菌和害虫;温室大棚内短期升温,可大大减少粉虱的数量。

此外,还可以通过超声波、紫外线、红外线、晒种、熏土、高温或变温土壤消毒等物理方法防治病虫害。

6.5.3.3 生物防治法

就是利用生物来控制病虫害的方法。生物防治是效果持久、经济、安全高的防治方法。

1. 以菌治病

就是利用有益微生物和病原菌间的拮抗作用,或者某些微生物的代谢产物来达到抑制病原菌的生长发育甚至死亡的方法,加"五四〇六"苗肥(一种抗生素)能防治某些真菌病、细菌病及花叶型病毒病。

2. 以菌治虫

利用害虫的病原微生物使害虫感病致死的一种防治方法。害虫的病原微生物主要有细菌、真菌、病毒等,如青虫菌能有效防治柑橘凤蝶、尺蠖、刺蛾等,白僵菌可以防治寄生鳞翅目、鞘翅目等昆虫。

3. 以虫治虫和以鸟治虫

指利用捕食性或寄生性天敌昆虫和益鸟防治害虫的方法。如利用草蛉捕食蚜虫,利用红点唇瓢虫捕食紫薇绒蚧、日本龟蜡蚧,利用伞裙追寄蝇防治寄生大蓑蛾、红蜡蚧,利用扁角跳小蜂防治寄生红蜡蚧等。

4. 生物工程

生物工程防治病虫害是防治领域一个新的研究方向,近年来已取得一定的进展。如将一种能使夜盗蛾产生致命毒素的基因导入植物根系附近生长的一些细菌内,夜盗蛾吃根系的同时也将带有该基因的细菌吃下,从而产生毒素致死。

6.5.3.4 化学防治法

是利用化学药剂的毒性来防治病虫害的方法。其优点是具有较高的防治效力、收效快、急效性强、适用范围广,不受地区和季节的限制、使用方便。化学防治也有一些缺点,如使用不当会引起植物药害和人畜中毒,长期使用会对环境造成污染,易引起病虫害的抗药性,易伤害天敌等。化学防治虽然是综合防治中一项重要的组成部分,但只有与其他防治措施相互配合,才能收到理想的防治效果。

　　在化学防治中,使用的化学药剂种类很多,根据对防治对象的作用可分为杀虫剂和杀菌剂两大类。杀虫剂又可根据其性质和作用方式分为胃毒剂、触杀剂、熏蒸剂和内吸剂等。常用的杀虫剂主要有敌百虫、敌敌畏、乐果、氧化乐果、三氯杀螨砜、杀虫脒等。杀菌剂一般分为保护剂和内吸剂,常用的杀菌剂有波尔多液、石硫合剂、多菌灵、粉锈灵、托布津、百菌清等。

　　在采用化学药剂进行病虫防治时,必须注意防治对象、用药种类、使用浓度、使用方法、用药时间和环境条件等,根据不同防治对象选择适宜的药剂。药剂使用浓度以最低的有效浓度获得最好的防治效果为原则,不可盲目增加浓度以免植物产生药害。喷药应对准病虫害发生和分布的部位,仔细认真地进行,阴雨天气和中午前后一般不进行喷药,喷药后如遇雨必须在晴天再补喷1次。

6.5.3.5　植物检疫措施

　　植物检疫是防治园林树木危险性病虫害以及其他一些有害生物通过人为活动进行远距离传播和扩散非常有效的手段。植物检疫分为对外检疫(国际检疫)和对内检疫(国内检疫)。根据国家及各省市颁布的检疫对象名单,对引进或输出的园林树木材料及其产品或包装材料进行全面检疫,发现有检疫性病虫害的植物及其产品要采取相应的措施,如就地销毁、消毒处理、禁止调用或限制使用地点等。

6.5.4　园林树木常见病虫害的种类及防治

6.5.4.1　常见病害及其防治

　　由于非侵染性病害主要是由特定的环境因素引起的,其防治措施主要是一些改善树木生长环境的栽培措施,这些措施在其他栽植养护内容里都有涉及,这里就不再重复。因此,下面所讨论园林树木常见侵染性病害的种类及其防治。

1. 白粉病类

　　白粉病(见图6-4)是园林树木上发生既普遍又严重的重要病害,除针叶树外,许多观赏植物都可能发生;但角质层、蜡质层厚的花卉,如山茶、杜鹃、榕树类等,很少有白粉病的发生。

图6-4　大叶黄杨和紫薇的白粉病危害状

　　该病在南方多发生于温暖、湿润和光照不足的雨季,多雨、郁闭、通风及透光较差时,病害发生加重。

　　(1) 识别特征。白粉病的病状最初常常不太明显,一般病症常先于病状。病症初为白粉状,最明显的特征是由表生的菌丝体和粉孢子形成白色粉末状物体。秋季时白粉层上出现许多由白而黄,最后变为黑色的小颗粒,少数白粉病晚夏即可形成这种小颗粒。

　　白粉病症状中主要的病症很明显,一般的病状不明显,但危害幼嫩部位时也会使被害部位产生明显的变化。不同的白粉病症虽然总体上相同,但也有某些差异。如黄栌白粉病的白粉层主要在叶正面,臭椿白粉病则主要在叶背。一般在叶正面白粉层中的小黑点小而不太明显,而在叶背面白粉层中的小黑点大而明显。

　　(2) 防治措施。

　　① 化学防治常用的有 25% 粉锈宁可湿性粉剂的 1500～2000 倍液,残效期长达 1.5～2 个月;50% 苯来特可湿性粉剂 1500～2000 倍液;碳酸氢钠的 250 倍液。

　　② 染病后在夜间喷硫黄粉也有一定的效果。将硫黄粉涂在取暖设备上任其挥发,能有效地防治白粉病。

　　③ 生物农药 BO-10 150～200 倍液、抗霉菌素 120 对白粉病也有良好的防治效果。

　　④ 休眠期喷洒 0.3～0.5 波美度的石硫合剂(包括地面落叶和地上树体),消灭越冬病原物。

　　⑤ 除喷药外,及时清除初期侵染源也非常重要,如将染病落叶集中烧毁;选育和利用抗病品种也是防治白粉病的重要措施之一。

图 6-5　贴梗海棠叶的锈病危害状

2. 锈病类

　　锈病(见图 6-5)是园林树木病害中常见的病害。据全国园林树木病害普查资料统计,花木上有 80 余种锈病,有些锈病为害相当严重。除蔷薇科植物容易染病外,杨树也常感染此病。

　　锈病多发生于温暖湿润的春秋季,灌溉方式不适宜、叶面凝结雾露以及多风雨的条件下,最有利于该病的发生和流行。

　　(1) 识别特征。锈病的病症一般先于病状出现。病状通常不太明显,黄粉状锈斑是该病的典型病症。叶片上的锈斑较小,近圆形,有时呈泡状斑。在症状上只产生褪绿、淡黄色或褐色斑点。在病斑上,常常产生明显的病症。当其他幼嫩组织被侵染时,病部常肥肿。有些锈菌不仅危害叶、花、果实,还可危害嫩梢甚至枝干。一般情况下,锈病虽然不能使寄主植物致死,但常造成早落叶、花果畸形,削弱生长势,降低观赏性及花果产量。

　　(2) 防治措施。

　　① 减少侵染来源:休眠期清除枯枝落叶,喷洒 0.3 波美度的石硫合剂,杀死芽内及病部的越冬菌丝体;生长季节及时摘除染病部分,然后集中烧毁或深埋处理。

　　② 改善环境条件:增施磷、钾、镁肥,氮肥要适时施用;在酸性土壤中施入石灰等能提高园林树木的抗病性。

③ 生长季节喷洒 25%粉锈宁可湿性粉剂 1500 倍液；或喷洒敌锈钠 250～300 倍液，10～15 天喷一次；或喷 0.2～0.3 波美度的石硫合剂也有很好的防治效果。

3. 炭疽病类

炭疽病(见图 6-6)是园林树木上常见的一大类病害，主要发生在我国南方地区，除梅花、兰花和樟树经常染病外，其他花木也可能感染此病。该病每年 3～11 月均可发病，雨季加重；老叶 4～8 月发病，新叶 8～11 月发病。

(1)识别特征。炭疽病虽然发生于许多园林树木，危害多个部位，症状也有一定差异，但都是大同而小异。

在发病部位形成各种形状、大小、颜色的坏死斑，比较典型的症状是常在叶片上产生明显的轮纹斑，后期在病斑处形成的粉状物往往呈轮状排列，在潮湿条件下病斑上有粉红色的黏粉物出现，这是诊断炭疽病的标志。炭疽病主要为害叶片，降低观赏性，也有的对嫩枝为害严重，如山茶炭疽病。

图 6-6 橡皮树叶炭疽病危害状

(2)防治措施

① 加强养护管理措施，促使园林树木生长健壮，增强抗病性。

② 及时清除树冠下的病落叶及病枝和其他感病材料，并集中销毁，以减少侵染来源。

③ 利用和选育抗病品种，是防治炭疽病中应注意的方面。

④ 化学防治：侵染初期可喷洒 70%代森锰锌 500～600 倍液，或 1：0.5：100 的波尔多液(即 1 份硫酸铜、0.5 份生石灰和 100 份水配制而成)，或 70%甲基托布津可湿性粉剂 1000 倍液。喷药次数可根据病情发展情况而定。

图 6-7 桂花叶褐斑病危害状

4. 叶斑病类

叶斑病(见图 6-7)是叶组织受到局部侵染，导致各种叶部斑点病害的总称，主要危害樱花、梅花、樱桃、碧桃、桃、李、杏、苏铁、月季、杜鹃、大叶黄杨等植物。在长江流域一带，5～6 月和 8～9 月出现两次发病高峰期；在北方一般 8～9 月发病最重。

(1)症状要点。在园林树木上常发生的叶斑病有黑斑病、褐斑病、角斑病及穿孔病。它们的共同特性是局部侵染引起叶片局部组织坏死，产生各种颜色、形状的病斑，有的病斑可因组织脱落而形成穿孔。病斑上常出现各种颜色的霉层或粉状物。严重时引起叶片早落，导致植株生长不良。叶斑病的主要病原物是半知菌。

(2)防治措施。

① 及时清除树冠下的病落叶、病枝和其他感病材料，并集中销毁，以减少侵染来源。

② 化学防治：在早春植株萌动之前，喷洒 3～5 波美度的石硫合剂等保护性杀菌剂，或 50%多菌灵 600 倍液。

③ 展叶后可喷洒 1000 倍的多菌灵，或 75%甲基托布津 1000 倍液。隔半个月喷一次，连

续喷 2～3 次。

5. 溃疡病或腐烂病类

溃疡病(见图 6-8)是指枝干局部性皮层坏死,坏死后期组织失水而稍下陷,有时周围还产生一圈稍隆起的愈伤组织。除包括典型的溃疡病外,还包括腐烂病(烂皮病)、枯枝病、干癌病等所有引起园林树木枝干韧皮部坏死或腐烂的各种病害。

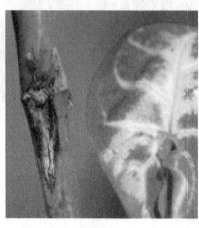

图 6-8　合果芋茎溃疡病与泡桐茎溃疡病

容易感染该病的园林树木除杨树类外,柳树、核桃、板栗、榆树、槭树、樱花、樱桃、木槿等木本植物和其他一些肉质植物也经常染病。

该病一般每年 3～4 月开始发病,5～6 月为发病盛期,9 月病害基本停止扩展。

(1) 识别特征。溃疡病的典型症状是发病初期枝干受害部位产生水渍状病斑,有时为水泡状,圆形或椭圆形,大小不一,并逐渐扩展;后失水下陷,在病部产生一些粉状物。病重时会出现纵裂,甚至于皮层脱落,露出褐色的木质部表层。后期病斑周围形成隆起的愈伤组织,阻止病斑的进一步扩展。有时溃疡病在园林树木生长旺盛时停止发展,病斑周围形成愈伤组织,但病原物仍在病部存活,次年病斑会继续扩展,然后周围又形成新的愈伤组织,如此往复年年进行,病部形成明显的长椭圆形盘状同心环纹,且受害部位局部膨大,有些多年形成的大型溃疡斑可长达数十厘米或更长。

抗性较弱的园林树木,病原菌生长速度比愈伤组织形成的速度快,病斑迅速扩展,或几个病斑汇合,形成较大面积的病斑,后期在上面长出颗粒状的病症,皮层腐烂,此即为腐烂病或称烂皮病。当病斑扩展到环绕树干 1 周时,病部上面枝干就会枯死。

(2) 防治措施。

① 通过综合治理措施改善园林树木生长的环境条件,提高它们的抗病能力。

② 注意适地适树;选用抗病性及抗逆性强的树种;培育无病壮苗。

③ 在起苗、假植、运输和定植的各环节,尽量避免苗木失水;在保水性差且干旱的沙土地,可采取必要的保水措施,如施用吸水剂、覆盖薄膜等。

④ 清除严重病株及病枝,保护嫁接及修枝伤口,在伤口处涂药保护,以避免病菌侵入。

⑤ 秋冬和早春用含硫黄粉的树干涂白剂涂白树干,防止病原菌侵染。

⑥ 用 50%多菌灵 300 倍液加入适当的泥土混合后涂于病部,或用 50%多菌灵、70%甲基

托布津、75％百菌清 500～800 倍液喷洒病部,都有较好的防治效果。

6. 线虫病类

在线虫病类中,以根结线虫病最为常见,主要危害桂花、栀子、木槿、紫薇等。

(1)识别特征。园林树木上常见的线虫病害有三种:

① 根结线虫:表现为植物根部形成小瘤状虫瘿(即"根结"),这类病害最为常见(见图 6-9)。

② 滑刃线虫:叶片表现出多角形的坏死斑,芽畸形,全株矮化。

③ 茎线虫:表现为叶片变形,花卉矮化,乃至不能开花。

图 6-9 月季根结线虫病危害状(小根上有"根结")

线虫以卵、幼虫和成虫在病株上和土壤中越冬,虫体借助雨水、灌溉、工具、土壤、苗木、种球等传播。翌年春季气温上升后,孵化出的幼虫从植株的气孔、皮孔、伤口等处侵入。在适宜条件下(20～25℃),线虫完成 1 代仅需 17 天左右,长者 1～2 个月,1 年可发生 3～5 代。温度较高、雾湿通气的沙壤土发病较重。

(2)防治措施

① 加强检疫,严禁携带线虫的花苗、种球调运。

② 及时清除病株、病残体以及带病土壤,不要重茬种植,以消灭病原。

③ 用顶芽繁殖和组培方法繁育无线虫幼苗。

④ 高温处理:夏季高温天气,将土壤铺成 10 厘米厚,日光下暴晒 30 天,3 天翻动 1 次;其间不能淋雨。

⑤ 药剂防治:每公顷用 10％克线磷颗粒剂 37.5 kg,采用沟施或穴施方法埋药,后覆土浇水。

7. 病毒病类

我国常见的花卉或其他植物上几乎都有病毒病(见图 6-10)发生,同时一种病毒病可感染几种至上百种不同植物,其中一些优势病原病毒种类已成为农林及园艺生产上的严重问题。豆科、葫芦科以及菊科植物的种子容易传播病原病毒。

(1)识别特征。先局部发病,以后扩展到花卉全株。该病主要表现为花叶、斑驳、褪绿、黄化、环斑、条斑、枯斑、卷叶、皱缩、丛生、畸形等,很少有腐烂与萎蔫。同一种病毒在不同植物上,其症状表现不同。

图 6-10 月季的花叶病毒病危害状

病毒一般在病株、球茎、块茎、种子、杂草上潜伏越冬。病原只能从各种伤口侵入。但能通过蚜虫、螨类、叶蝉、介壳虫、线虫、繁殖材料、工具、汁液、嫁接、人为活动等传播,与病株接触摩擦也可以传染。一般在蚜虫发生时为害严重,或高温干旱年份发病较重。

（2）防治措施。

① 加强检疫，严禁带有病毒的园林树木进行引种和调运。

② 及时消灭杂草及缠绕植物，以防止病毒滋生。

③ 发现病株及时拔除并立即烧毁，以消灭病源。

④ 及时防治刺吸式口器害虫，尤其是蚜虫，以避免害虫传播。

⑤ 用根尖、茎尖等组培无毒苗。

⑥ 药剂防治：发病初期喷施 20％病毒灵 400 倍液，7 天 1 次，直到病愈为止。

8. 根癌病

根癌病（见图 6 - 11）分布在世界各地，我国分布也很广泛。紫叶李、月季及樱花等蔷薇科花木容易受根癌病的危害。此外，该病还为害夹竹桃、杨、柳、核桃、柏、桧柏、花柏、黄杉、南洋杉、银杏、罗汉松、金钟柏等。感病花木的根系发育受影响，常造成营养缺乏，早现衰弱状态，最后枯死。碱性、湿度大的沙壤土易发病；连作利于发病，苗木根部有伤口易发病。

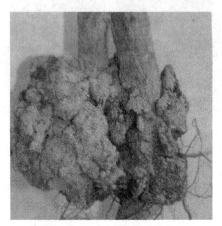

图 6 - 11　樱花根癌病危害状

（1）识别特征。根癌病又名冠瘿病，主要发生在根颈处，有时也发生在主根、侧根和地上部分的主干、枝条上。病原细菌一般从伤口入侵，经数周或 1 年以上就可出现症状。受害处形成大小不等、形状不同的瘤状物。初生的小瘤，呈灰白色或肉色，质地柔软，表面光滑，后渐变成褐色至深褐色，质地坚硬，表面粗糙并龟裂。

（2）防治措施

① 加强园林树木检疫，防止带病苗木出圃，发现病苗及时拔除并烧毁。

② 对可疑的苗木在栽植前进行消毒，如用 1％硫酸铜浸泡 5 min 后用水冲洗干净，然后栽植。

③ 精选圃地，避免连作。选择未感染根癌病的地区建立苗圃。如出现苗圃污染，需进行 3 年以上的轮作。

④ 对感病苗圃用硫黄粉、硫酸亚铁或漂白粉进行土壤消毒。

⑤ 对于初发病株，切除病瘤，用石灰乳或波尔多液涂抹伤口，或用甲醇冰碘液（甲醇 50份、冰醋酸 25 份、碘片 12 份、水 13 份）进行处理，可使此病痊愈。

⑥ 选用健康的苗木进行嫁接。嫁接刀要在高锰酸钾溶液或 75％的酒精中消毒。

⑦ 施用生物制剂 K84 和 D286 的菌体混合悬液浸根，可明显降低根癌病的发生率。

9. 幼苗猝倒和立枯病

幼苗猝倒和立枯病（见图 6 - 12）是园林树木常见病害之一，各种草本花卉和园林树木的苗期都可能发病。针叶树育苗每年都有不同程度的发病，重病地块的发病率可达 70％～90％。

土壤带菌是最重要的病菌来源，病菌可通过雨水、灌溉水和粪土进行传播。苗床（育苗地）连作、出苗后连续阴雨天气、光照不足、种子质量差、播种过晚、施用未充分腐熟的有机肥等，都会加重该病的发生。

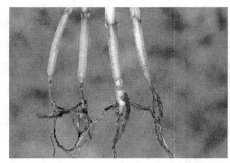

图 6-12　鸡冠花幼苗猝倒和苹果立枯病

（1）识别特征。常见的症状主要有三种类型：种子或尚未出土的幼芽被病菌侵染后，在土壤中腐烂，称腐烂型；出土幼苗尚未木质化前，在幼茎基部呈水渍状病斑，病部缢缩变褐腐烂，在子叶尚未凋萎之前，幼苗倒伏，称猝倒型；幼茎木质化后，造成根部或根颈部皮层腐烂，幼苗逐渐枯死，但不倒伏，称立枯型。

（2）防治措施

① 猝倒病和立枯病应采取以栽培技术为主的综合防治措施，培育壮苗，提高抗病性。

② 不宜选用瓜菜地和土质黏重、排水不良的地块作为圃地。还要注意精选种子，适时播种。

③ 对土壤进行消毒；用多菌灵配成药土（每公顷用 10％多菌灵可湿性粉剂 75 kg 与细土混合，药与土的比例为 1∶200）垫床和覆种。

④ 播种前用 0.5％高锰酸钾溶液（60℃）浸泡种子 2 小时，对其消毒。

⑤ 幼苗出土后，可喷洒多菌灵 50％可湿性粉剂 500～1000 倍液，或喷 1∶1∶120 的波尔多液，每隔 10～15 天喷洒 1 次。

6.5.4.2　常见虫害及其防治

依据危害部位的不同，生产上常将园林树木的主要害虫分为食叶害虫、蛀干害虫、枝梢害虫、根部害虫等四大类。

1. 食叶害虫

食叶害虫种类繁多，主要为鳞翅目的各种蛾类和蝶类、鞘翅目的叶甲和金龟子、膜翅目的叶蜂等。其猖獗时能将叶片吃光，削弱树势，并为蛀干害虫的侵入提供条件。这类害虫多为裸露生活，受环境影响大，虫口密度变化也大。

（1）叶蜂类。主要为害对象为蔷薇科木本花卉和樟科樟属植物（见图 6-13）。

图 6-13　叶蜂成虫和幼虫

① 形态及生活习性。成虫体长 7.5 mm 左右,翅黑色、半透明,头、胸及足有光泽,腹部橙黄色。幼虫体长 2 mm 左右,黄绿色。多数叶蜂一年可发生 2 代,以幼虫在土中结茧越冬,翌年 3 月上中旬化蛹、羽化、交尾和产卵,4 月孵出幼虫开始为害。叶蜂有群集习性,常数十头群集于叶上取食,严重时可将叶片吃光,仅留粗大叶脉。雌虫产卵于枝梢,可使枝梢枯死。

② 防治方法

(a) 人工连叶摘除刚孵化的幼虫。

(b) 冬季控茧,消灭越冬幼虫。

(c) 可喷施 80％敌敌畏乳油 1000 倍液、90％敌百虫 800 倍液、50％杀螟松乳油 1000～1500 倍液、2.5％溴氰菊酯乳油 2000 或 3000 倍液。

(2) 大蓑蛾。又名大袋蛾、大皮虫、避债蛾。大蓑蛾(见图 6-14)以幼虫为害樱花、梅、泡桐、槐树、樟树、李、海棠、白榆、柳、雪松、桧柏、侧柏、悬铃木、水杉及木芙蓉等植物,可将叶片吃光,只残存叶脉,影响被害植株的生长发育和观赏价值。

图 6-14　大蓑蛾雄成虫(左)、幼虫(中)和皮囊(右)

① 形态及生活习性。雌成虫无翅,蛆状,体长约 25 mm。雄成虫有翅,体长约 5～17 mm,黑褐色。幼虫头部赤褐色或黄褐色,中央有白色“人”字纹,胸部各节背面黄梅色,上有黑褐色斑纹。幼虫、雌成虫外有皮囊,皮囊外附有碎叶片和少数枝梗。大蓑蛾一年发生 1 代,以老熟幼虫在皮囊内越冬,翌年 4 月下旬开始化蛹,5 月下旬开始羽化,6 月中旬开始孵化,初孵幼虫在虫囊内滞留 3～4 天后蜂拥而出,吐丝下垂,借助风力扩散蔓延。幼虫具有明显的向光性,一般向树冠顶部集中为害。

② 防治方法。

(a) 初冬人工摘除植株上的越冬虫囊。

(b) 在交配繁殖前用灯光诱杀雄蛾。

(c) 幼虫孵化初期喷 90％敌百虫 1000 倍液,或 80％敌敌畏乳油 800 倍液,或 50％杀螟松乳油 800 倍液。

(3) 短额负蝗。又称小绿蚱蜢、小尖头蚱蜢(见图 6-15)。主要为害月季、栀子花等多种植物。

① 形态及生活习性。成虫体长约 20 mm,初夏孵化的夏型成虫为绿色,初秋孵化的秋型成虫为淡褐色,梭状,前翅革质,淡绿色,后翅膜质透明。若虫体小,无翅,卵黄褐色到深黄色。短额负蝗一般一年发生 2 代,以卵块在土壤中越冬,5 月上旬开始孵化,6 月上旬为孵化盛期。第二代若虫 7 月下旬开始孵化,8 月上中旬为孵化盛期。初孵若虫有群集危害习性,2 龄后分散危害。成虫和若虫均咬食叶片,造成孔洞或缺刻;严重时,把叶片吃光,只留枝干。该虫喜欢生活在植株茂盛、湿度较大的环境中。

图 6 - 15　短额负蝗的夏型成虫与秋型成虫

② 防治方法。

（a）清晨进行人工捕捉，或用纱布网兜捕杀。

（b）冬季深翻土壤曝晒或用药剂消毒，减少越冬虫卵。

（c）喷施 50％杀螟松乳油 1000 倍液，或 90％敌百虫 800 倍液，或 80％敌敌畏乳油 1000 倍液。

（4）刺蛾类。主要危害悬铃木、柳树、腊梅、月季、石榴、樱花、榆树、紫薇、紫荆、红叶李、玉兰等植物（见图 6 - 16）。

图 6 - 16　黄刺蛾的成虫（左）、幼虫（中）和越冬茧（右）

① 形态及生活习性。成虫体长 15 cm 左右，头和胸部背面金黄色，腹部背面黄褐色，前翅内半部黄色，外半部褐色，后翅淡黄褐色。幼虫黄绿色，背面有哑铃状紫红色斑纹。发生最为普遍的黄刺蛾一年产生 1～2 代，以老熟幼虫在受害枝干上结茧越冬，翌年 5～6 月化蛹，1 个月左右孵化出幼虫，啃食叶片造成危害。严重时叶片吃光，只剩叶柄及主脉。刺蛾成虫昼伏夜出，具有明显的趋光性。

② 防治方法。

（a）灯光诱杀成虫。

（b）人工摘除越冬虫茧。

（c）在初龄幼虫期喷 80％敌敌畏乳油 1000 倍液，或 25％亚胺硫磷乳油 1000 倍液，或 2.5％溴氰菊酯乳油 4000 倍液。

2. 枝梢害虫

枝梢害虫种类繁多，为害隐蔽，习性复杂。从为害特点大体可分为刺吸类和钻蛀类两大类，由于后者大多又是蛀干害虫，在"蛀干害虫"中单独介绍，所以这里主要介绍前者。

（1）介壳虫类。介壳虫（见图 6-17）有数十种之多，为害园林树木的主要有吹绵蚧、粉蚧、月季白盾蚧、日本龟蜡蚧、角蜡蚧、红蜡蚧等。主要为害对象为木麻黄、金橘、山茶、相思树、芙蓉、常春藤、重阳木、海桐、米兰、桂花、月季、槐树、悬铃木、杨、柳、白蜡、枫杨、泡桐、女贞、红叶李、雀舌黄杨、刺槐等植物。

图 6-17　月季白盾蚧（左上）、日本龟蜡蚧（右上）、吹绵蚧（左下）、粉蚧（右下）

① 形态及生活习性。介壳虫是小型昆虫，体长一般 1～7 mm，最小的只有 0.5 mm 左右，大多数虫体上被有蜡质分泌物。繁殖迅速，一年可发生 1～3 代。为害时间一般为 3～9月，在 5～6 月和 8～9 月为高峰期。常群聚于枝叶及花蕾上吸取汁液，造成枝叶枯萎甚至死亡。

② 防治方法。

（a）少量发生时可用棉球蘸水抹去，或用刷子刷除。

（b）及时剪除虫枝虫叶，并集中烧毁。

（c）注意保护寄生蜂和捕食性瓢虫等介壳虫的天敌生物。

（d）在产卵期和孵化盛期（约 4～6 月）用 40％氧化乐果乳油 1000～2000 倍液，或杀螟松乳油 1000 倍液喷雾 1～2 次。

（2）蚜虫类。蚜虫类主要有桃蚜、棉蚜、月季长管蚜、梨二叉蚜、桃瘤蚜等（见图 6-18）。主要为害木槿、芙蓉、木瓜、石楠、紫荆、樱花、梅花、白兰等植物。

① 形态及生活习性。蚜虫个体细小，一般只有几毫米，但繁殖力很强，能进行孤雌生殖，在夏季 4～5 天就能繁殖一代，一年可繁殖几十代。多以卵在杂草或小灌木的芽腋处越冬，翌年 4 月产生蚜虫开始为害，直到秋季气温下降后才逐渐停止。蚜虫积聚在新叶、嫩芽及花蕾

图 6-18 桃蚜及为害状(上)、棉蚜为害状(下左)、月季长管蚜为害状(下右)

上,以刺吸式口器刺入园林树木组织内吸取汁液,使受害部位出现黄斑或黑斑,受害叶片皱曲、脱落,花蕾萎缩或畸形生长,严重时可使植株死亡。蚜虫还要分泌蜜露,从而招致细菌生长,并诱发煤烟病等病害。此外,其还能在蚊母树、榆树等植株上形成虫瘿。

② 防治方法。

(a) 清除植株附近杂草,冬季在园林树木上喷施 3～5 波美度的石硫合剂,消灭越冬虫卵。或萌芽时喷施 0.3～0.5 波美度的石硫合剂杀灭幼虫。

(b) 发生盛期喷施乐果或氧化乐果 1000～1500 倍液,或杀灭菊酯 2000～3000 倍液,或 2.5% 鱼藤精 1000～1500 倍液,1 周后复喷一次防治效果更好。

(c) 注意保护瓢虫、食蚜蝇及草蛉等蚜虫的天敌。

(3) 叶螨类。叶螨类(见图 6-19)俗称"红蜘蛛"。种类较多,主要有朱砂叶螨、苹果全爪螨、山楂叶螨、柑橘全爪螨等。为害对象除蔷薇科木本植物、柑橘类植物外,还包括紫藤、紫薇、榆树等植物。

① 形态及生活习性。叶螨个体小,体长一般不超过 1 mm,呈圆形或卵圆形,橘黄或红褐色,可通过两性生殖或孤雌生殖进行繁殖,繁殖能力强,一年可达 10 代左右。以雌成虫或卵在枝干、树皮下或土缝中越冬,翌年 3 月初越冬卵孵化。孵化时间较集中,这是药剂防治的关键时期。6～7 月是全年发生为害的高峰,世代更迭现象严重。成虫、若虫用口器刺入叶内吸吮汁液,被害叶片叶绿素受损,叶面密集细小的灰黄点或斑块,严重时叶片枯黄脱落,甚至因叶片落光而造成植株死亡。

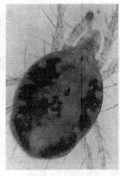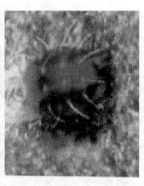

图 6-19　朱砂叶螨结的丝网(一)、朱砂叶螨成虫(二)、苹果全爪螨成虫(三)、山楂叶螨成虫(四)

② 防治方法

(a) 冬季清除植株周围的杂草及落叶,或圃地灌水,以消灭越冬虫源。

(b) 个别叶片上有灰黄斑点时,可摘除病叶,集中烧毁。

(c) 虫害发生期喷施 20％双甲脒乳油 1000 倍液,20％三氯杀螨砜 800 倍液,或 40％三氯杀螨醇乳剂 2000 倍液,每 7～10 天喷一次,共喷 2～3 次。

(d) 保护各种食螨瓢虫和其他螨虫天敌。

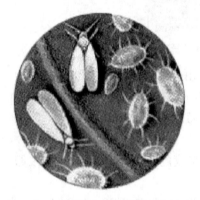

图 6-20　白粉虱成虫(有翅)和幼虫
(无翅)

(4) 白粉虱。白粉虱(见图 6-20)是温室花卉的主要害虫。主要为害茉莉、扶桑、月季、绣球、佛手等植物。

① 形态及生活习性。体小纤弱,长 1 mm 左右,淡黄色,翅上被覆白色蜡质粉状物。白粉虱以成虫和幼虫群集在花木叶片背面,刺吸汁液进行危害,使叶片枯黄脱落。成虫及幼虫能分泌大量蜜露,导致煤烟病发生。白粉虱一年可繁殖 10 代左右,温室内可终年繁殖,世代重叠,全年为害。成虫多集中在植株上部叶片的背面产卵,幼虫和蛹多集中在植株中下部的叶片背面。

② 防治方法。

(a) 及时修剪、疏枝,去掉虫叶;加强管理,保持通风透光,可减少为害的发生。

(b) 40％乐果或氧化乐果、80％敌敌畏、50％马拉松乳剂对成虫和若虫有良好的防治效果。20％杀灭菊酯 2500 倍液对各种虫态都有防治效果。

(c) 利用它的主要天敌——丽蚜小蜂来进行防治。

3. 蛀干害虫

蛀干害虫包括鞘翅目的小蠹、天牛、吉丁虫、象甲,鳞翅目的木蠹蛾、透翅蛾,等翅目的白蚁,膜翅目的树蜂等,常见的是天牛、木蠹蛾和白蚁三类。它们多危害生长衰弱的园林树木,且生活隐蔽,防治困难,园林树木一旦受害很难恢复。

(1) 天牛类。天牛类(见图 6-21)常见的主要有星天牛、桃红颈天牛、桑天牛等。为害对象除杨柳科植物和柑橘类植物外,还包括元宝枫、樱花、榆、楝树以及松树类植物。

① 形态及生活习性。各种天牛形态及生活习性差异较大。成虫体长 9～40 mm,多呈黑

色,飞翔力弱,容易捕捉。天牛类一年一代或 2～3 年发生 1 代,以幼虫或成虫在根部或树干蛀道内越冬,卵多产在主干、主枝的树皮缝隙中。幼虫孵化后,蛀入木质部危害,蛀孔处堆有锯末和虫粪。受害枝条枯萎或折断。幼虫为害期在每年的 3～11 月。

图 6-21 星天牛(左)、桃红颈天牛(中)与桑天牛(右)成虫

② 防治方法。

(a) 人工捕杀成虫;成虫发生盛期也可喷施 5% 西维因粉剂或 90% 敌百虫 800 倍液防治。

(b) 成虫产卵期,经常检查树干和枝条的树皮缝隙,发现虫卵及时刮除。

(c) 用细铁丝钩伸入蛀道内钩出或刺杀幼虫。或用棉球蘸敌敌畏药液塞入洞内并立即封闭,以熏杀幼虫。

(d) 成虫发生前,用涂白剂对树干和主枝进行涂白处理,以防止成虫产卵。涂白剂用生石灰 10 份、硫黄 1 份、食盐 0.2 份、兽油 0.2 份、水 40 份配成。

(2) 木蠹蛾类。主要为害杨树、柳树、榆树、槭树、丁香、白蜡、槐树、刺槐、石榴、柑橘类、水杉等植物。

① 形态及生活习性。成虫灰白色,长 5～28 mm。触角黑色、丝状,胸部背面有 3 对蓝青色斑点,翅灰白色、半透明。幼虫红褐色,头部淡褐色。一年发生 1～2 代,以幼虫形式在枝条内越冬,春季气温升高后开始活动。以幼虫蛀入茎部为害,造成枝条枯死、植株不能正常生长开花,或因茎干蛀空而折断。发生最为普遍的是小线角木蠹蛾(见图 6-22)。

图 6-22 小线角木蠹蛾成虫与卵及刚孵化的幼虫

② 防治方法。

(a) 及时剪除受害枝条,并集中烧毁。

(b) 用细铁丝钩插入虫孔,钩出或刺死幼虫。

(c) 孵化期喷施 40% 氧化乐果、80% 敌敌畏乳油 1000 倍液,或 50% 杀螟松乳油 1000 倍液防治。

（3）白蚁类。我国的白蚁主要有两种：家白蚁和黄胸散白蚁。两者的形态和防治方法基本相同，只是家白蚁群体大而集中，而黄胸散白蚁群体小而分散。白蚁主要为害女贞、桉树、水杉、栾树、泡桐、梧桐、桂花、茶花等多种植物。

图 6-23　白蚁的工蚁

① 形态及生活习性。繁殖蚁有浅黄色翅膀，头部背面为深黄褐色，身体背面黄褐色；兵蚁头部梨形，浅黄色，头部有明显的分泌孔，受触动后能分泌乳白色的浆汁；工蚁头部浅黄色，腹部白色，头前部方形、后部圆形（如图 6-23）。白蚁为土、木两栖型昆虫，工蚁通过开辟蚁路到各处寻找食物，新鲜的蚁路一般可以看到有一条疏松的泥土突起，这是寻找蚁路的最好特征。白蚁以为害木本植物的根和枝干为主。

白蚁活动隐蔽，喜欢阴暗温暖潮湿的环境。在干旱季节，白蚁以取食植物来补充其所需的水分，因此干旱天气白蚁为害严重。

② 防治方法。

（a）诱杀。用蔗渣、食糖等埋入土中，引诱白蚁集中后用菊酯类农药毒杀。

（b）注意保护白蚁天敌，如食虫鸟类、蜥蜴、蝙蝠等。

（c）加强树木养护，避免各种损伤造成树体伤口。发现伤口及洞口要及时填补，以防止白蚁侵入树体。

4. 根部害虫

又称地下害虫。常危害幼苗、幼树根部或近地面部分。种类较多，常见的有鳞翅目的地老虎类、鞘翅目的蛴螬（金龟子幼虫）类和金针虫（叩头虫幼虫）类、直翅目的蟋蟀类和蝼蛄类、双翅目的种蝇类等。这里主要介绍发生比较普遍，且危害较为严重的地老虎类、金龟子类和蝼蛄类害虫。

（1）地老虎类。俗名土蚕、地蚕。它们的幼虫以松、杉等 100 多种植物幼苗和根系为食。植株在幼苗期受害最严重，会在齐地表处被咬断，使整株幼苗死亡，造成苗圃缺苗断垄。

① 形态及生活习性。最常见的地老虎有两种，即小地老虎和大地老虎（如图 6-24）。小地老虎成虫体长 16～23 mm，翅黄褐色，有剑状黑纹；幼虫浅褐色，表皮粗糙，有许多瘤状黑点，长约 4 cm。大地老虎成虫体长 20～25 mm，翅灰褐色；幼虫紫黑色，体长 35～60 mm，其他特征与小地老虎相同。

如图 6-24　大地老虎（一）与小地老虎（二）的成虫（三）和幼虫（四）

以老熟幼虫或蛹越冬,翌年3月越冬幼虫开始活动为害,一年中以3~6月对苗木为害最重。

小地老虎每年繁殖的代数各地不同,从北到南逐渐增多;卵单粒散产于落叶上、地面或植株根际;于土中化蛹,蛹发育历时12~18天,越冬蛹长达150天左右;成虫喜食蜜糖液。大地老虎每年发生一代,以幼虫越冬,次年4~5月发生危害,有越夏习惯,成虫喜食蜜糖液,卵产于植株近地面的叶片上或土块上。

② 防治方法。

(a) 采用黑光灯或蜜糖液诱杀成虫。

(b) 早春清除苗圃及周围杂草,防止成虫产卵。

(c) 采用2.5%溴氰菊酯3000倍液,或90%敌百虫800倍液灌土防治。

(2) 金龟子类。常见的有铜绿金龟子、小青花金龟子、膨翅异丽金龟子、四纹丽金龟子、棕色鳃金龟子等(如图6-25)。为害植物主要有杨、柳、榆、落叶松、月季、椰榆、桃、悬铃木、槐、柳、马尾松、云南松、梅等种类。

图6-25　铜绿金龟子(上左)、小青花金龟子(上右)、膨翅异丽金龟子(下左)、四纹丽金龟子(下中)、棕色鳃金龟子(下右)

① 形态及生活习性。虫体卵圆或长椭圆形,鞘翅铜绿色、紫铜色、暗绿色或黑色等,多有光泽。成虫主要夜晚活动,有趋光性,危害部位多为叶片和花朵,严重时可将叶片和花朵吃光。金龟子的幼虫称为蛴螬,是危害苗木根部最常见的地下害虫之一。

金龟子一年繁殖1代,以成虫或幼虫在土壤内越冬,翌年4月出土为害,一般9月停止活动。

② 防治方法。

(a) 利用黑光灯诱杀成虫。

(b) 利用成虫假死性,可于黄昏时人工捕杀成虫。

(c) 喷施40%氧化乐果乳油1000倍液,或90%敌百虫800倍液也有较好防治效果。

(3) 蝼蛄类。俗名拉拉蛄、土狗子。它们的成虫和幼虫均在土壤中生活,取食播下的种子、幼芽和幼苗。它们还可将表土层串连成许多隧道状洞穴,造成幼苗根部脱离土壤而失水枯死。为害对象主要包括杨、柳、榆、松、柏、海棠、悬铃木等木本植物和多种草本花卉。

① 形态及生活习性。最常见的蝼蛄有两种,即非洲蝼蛄和华北蝼蛄(见图 6 - 26)。非洲蝼蛄成虫体长 30～35 mm,灰褐色,腹部色较浅,全身密布细毛;头圆锥形,触角丝状;前翅灰褐色,较短,仅达腹部中央;后翅扇形,较长,超过腹部末端;腹末具一对尾须;前足为开掘足,后足胫节背面内侧有 4 根坚硬的棘刺。华北蝼蛄比非洲蝼蛄大,成虫体长 36～55 mm,黄褐色,后足胫节背面内侧仅有 1 根坚硬的棘刺,其他特征与非洲蝼蛄相同。

图 6 - 26　非洲蝼蛄与华北蝼蛄成虫

蝼蛄成虫和若虫在土下 30～100 cm 深处越冬,翌年 3～4 月若虫开始上升为害植物,4～5 月是为害盛期。成虫有趋光、趋声性和趋粪性。

② 防治方法。生产上最经济有效的方法是毒饵防治。将饵料(麦麸、豆饼等)炒香,每 5 kg 用 90％敌百虫 30 倍液或 40％乐果乳油 10 倍液 0.15 kg 拌匀,适量加水,以湿润为度,每 667 m² 施用 1.5～2.5 kg,在无风闷热的傍晚撒施效果最好。

7 园林树木的其他养护与管理

7.1 人为因素的危害及其防治

　　园林树木在为城镇居民创造优良环境的同时,不可避免地要受到一些人为因素引起的危害,如环境污染、市政工程和其他建筑的施工、人为的践踏和机械的碾压、错误的养护管理措施等引起的伤害。

　　市政工程和建筑施工对树木的伤害主要表现在土壤的填挖、地面铺装、夯实、地下与空中管线的设置与维护、煤气的泄漏及化冰盐的处理等方面。园林树木长期生长在一定的土壤条件下,其根系与土壤已经形成稳定而协调的关系。根系的分布也相对集中在一定深度的土层内,从中获得氧气、水分和营养,并能得到土壤微生物活动的有利帮助,使它们能正常地生长和发育。一旦其生长的土壤环境变坏,就会给树木根系造成严重的伤害。俗话说"人怕伤心,树怕伤根",这种伤害对整个树木的影响是显而易见的。

7.1.1 填方对树木生长的危害及防治

　　植物的根系在土壤中生长,对土层厚度是有一定要求的,过深与过浅对树木生长均不利。根据调查,植物生长需要的土壤厚度见表7-1。

表 7-1　植物生长土层及栽培土层的最低限度

类别	植物生存的最小厚度/cm	植物栽培的最小厚度/cm
草本	15	30
小灌木	30	45
大灌木	45	60
浅根性乔木	60	90
深根性乔木	90	150

　　由于市政或其他建设工程的需要,在树木的生长地填土,致使土层加厚,就会对原来生长在此处的树木造成危害。其原因主要是填充物阻滞了大气与土壤中气体的交换以及水分的正

常运动,根系与根际微生物的生理功能因窒息而受到干扰,甚至完全丧失。在此情况下,厌氧菌大量繁衍,产生有毒物质,使树木根系中毒,中毒可能比缺氧窒息所造成的危害更大。此外,填方对土壤的温度变幅也有影响,这种影响对树木生长也不利。

填方对树木危害的程度与树种、年龄、生长状况、填土厚地、深度等因素有关。现有的研究成果表明,槭树、山毛榉、檫木、栎类、鹅掌楸、松树和云杉、毛白杨、河北杨、响杨等树种如果填土 10 cm 以上,其生长量就会明显降低,并永远不能恢复;桦木、山核桃和铁杉等受害较轻;榆树、柳树、榕树、二球悬铃木和刺槐等由于能在填土中发出不定根,受影响较小。幼树比老树、生长势强的树比弱树受害较轻;疏松多孔的填土树木受害小;通透性差的黏土危害最严重,甚至只要铺填 3～5 cm 黏土就可以使树木造成严重的损害甚至死亡。如果填方土壤中混有石砾会减小对树木的伤害。此外,填方越深越紧,对树木的根系干扰越明显、危害越大。在树木周围长时间堆放大量的建筑用沙或水泥、石灰等对树木生长非常有害,一定注意绝不能在树干基部堆放此类物质。

关于填方对树木危害的防治问题,首先开始设计时就要权衡利弊、区别情况,采取不同的处理方式和方法。如果必须在树木栽植地进行填方,且填土较薄,可以采取一定的技术措施,如填沙质土或安装通气设施等解决。如填土很厚,只有将树移走。如果计划填方的地点栽植的是珍贵的、有研究价值或观赏价值极高的古树和大树,则绝不能进行移栽,也不能填方,只有更改设计方案,别无他法。

关于低洼地填平后种树的问题也应注意,不可随便进行。首先要分析填土的质地,质地不同对树木的影响也不同。一般用挖方的土壤或生活垃圾及建筑垃圾进行填平,因为挖方的土壤大部分为未风化的底土,通气透水性不良,基本上没有土壤微生物的活动,致使肥力很低。如果不经过一段时间的风化,立即种树,其结果不是树木生长不良,就是树木很快死亡。对这类土质,应放置 1～2 年,在其上最好种植紫花苜蓿等绿肥作物,令其尽快进行风化,增加通气透水性与肥力。如果工期紧,时间不能耽搁,也可采用在其中掺入一定量的腐质土、沙子及有机肥,或在种植穴内换土等措施。

一般来讲,生活垃圾中有煤灰土、动植物的残骸及人们生活丢弃的无用杂物,这些对树木生长没有多大害处,但也需要加入好土和有机肥,经过沉降后,方可栽植。要注意的是,其中有废塑料袋和有毒物质,应该捡出处理。建筑垃圾就不同了,因为建筑垃圾中有石灰和水泥及其混合物的残渣等,这类物质对树木生长有害,必须清理出去;如果含量过多,就必须进行换土。建筑垃圾中的砖头、石块、木块、锯末等对树木生长有利无害,不用捡出去,但也不能过量。

7.1.2　挖方对树木生长的危害及防治

挖方不会像填方那样给树木造成灾难性的影响,但也因挖掉含有大量营养物质和土壤微生物的表土层,使吸收根群裸露而干枯,表层根系易受夏季高温炙烤和冬季低温的伤害、根系被切伤和折断以及地下水位提高等,都会破坏根系与土壤之间的平衡,降低树木的稳定性和生长势。这种影响对浅根性树种更大,有时甚至会造成树木死亡。如果挖掉的土层较薄,几厘米或十几厘米,大多数树木受到的威胁不明显。如挖掉的土层较厚,就必须采取相应的措施,最大限度地减少挖方对树木根系的伤害。通常采取移植、根系保湿、施肥、修剪、留土台等措施。

（1）移栽：如果树体较小，条件又许可，最好移植到合适的地方栽植。

（2）根系保湿：挖方暴露出来和切断的根系，应经过消毒涂漆，或用泥炭藓或其他保湿材料覆盖，以防根系干枯。

（3）施肥：在保留的土壤中施入腐叶土、泥炭藓或农家肥料，以改良土壤结构，提高其保湿能力。

（4）修剪：为保持根系吸收与枝叶蒸腾水分相对的平衡，在大根被切断或损伤较严重的情况下，应对地上部分进行合理、适度的修剪，以减少枝叶的水分蒸腾。

（5）做土台：对于古树和较珍贵的树木，在挖方时应在其干基周围留有一定大小的土台。土台不能太小。如果太小，特别是在取土较深时，不但伤根太多，而且会限制根系生长发育。由于根系分布是近树干处浅、远离树干处深，因此留的土台最好是内高外低，还可以修筑成台阶式。土台的四周应砌石头挡墙，以增加观赏性（见图7-1）。

图7-1　土台示意图

7.1.3　土壤紧实度和地面铺装对树木的危害及防治

7.1.3.1　紧实度对树木的影响

人为的践踏、车辆的碾压、市政工程和建筑施工时地基的夯实及低洼地长期积水等，均是造成土壤紧实度增高的原因。

在城市绿地中，由于人流的践踏和车辆的碾压等使土壤紧实度增加的现象是经常发生的，但机械组成不同的土壤压缩性也各异：在一定的外界压力下，粒径越小的颗粒组成的土壤体积变化越大，因而通气孔隙的减少也越多；一般砾石受压时几乎无变化；沙性强的土壤变化很小；壤土变化较大；变化最大的是黏土。土壤受压后，通气孔隙度减少，容重增加，当土壤孔隙度达到15%、容重达到$1.5\sim1.8\ \mathrm{g/cm^3}$时，土壤密实板结，树木的根系常生长畸形，并因得不到足够的氧气而根系霉烂，树势衰弱，以致死亡。一般情况下，树木的根系必须在土壤的孔隙度高于20%、容重低于$1.5\ \mathrm{g/cm^3}$时，才能正常生长。

市政和建筑工程在施工中将底土翻到上面，底土通气孔隙度很低，微生物的活动很差或根本没有，所以在这样的土壤中树木生长不良或不能生长。加之，施工中用压路机不断地压实土壤，致使土壤更紧实、孔隙度更低、容重更大。在夯实的地段上栽植树木时，大多数只将栽植穴内的土壤刨松，所以树木可以暂时成活生长。但因栽植时穴外的土壤没有刨松，这样种植穴内外的土壤紧实度不同，加之栽植穴外经常有人来往踩踏土壤，更使紧实度增加。由于穴外的密实度明显大于穴内（表7-2），树木长大以后，穴内已经不能容纳如此多的根系，但因穴外土壤太紧实，根系不能向穴外扩展，最后树木根系因穴内营养不足而死亡。如北京体育馆前栽植的油松，最初两年存活得不错，可接下来几年后就逐渐地全部死亡了，就是此种情况造成的。

表7 2　油松种植穴内、外土壤物理指标比较(北京)

植株编号		土壤容重	总孔隙度	通气孔隙度
75	穴内	1.48	44.1	11.5
	穴外	1.55	41.5	9.2
77	穴内	1.37	48.3	14.4
	穴外	1.59	40.0	2.7
111	穴内	1.37	48.3	18.7
	穴外	1.80	32.1	3.1
285	穴内	1.48	44.1	13.0
	穴外	1.67	37.0	7.0

图7-2　保护树木的围栏

因紧实度高对树木危害的防治:

(1)做好绿地规划,合理开辟道路,合理地组织人流,使游人不乱穿行,以免践踏绿地。

(2)做好维护工作,在人们易穿行的地段,贴出告示或示意图,引导行人的走向;也可以做栅栏将树木围护起来,以免人流踩踏(见图7-2)。

(3)耕翻:将压实地段的土壤用机械或人工耕翻,将土壤疏松。耕翻的深度,根据压实的原因和程度决定。通常因人为的践踏使土壤紧实度增高,压得不太坚实,耕翻的深度较浅;夯实和车辆碾压使土壤非常坚实,耕翻要深。根据耕翻进行的时间又分为春耕、夏耕和秋耕。还可在翻耕时适当加入有机肥,既可增加土壤松软度,还能为土壤微生物提供营养来源,增大土壤肥力。

(4)低洼地填平改土后才能进行栽植。

7.1.3.2　地面铺装对树木的危害及其防治

用水泥、沥青和砖石等材料铺装地面是市政建设经常进行的工程,但是有的铺装做得很不合理,也不得法。如不该铺装的地段为求所谓的美观,也硬用各种材料进行铺装;在有树木的地方铺装时,不给树木保留树池,或即使有保留树池,也非常小,对树木生长发育造成严重的影响,同时还会把铺砌物挤压破坏,增加养护与维修的费用。因为铺装地面阻碍土壤与大气的气体交换,铺装面下形成潮湿不透气的环境,并使雨水从地表流失,减少对树木根系氧气与水分的供应,在这种情况下根系代谢失常、功能减弱,而且会减少土壤微生物及其活动,破坏了树木地上与地下的代谢平衡,降低树木的生长势,严重时根系会因缺氧窒息而死亡。地面铺装对树木的危害表现,不是使其突然死亡,而是经过一定的时间,使得树木的生长势逐渐衰弱,最后走向死亡。

在夏季,铺装地面的温度相当高,有时可达50～60℃,树木表层根系和根颈附近的形成层易遭受极端高温的伤害。根据调查,在空旷的铺装地段栽植的树木,主干西面和南面的日灼现象明显高于未铺装的裸露地。铺装材料越密实,比热越小,颜色越浅,导热率越高,危害越严重,甚至导致树木死亡。

如果铺装材料有一定的通气和透水性,但在铺装时没有留出树池,其结果是随着树木的长大、根颈的增粗,干基越来越接近铺装面,如果铺装材料薄而脆弱,会随着干基的加粗导致铺装圈的破碎、错位和隆起;如果铺装材料厚而结实,则树木根颈部分的韧皮部和形成层受到铺装物的挤伤和环切,造成生长势下降,最后因韧皮部中的输导组织及形成层的彻底损坏而死亡。

为了减少因铺装造成对树木的伤害,一方面要合理设计,不该铺装的地段决不铺装;如果铺装,在种植树木的地方,一定给树木留出足够大小的树池。另一方面选用各种透气性能好的优质铺装材料,并改进铺装技术,不用水泥整体浇注,而采用具有通透性的混合石料或块料,如各类型的灰砖、倒梯形砖、彩色异型砖、带孔的水泥预制砖等,在砖的下面用 $1:1:0.5$ 的锯末、白灰和细沙混合物做垫层,既有透性,又可以稳定铺装砖块。

对于用水泥新铺装的地段,在铺装前,应按一定距离留出通气孔洞,洞中装填有机质或粗沙、砾石、炭末或锯末等混合物,不但有利于渗水通气,而且可以作为施肥、灌水的孔道,其上应加带孔的铸铁盖,既可以保护通气孔洞不被淤塞,又不妨碍通气孔洞的通气透水。

近年来,北京园林部门在此方面做了大量研究。经过多种实验,成功地应用了嵌草砖、梯形砖、多空砖、塑料网格栅等铺装,既保证了地面铺装的观赏性和实用性,又给园林树木提供了必要的生长环境。

为解决地面铺装的通透性问题,我们的祖先早在七八百年前就做出了优良的典范。20 世纪 80 年代初,北京园林科研所在给北海团城的油松和白皮松进行古树复壮时发现,铺装地砖为上大下小的倒梯形,砖的上表面为 43.6 cm×21.5 cm,下表面为 41.5 cm×18.5 cm,厚为 10 cm,砖缝也未粘合封闭,砖与砖之间形成了纵横交错的楔形气室,以利气体进行交换和雨水渗透。地砖的下面是采用孔多、透水、通气较好的轻灰土,以承载和稳定上面的地砖。经测定,轻灰土含有机质为 2.16%,容重为 1.047 g/cm³,孔隙度为 56%,具有良好的通气透水性。轻灰土下面为黑色的沃土,内有兽骨头、螺壳等粗颗粒有机物,有机质含量达 3.32%,容重为 1.24 g/cm³,孔隙度 48.9%,也具有良好的通气透水性。再下面为很厚的黄色沙土,有机质为 0.317%,容重为 1.695 g/cm³,孔隙度 31.1%,这种土壤既能保肥保水,又不会导致积水现象发生。

这种方法解决了因地面铺装而影响土壤通气和雨水流失的问题,不仅保水、保肥,而且能承受踩踏,使树木生长不受影响。一旦需要进行养护,可以把地砖撬开,施工完成后复原地砖,几乎不留痕迹。在学习古人经验的基础上,园林部门在对北京的故宫、中山公园、颐和园、北海等古树林地进行铺装时,就采用了这种梯形砖,并在衬砌的水泥砂浆中混入了 30% 的粗锯末,综合效果非常良好。

7.1.4 天然气(煤气)与土壤侵入体对树木的危害及防治

7.1.4.1 天然气对树木的危害

1. 天然气泄露的原因及危害

现在城市中已经大规模地使用天然气,由于各种各样的原因,造成天然气泄漏,如不合理的管道结构和不良的管道材料,因震动使管道破裂或管道接头松动等,必然会对园林树木造成伤害。在天然气轻微泄漏的地方,树木受害轻,表现为叶片逐渐发黄或脱落,部分枝梢逐渐枯死。在天然气大量或突然严重泄漏的地方,树木受害严重,一夜之间几乎所有的叶片可能全部变黄、枝条大量枯死。如果不及时采取措施,其危害就会扩展到树干及整个植株,使树皮松散、真菌侵入,直至死亡。

2. 天然气对树木危害的机理

天然气中的主要成分是甲烷,泄漏的甲烷被土壤中的某些细菌氧化,就会变成二氧化碳和水。细菌可使每一个被氧化的甲烷分子从土壤的空气中吸收两个氧分子,同时释放出二氧化碳($CH_4 + 2O_2 \longrightarrow CO_2 + 2H_2O$)。这就使树木生长地的土壤里二氧化碳浓度增加,氧气含量下降,根系的呼吸条件恶化。泄漏的天然气可以沿着地下的各种管道(如地下电缆管道等)传播和扩散很远,往往使其周围的树木受到危害。据报道,1968～1972 年间,荷兰每年因天然气伤害致死的街道绿化树木高达 20% 以上。土壤被天然气污染后,必须经过一定时间的恢复才能重新栽植树木。也就是说,要使土壤氧气恢复到 12%～14% 时才能栽树。这一过程对于不同质地或疏松程度的土壤有所差异:疏松的沙质土壤,在泄漏的天然气管道修好后,保持通风透气 5 天左右就可以栽树;如果是紧实的黏土,又不进行松土散气处理的话,至少需要间隔一年时间才能重新植树。

3. 减少天然气危害的措施

如果发现天然气渗漏对树木造成的伤害不太严重,立即修好渗漏的地方,同时在离渗漏点最近的树木一侧挖沟排气,并尽快换掉被污染的土壤。也可以用空气压缩机以 700～1000 kPa(7～10 个大气压)将空气压入 0.6～1.0 m 深的土层内,持续 1 小时即可收到良好的效果。在危害严重的地方,要按 50～60 cm 间隔在土壤里打垂直的透气孔,以改善土壤的通气状况。此外,给树木灌水有助于冲走有毒物质;合理的修剪、科学的施肥,对于增强树木的抵抗能力、减轻天然气的伤害都有一定的积极作用。

7.1.4.2　土壤侵入体对树木生长的影响

土壤侵入体是指土壤中不是由成土过程所产生,而是由外界进入土壤的特殊物质,常见的如碎砖、石块、瓦砾、动物尸骨等。其来源有多个方面,有的是战争或地震,引起房屋倒塌;有的因老城区的道路和建筑物的变迁;有的是因为市政工程的施工;有的是因兴修各种工程、建筑或填挖方等。其中有的土壤侵入体对树木有利无害,如少量的碎砖头、石块、瓦砾、木块等,但体积不能太大,数量也要适度。如果太大太多,致使土壤减少,会影响树木的成活与生长。有的土壤侵入体对树木生长非常有害,如被埋在土壤里面的大石块、老路面、经人工夯实过的老地基以及建筑垃圾等,所有这些都会对种植在其中的树木生长不利,有的阻碍树木根系的伸展和生长;有的影响渗水与排水,导致下雨或灌水太多造成积水,影响土壤通气,致使树木生长不良,甚至死亡。有的如石灰、水泥等建筑垃圾本身对树木生长就有伤害作用,轻者使树木生长不良,重者很快使树木致死。为防止此类事件的发生,必须将大的石块、建筑垃圾等有害物质清除,并换入好土;还要将老路面、老地基打穿或打碎,或部分清除换土,才能解决根系生长空间与排水的问题。

7.1.5 污水与化雪盐对树木的影响

7.1.5.1 污水的危害

城市内人们生活中排出的污水如洗脸水、洗衣水、洗碗水以及厕所排水等,对树木的生长都有一定的危害。这些污水中含有盐碱成分,进入土壤后会提高土壤含盐量,使土壤含盐量达到 0.3% 以上(低于 0.1% 时树木才能正常生长)。土壤水分含盐量加大后会导致根系难以吸收,这时树木不但得不到适量的水分补充,反而使根部的水分渗出,致使树木缺水而生长不良,甚至干枯死亡。

特别要注意地是,有些工厂排出的废水,不但污染环境,而且对树木生长都有危害。为了防治污染、改善环境,同时利用废水、污水以扩大水源,污水处理是必须的,也是唯一的途径。但污水经过处理以后,必须经过相应的实验,确实证明对树木无害了,方可应用,万不可想当然地贸然行事。

7.1.5.2 化雪盐的危害

在我国北方和南方高海拔地区,冬季下雪是常有的事,在路上的积雪被碾压结冰后会影响交通安全,所以常常用盐促进冰雪融化。目前,使用最多的化雪盐是氯化钠($NaCl$),约占 95%;少量使用的是氯化钙($CaCl_2$),约占 5%。冰雪融化后的盐水无论是溅到树木的干、枝、叶上,还是渗入土壤,侵入根系,都会对树木造成必然的危害。不同树种对盐的敏感性不同:常绿针叶树大于落叶树;浅根性的树种大于深根性树种。此外,据报道,对盐最敏感的树种有松类、椴树属、七叶树属、柠檬、李、杏、桃、苹果等。

受盐危害的树木春天萌动晚、发芽迟、叶片变小、叶缘和叶片有棕褐色的枯斑,甚至脱落、秋季落叶早、枯梢,甚至整枝或整株死亡。

化雪盐水渗入土壤后,造成土壤溶液浓度升高,树木根系从土壤溶液中吸收的水分就会减少。因为 0.5% 氯化钠溶液对水的牵引力为 4.2 Pa,1% 的浓度则可达 20 Pa,树木根系要从这样的土壤溶液中吸收水分就必须有更高的气压,否则就会发生体内水分的反向渗透,导致树木失水、萎蔫,甚至死亡。此外,氯化钠中的氯离子(Cl^-)和钠离子(Na^+)对树木生长均有显著的不良影响,它们对树木的危害往往要经过多年才能逐渐恢复。

防治化雪盐危害树木的主要方法如下:

(1)将融化过冰雪的盐和水连同冰雪一起运走,远离树木,免其受害。

(2)在树池周围筑起高出地面的围堰,阻挡融雪盐溶液流入树池。

(3)严格控制化雪盐的喷洒量和喷洒范围,一般 15~25 g/m² 就够了,喷洒范围也不能超越车行道地面。

(4)开发对植物无毒害作用的化雪制剂来替代化雪盐。

7.1.6 粉尘对树木的影响

粉尘污染对人类的危害是显而易见的:一方面,粉尘中有各种有机物、无机物、微生物和病原菌,人体吸入后容易引起各种疾病;另一方面,粉尘可降低太阳照明度和辐射强度,特别是减少紫外线辐射,对人体健康也有不良影响。

为了减轻甚至是消除粉尘污染对人类的危害,利用园林树木来进行防尘和减尘是我国现阶段以及将来很长一段时间里最经济、最有效,同时也是最环保的一种途径。树木之所以能减尘和防尘,一方面由于树冠茂密,具有降低风速的作用,随着风速降低,空气中携带的大颗粒粉尘便下降;另一方面,由于叶子表面一般都不平滑,有些还多绒毛,有的还能分泌黏性油脂或汁液,对粉尘能起到吸附和过滤作用;再有,蒙尘的树木经过雨、水的冲洗,又能恢复其吸尘的能力。

不同树种的滞尘能力是不同的,这与叶片形态结构、叶面粗糙程度、叶片着生角度以及树冠大小、疏密程度等因素有关。吸滞粉尘能力强的树种有榆树、朴树、梧桐、泡桐、臭椿、龙柏、桧柏、夹竹桃、枸树、槐树、桑树、紫薇、楸树、刺槐、丝棉木等。

不难看出,一方面人们利用树木来减尘和防尘,保护和改善了人们的生活环境;另一方面,树木本身也是有生命活动的有机体,它们在为人类减尘和防尘的同时,必然会受到粉尘带来的危害。这种危险主要表现为以下几个方面。

1. 堵塞气孔

当空气中的粉尘不断地飘落到树木的叶片上达到一定程度时,必然会造成气孔的堵塞。而气孔是树木进行气体交换和水分蒸发最为重要的通道。这一通道的堵塞,就会导致树木呼吸困难和根系吸水能力降低,对树木生长的不利影响显而易见。

2. 减弱光照

由于粉尘在叶片表面沉积成层,这样的粉尘层又不可能是完全透明的,所以就会对叶片的光照有明显的阻碍作用。而光照的减弱,直接影响的就是叶片的光合作用,当然也就影响了树木正常的生长发育。

3. 引起病害

一方面,由于粉尘里往往含有一些有毒有害物质,它们会直接造成树木的病害;另一方面,粉尘堵塞气孔、阻碍光照,导致树木的生命活力明显减弱,随之而来的就是抗病力减弱,树木容易感染得病。

4. 污染土壤和水源

不管空气中的粉尘是否经过树木的阻滞作用,它们最终的“归宿”都是土壤和水分,而土壤和水分又是树木赖以生存的基本条件,它们被粉尘污染后,生长其上的树木自然也逃脱不了被其影响的命运。

防止粉尘对树木的危害,首先就是要尽量减少粉尘的来源,如建筑工地的喷水降尘、减少煤炭的直接燃烧、禁止城市周围的秸秆焚烧等;其次是要选择抗尘能力强的园林树种,如樟树、油樟、榕树类、枸树、银杏、悬铃木、刺槐、圆柏、国槐、紫薇、蒲葵、木槿、乌桕、皂荚、白蜡树、夹竹桃等;第三就是要对树体上沉积的粉尘进行及时的喷水清洗,尽可能把粉尘对树木的不利影响减小到最低限度。

7.2 园林树木的树体保护

园林植物的主干和骨干枝上,往往因病虫害、冻害、日灼及机械损伤等造成伤口,这些伤口如不及时得到保护、治疗、修补,经过长期雨水侵蚀和病菌寄生,容易在树木内部腐烂形成空洞。有空洞的植株,尤其是高大树木类,如果遇到大风或其他外力,枝干容易折断,这样不仅给树木的生长发育造成不利影响,还会给人们的生活带来严重的安全隐患。另外,园林树木还经常受到人为的有意无意的损坏,如市政工程和建筑施工时的碰撞,有些市民在枝干上刻画或拉枝、折枝等不文明现象,都会对园林树木的树体造成很大的损害。因此,对园林树木树体的及时保护和修补是非常重要的养护措施之一。

7.2.1　树体保护和修补原则

树体保护首先应贯彻"防重于治"的精神,做好各方面的预防工作,尽量防止各种灾害的发生;同时还要做好宣传教育工作,使人们认识到"保护花草树木,就是保护生活环境,也就是保护人类自己"。对树体上已经造成的伤口,应该做到"早发现、早治疗",防止扩大,应根据树干伤口的部位、轻重和特点,采取不同的治疗和修补方法。

树体伤口可以分为两类:一类是皮部伤口,包括内皮和外皮;另一类是木质部伤口,包括边材、心材或两者兼有。木质部伤口是在皮部伤口形成之后,继续恶化造成的。这些伤口如不及时保护、治疗、修补,经过长期雨水浸蚀和病原菌、细菌及其他寄生物的侵袭,导致树体局部溃烂、腐朽,容易形成空洞。另外,树木经常受到人为有意无意的损坏,都会严重地削弱树木生长势,使树木早衰,甚至死亡。因此,树皮一旦被破坏,就应尽快对伤口进行保护处理,处理越早、越快,病虫及雨水等破坏的机会就越少,对树木越有利。

树体伤口修补既是一种科学技术,也可以说是一种园林艺术,要求在充分尊重园林树木生长发育规律的基础上,在顺应自然背景的前提下寻找经济适用、副作用小或无副作用的材料和措施,力争使树木外表美观、大方自然,看起来天衣无缝。

7.2.2　树体保护的途径与方法

7.2.2.1　加强宣传和管理

园林树木是园林绿地最主要的组成部分之一,而园林绿地是广大市民生活和工作、旅游和休闲的重要场所。我国城市人口密度不断加大,但市民素质良莠不齐下,部分市民在享受园林树木给人们带来舒适环境的同时,却在有意无意地对其进行伤害,常见的如攀折花果、随便修剪、在树皮上刻画、在枝干上钉钻绑缚等。

为了避免这样的人为伤害,园林部门必须加强宣传和管理。一方面,通过广泛的宣传教育,让人们了解园林树木在城市环境中的重要作用,使广大市民自觉形成"爱护花木光荣,损害花木可耻"的良好氛围;另一方面,通过加强管理,对人为伤害园林树木的事件做到"早预防、早发现、早处理",这样才能既可以防患于未然,又可以对已经发生的伤害事件进行及时的处理和解决。

7.2.2.2　进行隔离和围护

应用绿篱、围篱、栅栏或挡壁对园林树木加以围护(见图 7-2),使其与游人隔离,既可以防止因人流践踏而造成根部土壤紧实,影响其根系以及整个植株的正常生长发育;又可以防止过往人群对树体的直接伤害。只是这种隔离和围护应该以不妨碍观赏视线为原则。并且为了突出主要景观,隔离和围护设施要适当低矮一些,造型和花色宜简朴自然,避免出现喧宾夺主的负面影响。

7.2.2.3　支撑加固

随着时间的推移,大树、古树以及种在填方土壤上的园林树木,容易树体倾斜不稳,这时应及早对树体进行支撑加固(见图3-8)。如果出现大枝下垂,也需设支柱支撑。支柱可采用钢管、木材、钢筋混凝土等材料,但其基部都应有坚固的基础,上端与树木连接处应有适合树体形状的过渡托体结构,还要在托体与树体之间夹入软垫,以免磨损树皮。设立支柱时还必须考虑到美观自然,尽量与周围环境协调一致(见图7-3)。

图7-3　树体仿真支撑　　　　　　　　　　图7-4　树干打箍

7.2.2.4　枝干打箍

树木粗大的枝干发生劈裂后,要先清除裂口杂物,然后用铁箍箍上。铁箍是用两个半圆形的弧形铁片,两端向外垂直折弯,其上打孔,用大的螺丝连接。铁箍内最好垫一层橡皮垫,以免弧形铁片和树皮直接接触而伤及树皮。还应隔一段时间适当拧松螺丝,以免铁箍阻碍树木的增粗生长(见图7-4)。

7.2.2.5　树干涂白

树干涂白可以减弱温差骤变对树体的危害,杀死越冬虫卵和病菌孢子,防止来年的病虫发生与危害。

7.2.2.6　树干伤口的修补

树体受伤以后,在其周围形成愈伤组织。愈伤组织形成以后,增生组织又开始重新分化,使受伤丧失活力的组织逐步"恢复"正常。其向外与韧皮部愈合生长,向内产生形成层,并与原来的形成层进一步结合,覆盖整个伤面,使树皮得以修补,恢复保护能力。树木的愈伤能力与树种、生活力及创伤面的大小有密切关系。一般来说,树种越速生,生活力越强;伤口越小,愈合速度越快。在修剪时,枝条的剪口比被剪枝条的相应横断面越大,愈伤组织完全覆盖伤口所花费的时间越长;另一方面,修剪时留桩越长,愈伤组织在覆盖前,必须沿残桩周围向上生长,覆盖伤口需要的时间也越长,而且容易形成死节段,导致腐朽。

伤口的修复有两个方面:一是树木本身自然修补恢复,这种修复只限于皮部受伤的伤口,而且面积不太大;二是人为的外来修补。通常将对树体(干、枝、根等)的损伤进行修补、加固的技术措施,称为"树木外科手术"。根据受伤的程度和部位的不同又分为皮部伤口的修复和木质部伤口的修补。两者均以伤后处理为主,目的在于治愈创伤、恢复树势、防止早衰。这对于古树、名木的保护和树木意外损伤的修复,尤为重要。

1. 皮部伤口的治疗

皮部受伤以后,有的能够自愈,有的不能自愈。为了使其尽快愈合,防止扩大蔓延,应该及时对伤口进行治疗,也可以采用刮树皮和植皮等措施进行处理。

(1) 伤口的治疗。对于旧的伤口可先刮净腐朽部分,再用利刃将健全皮层边缘削平呈弧形,然后用药剂(2%～5%硫酸铜溶液、0.1%升汞溶液、石硫合剂原液)消毒,再涂保护剂。选用的保护剂要求容易涂抹、黏着性好、受热不融化、不透雨水、不腐蚀树木组织,同时又有防腐消毒的作用,如铅油、紫胶、沥青、树木涂料、液体接蜡、熟桐油或沥青漆等。如果大量应用而为经济起见,也可以用黏土和新鲜牛粪再加少量的石灰硫磺合剂的混合物作为保护剂。对于新的伤口,用含 0.01%～0.1%的萘乙酸油膏涂抹在伤口表面,促其加速愈合。伤口处理往往一次是不够的,要进行定期检查,一年内重复处理 2 次,才能获得满意的效果。

(2) 刮树皮和植皮。刮树皮的目的是为了减少枯死老皮对树干加粗生长的约束,并可清除在树皮缝中越冬的病虫。但对刮皮后容易出现流胶的树木,不可采用此法。刮树皮多于休眠季进行,冬季严寒地区可延至萌芽前。刮树皮时要掌握好深度,将粗裂老皮刮掉即可,切勿伤及绿皮或以下部位。刮后应立即涂以保护剂。

对伤面较小的枝干,可于生长季移植同种树的新鲜树皮。具体做法如下:首先对伤口进行清理,然后从同种树上切取与伤面相等的树皮(移植面积大小一定要吻合),伤面与切好的树皮对好压平后,涂以 10%萘乙酸,再用塑料薄膜捆紧即可。这种方法以形成层活跃时期(约6～8月)最易成功,操作应越快越好。

2. 木质部伤口的处理

木质部伤口有的是皮部伤口恶化而形成的,也有的是因剧烈的创伤直接形成,所以首先要做好皮部伤口的治疗工作,以防扩大形成木质部伤口。木质部伤口形成后如果不及时修补,长期经受风吹雨淋,木质部腐朽,最后形成空洞,也就是树洞。在树洞形成前,木质部伤口的处理与树皮部分的伤口处理基本相同。树洞形成后,由于影响树木水分和养分的运输及贮存,严重削弱树木生长势,同时降低树木枝干的坚固性和负荷能力,在大风时会发生枝干折断或树木倒伏,这时不仅仅树木受到了损害,而且还会造成一些其他伤害(如砸坏建筑物、车辆、广告牌或人身受到伤害等)。假如洞口朝上,下雨时雨水直接灌入洞中,致使木质部腐烂,长此下去不仅使树木生长不良,而且会造成树木死亡,树洞还影响美观,可能导致意外事故的发生。如树体下部的树洞没有及时发现、修补,由于游人丢弃烟头而引起火灾。所以树洞的修补是非常重要的园林工作,不可忽视和轻视。目前,树洞的修补方法主要有三种。

(1) 开放法。如树洞不深,无填补的必要时,可按前面伤口治疗方法处理。如果树洞不深,但表面积较大,为了给人以奇特之感、欲留作观赏时,可采用开放法处理。具体方法是:将洞内腐烂木质部彻底清除,刮去洞口边缘的死组织,直至露出新的组织为止,用药剂消毒后并涂防腐剂;同时改变洞形,以利排水。也可以在树洞最下端插入导水铜管来保证排水;还可以在防腐涂层外面再涂一层防水涂料,并在防水涂料层上用防水颜料作画,形成一个别具特色的树体画景观(见图7-5)。

图7-5　开放法修补的树洞　　　　图7-6　封闭法修补的树洞

(2)封闭法。如果树洞较深,但空间不是很大,对所在枝干的机械支持作用没有显著影响,可以采用此法。其做法也是先要将洞内的腐烂木质部清除干净,刮去洞口边缘的死组织,用药剂消毒处理后,在洞口表面覆以金属薄片,待其愈合后嵌入树体。也可以钉上板条并用油灰(用生石灰和熟桐油以1:0.35比例制成)和麻刀灰封闭,或也可以直接用安装玻璃的油灰,俗称腻子封闭,再用白灰、乳胶、颜料粉混合好后,涂抹于表面,还可以在其上压制树皮状花纹(见图7-6)或钉上一层真树皮,以增加美观。

(3)填充法。如果树洞空间较大,已经对所在枝干的机械支持作用产生了明显影响,此时就必须采用填充法了。填充时,先将经清理整形和消毒涂漆的树洞周围切除0.2～0.3 cm的树皮带,露出木质部后注入填料,使外表面与露出的木质部外缘相平,这样就可以利用形成层产生愈伤组织与填料进行"无缝对接"。生产实践中,常用的填料有水泥砂浆、沥青混合物、聚氨酯塑料和弹性环氧胶(浆)混合物等。聚氨酯塑料是一种新型的填充材料,近年在我国的应用推广较快。这种材料坚韧、结实、稍有弹性,易与心材和边材粘合;且因其质量轻,容易灌注,故操作简便。此外,这种材料膨化与固化迅速,易于形成愈伤组织,并可与许多杀菌剂长期共存。

7.2.2.7　桥接和补根

对于受伤面积很大的枝干,在用上面的方法处理后,为恢复树势、延长树木的寿命,可以采用桥接。于春季树木萌芽前,取同种树一年生枝条,两头嵌入伤口上下树皮好的部位,然后用小钉固定,再涂抹接蜡,用塑料薄膜捆紧即可(见图7-7)。如果伤口发生在树干的下部,其干基周围又有根蘖发生,则选取位置适宜的萌蘖枝,在适当位置剪断,将其接入伤口的上端,然后固定绑紧,这种方法称为根寄接。补根也是桥接的一种方式,就是将与老树同一树种的幼树栽

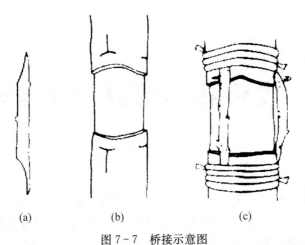

图 7 - 7　桥接示意图

(a) 削好的接穗　(b) 砧木树皮的丁字形切口　(c) 插入接穗并固定绑缚

植在老树附近,幼树成活后去掉树冠部分,将幼树的主干接在老树的枝干上,以幼树的根系为老树提供营养,达到老树复壮的目的。此法多用于一些古树名木,在其根系功能减退、生长势减弱时可以用此法进行复壮。

8   古树名木的养护与管理

古树名木不仅是城市绿化、美化的一个重要组成部分,更是一种不可再生的自然和文化遗产,具有无可替代的科学、历史和观赏价值。了解古树名木的概念和特性,探究其衰老变化的规律,并在此基础上研究和实践对它们的养护与管理方法,不仅是园林生产的需要,同时还是民族文化保护与传承的需要。

8.1   古树名木的概念及生物学特性

8.1.1   古树名木的概念

我国 1992 年颁布实施、2017 年修订的《城市绿化条例》第 24 条规定:"百年以上树龄的树木,稀有、珍贵树木,具有历史价值或者重要纪念意义的树木,均属古树名木。"

在园林绿化管理工作中,根据古树年龄的不同,把它们分成不同的等级:100 年以上者为三级古树,200 年以上者为二级古树,300 年以上者为一级古树,500 年以上或具有特殊景观、与名人或历史事件相联系者为特级古树。

名木是与历史事件和名人相联系或珍贵稀有及国际交往的友谊树、礼品树和纪念树等有文化科学意义或其他社会影响而闻名的树木。其中有以姿态奇特的观赏价值而闻名,如黄山的"迎客松"(见图 8-1)、泰山的"卧龙松"、天坛的"九龙柏"(见图 8-1)、北京昌平的"盘龙

图 8-1 黄山的"迎客松"和天坛的"九龙柏"

松"、北京中山公园的"槐柏合抱"等;有的以历史事件而闻名,如北京景山公园原崇祯上吊的槐树(原树已死亡,现树为后来补植);有的以奇闻轶事而闻名,如北京孔庙大成殿前西侧,有一棵距今已 700 多年,传说其枝条曾碰掉大奸臣魏忠贤的帽子的柏树,被后人称为"触奸柏";有的以雄伟高大而出名,如北京密云新城子关帝庙遗址前,屹立着一棵巨大古柏,高达 25 m,树干周长 7.5 m,据考证为唐代种植,距今已 1300 多年,是北京的"古柏之最"。

在许多情况下,古树名木可体现在同一棵树上,当然也有"名木不古"或"古树不名"的情况。

8.1.2 古树名木的作用

古树名木是城市绿化、美化的一个重要的组成部分,是一种不可再生的自然和文化遗产,具有重要的科学、历史和观赏价值。有些还是当地风土民情、民间文化的载体和表象,是活的文物;它们还与人类文化的发展和自然界变迁紧密相关,是历史的见证。因此,古树名木对于考证历史、研究园林史、植物进化、树木生态学和生物气象学等都有很高的价值。

8.1.2.1 古树名木的社会历史价值

我国传说的轩辕柏、周柏、秦柏、汉槐、隋梅、唐杏(银杏)、唐樟等古树,虽然其年龄需进一步考察核实,但均可以作为历史的见证。如北京颐和园东宫门内的两排古柏,曾被八国联军火烧颐和园时烤伤树皮,至今仍未痊愈闭合,是帝国主义侵华罪行的记录。美国前国务卿基辛格博士在参观天坛时说:"天坛的建筑很美,我们可以学你们照样修一个,但这里雄伟美丽的古柏,我们就无法复制了。"确实,"名园易建,古木难求",所以北京的古柏群和长城、故宫一样,是十分珍贵的"国之瑰宝"。

8.1.2.2 古树名木的文化艺术价值

不少古树名木是文人墨客吟诗作画的主题,在文化艺术发展史上有其独特的作用。如"扬州八怪"李蝉的名画《五大夫松》,是泰山名木的艺术再现。这类为古树名木而作的诗画为数极多,是我国文化艺术宝库中的珍品。北京天坛回音壁外西北侧有一棵"世界奇柏",它的奇特之处是在粗壮的躯干上,突出的干纹从上往下纽结纠缠,好像数条巨龙绞身盘绕,所以得名"九龙柏"。这种奇特优美的古柏,在全世界仅此一棵,尤为珍贵。

8.1.2.3 古树名木的观赏价值

古树名木是历代陵园、名胜古迹的佳景之一,它们庄重自然、苍劲古雅、姿态奇特,把祖国的山川湖海装点得更加庄严娇丽,使中外游客叹为观止、流连忘返。如北京天坛的"九龙柏"、团城上的"遮荫侯"、香山公园的"白松堂"、戒台寺的"活动松"等都具有无可比拟的独特观赏价值。

8.1.2.4 古树名木的自然历史研究价值

古树的生长与所经历生命周期中的自然条件,特别是气候条件的变化有极其密切的关系。年轮的宽窄和结构是这种变化的历史记载,因此在树木生态学和生物气象学方面有很高的研究价值。

8.1.2.5　古树名木在研究环境污染方面的价值

树木的生长与环境有极其密切的关系。环境污染的程度、性质及其发生年代,都可在树体结构与组成上反映出来。如美国宾夕法尼亚州立大学用中子轰击古树年轮取得样品,测定年轮中的微量元素,发现汞、铁和银的含量与该地区工业发展史有关。

8.1.2.6　古树名木在研究树木生理方面的特殊意义

树木的生长周期很长,相比之下人的寿命却短得多,对它的生长、发育、衰老、死亡的规律我们无法用跟踪的方法加以研究。古树的存在就把树木生长、发育在时间上的顺序展现为空间上的排列,使我们能够以处于不同年龄阶段的树木作为研究对象,从中发现该树种从生到老的总规律。

8.1.2.7　古树在园林树种规划与选择方面的参考价值

古树多为乡土树种,对当地的气候和土壤条件有很强的适应性,是树种规划的最好依据。例如在北京市郊区干旱瘠薄土壤上的树种选择,曾经历三个阶段。解放初期认为刺槐具有耐干旱瘠薄和幼年速生的特性,可作为这类立地栽培的较适树种,然而不久发现它对土壤肥力反应敏感,生长衰退早,成材也难。20 世纪 60 年代,解放初期营造的油松林正处于速生阶段,长势良好,故认为发展油松比较合适;但到了 70 年代,这些油松就开始平顶,生长衰退。与此同时却发现幼年阶段并不速生的侧柏和桧柏却能稳定生长,并从北京故宫、中山公园等为数最多的古侧柏和古桧柏的良好生长中得到启示,证明这两个树种才是北京地区干旱立地的最适树种。因而如果在树种选择中重视古树适应性的指导作用就会少走许多弯路。

另外,一些古树表现出的奇怪现象至今还是科学界的不解之谜,如有的能预报天气,有的能对地震作出预报等。这给我们探索奥秘、发展科学提供了无穷的动力与乐趣。

8.1.3　古树的生物学特性

从我国已经调查登记的古树来看,大多是松柏类、银杏类裸子植物,阔叶树种相对较少,且主要集中在少数的科属中。能在一个地方生长成百上千年而依然活着的这些古树,显然与其独特的生物学特性及环境条件有着密切关系。它们的生物学特性主要体现在以下几个方面。

8.1.3.1　根系发达

现有调查资料表明,古树多为深根性树种,主侧根发达,一方面能有效地吸收树体生长发育所需的水分与养分,另一方面具有极强的固地与支撑能力来稳固庞大的树体。只有根深,才能叶茂,古树也才能延年益寿地生存下去。如河南洛宁县兴华乡山坡顶部的一株侧柏,号称"刘秀柏",基干平卧,树冠斜伸,其主侧根露出地面达 1.5 m 高,并稳固地支撑着硕大的树体,抗御冬春的干旱多风。四川青城山天师洞景点有株古银杏,其侧根朝四周露地延伸,范围远远超过其树冠的冠幅。黄山"迎客松"的根系在岩石裂缝中伸展到数十米远,其根系还能分泌有机酸分解岩石以获得养分。

8.1.3.2 萌蘖力强

许多古树种类具有根部萌蘖力较强的特性。根部萌蘖可为已经衰弱的树体提供重新复壮的机会。如河南信阳李家寨的古银杏虽然树干劈裂成几块,中空可过人,但根际生出多株萌蘖苗木,长大成树后,形成了"三代同堂"的丛生状奇特景观。有的树种如侧柏、槐树、栓皮栎、香樟等,茎干上的隐芽寿命长、萌枝力强,枝干被断折后能很快萌发新枝,更新复壮。如河南登封少林寺的"秦五品槐",一方面是在衰老枝干上重新生枝发叶、更新树冠,同时侧根又生出萌蘖植株,长成了现在的第三代"秦槐",表现出生生不息的顽强生命。

8.1.3.3 生长缓慢

古树一般多为慢生或中速生长的长寿树种,树体新陈代谢较弱,消耗少而积累多,从而为其得以在同一环境条件下长期生存提供了内在的有利条件。

8.1.3.4 抗性较强,病虫害较少

古树多为本地乡土树种,或是经过驯化、已对当地自然环境条件表现出较强适应性并对不良环境条件形成较强抗性的外来树种。某些树种的枝叶还含有特殊的有机化学成分。如侧柏体内含有苦味素、侧柏甙及挥发油等,具有抵抗病虫侵袭的功效;银杏叶片细胞组织中含有的2-乙烯醛和多种双黄酮素有机酸,常与糖结合成甙的状态或以游离方式存在,同样有抑菌杀虫的威力,表现较强的抗病虫害能力。

8.1.3.5 树体结构合理,材质强度很高

古树因其分枝及树冠结构合理,不仅提高了光合效率和营养物质的利用效率,还增强了树体对狂风、雪压、干旱等有害因素的抵抗能力。另外,由于生长缓慢,木质部的密度大、强度高,也能抵御强风等外力的侵袭,减少树干受损的机会。如黄山的古松、泰山的古柏,能长期经受山顶的大风,木质部强度很高是其主要原因之一。

8.1.3.6 起源于种子繁殖

古树通常是由种子繁殖而来的实生树木,因此其根系发达,适应性广,抗旱、耐瘠和抵抗其他不良环境条件能力强,这也是古树长寿的前提条件之一。

8.2 古树名木衰老的原因及研究意义

8.2.1 衰老原因

任何树木都要经历生长、发育、衰老、死亡的过程,这是自然界的客观规律,不可抗拒,但是通过探讨古树衰老原因,可以采取适当的措施来延缓衰老阶段的到来,延长它们的生命,甚至促使其更新复壮、恢复生机,是完全可能做到的。树木由衰老到死亡不是简单的时间推移过程,而是复杂的生理、生命与生态、环境相互影响的一个动态变化过程,是树种自身遗传因素、

环境因素以及人为因素综合作用的结果,归结起来主要包括以下几个方面:

8.2.1.1　自然灾害

1. 大风

七级以上的大风,尤其是台风、龙卷风和另外一些短时阵性风暴,可吹折枝干或撕裂大枝,严重者可将树干拦腰折断,常常是危及古树的主要因素。那些因蛀干害虫的危害或其他原因造成枝干中空、腐朽或有树洞的古树,更易受到风折的危害。枝干的损害直接造成叶面积减少,枝断者还易引发病虫害,使本来生长势就不强的树木更加衰弱,严重时会导致死亡。

2. 雷电

古树大多高耸突兀,大气中的电荷容易聚集其上,在暴雨天气易遭雷电袭击,导致枝头枯焦、大枝劈断或干皮开裂,树体生长明显受损,树势明显衰弱。故给古树设置避雷针,是古树名木养护管理的重要措施之一。

3. 雾凇、冰雹

雾凇(冰挂)、冰雹是空气中的水蒸气遇冷凝结成冰的自然现象。这种灾害虽然发生几率较少,但灾害发生时大量的冰凌、冰雹压断或砸断小枝、大枝,对树体会造成不同程度的破坏,进而影响树势。

4. 干旱

持久的干旱,使得古树发芽迟缓、枝叶生长量小、枝条节间变短,叶子因失水而发生卷曲,严重者可使古树落叶,小枝枯死,并容易遭受病虫侵袭,从而导致古树的衰老和死亡。

5. 地震

地震这种自然灾害虽然不是经常发生,但是一旦发生5级以上的强烈地震,对于多朽木、空洞、干皮开裂、树势倾斜的古树来说,往往会造成树木倾倒或干皮进一步开裂,从而加速其衰亡过程。

8.2.1.2　病虫危害

古树由于年代久远,在其漫长的生长过程中,难免会遭受一些人为和自然的破坏造成各种伤残。例如,主干中空、破皮、树洞、主枝死亡等现象,导致树冠失衡、树体倾斜、树势衰弱而诱发病虫害。但从众多现存古树生长现状的调查情况来看,古树的病虫害与一般树木相比发生的概率要小得多,而且致命的病虫更少。

不过,高龄的古树已经过了其生长发育的旺盛时期,开始或者已经步入了衰老至死亡的生命阶段,如果日常养护管理不当,人为和自然因素对古树造成损伤就时有发生,古树树势衰弱已属必然,为病虫的侵入提供了条件。对已遭到病虫危害的古树,如得不到及时和有效的防治,其树势衰弱的速度将会进一步加快,衰弱的程度也会因此进一步增强。北京市园林科学研究所在20世纪的80年代中期对北京地区的古树开展了系统的调查和研究工作,结果表明,病虫害是造成古树衰弱甚至导致死亡的重要因素之一。

8.2.1.3　人为活动的影响

现有研究资料表明,大多数古树都生长在人类活动比较频繁的地域,由于人类活动改变了它们原来较为理想的生长环境,从而加快了古树衰老的进程。一般情况下,人为活动的影响主要表现在以下几个方面。

1. **生长条件**

(1) 土壤条件。土壤是古树名木生存生长的基础。人为活动造成土壤条件的恶劣,主要在于使土壤密实度过高、土壤理化性质恶化,这往往是造成古树名木树势衰弱的直接原因之一。

① 土壤密实度过高。古树名木大多生长在各种宫、苑、寺庙、公园或宅院内、农田旁。最初,这些地方由于土壤深厚、土质疏松、排水良好、小气候适宜,比较适宜古树名木的生长。但是随着人类活动的加剧,特别是随着经济的发展、人民生活水平的提高,旅游已经成为人们生活中不可缺少的一部分。节假日里人们涌向城市公园、名胜古迹、旅游胜地、古建筑群等地方,这些地方的一些古树名木周围的地面受到大量频繁的践踏,使得本来就缺乏耕作条件的土壤的密实度日趋增高,导致土壤板结,土壤团粒结构遭到破坏,通气透水性能及自然含水量降低,外来水分遇板结土壤层渗透能力降低,大部分随地表流失。这样,树木得不到充足的水分、养分与良好的通气条件,致使树木根系生长受阻、功能衰退,导致树势日渐衰弱。

② 土壤理化性质恶化、树木营养失调。不少有着古树生长的单位或机构,在商业利益的驱使下,在古树附近举行各式各样的展销会、演出会或是开辟场地供周围居民(游客)进行娱乐或休闲活动,随意排放人为活动的废弃物,造成土壤的理化性质恶化,主要表现为土壤含盐量增加和土壤 pH 值增高,其直接后果是致使树木缺少微量元素营养,最终导致生理平衡失调。

(2) 水分条件。古树名木大多生长在殿堂、寺庙或地势高燥的地方,几乎处于一种自生、自长、自灭的环境中,很少进行人为施肥与灌水,其生长所需水分更多的是依赖自然降水。然而在公园、名胜古迹等古树名木较多的地方,由于游人增多,为了方便观赏,在树干周围往往用水泥砖或其他硬质材料进行大面积铺装,仅留下较小的树池。铺装地面时要进行平整和夯实,这样既造成了土壤通气透水性能的下降,也形成了大量的地面径流,使根系无法从土壤中吸收到足够的水分,致使古树根系经常处于通气、营养与水分极差的环境中。

(3) 生长空间。有些古树名木生长在建筑物的周围,古树与建筑物相邻一侧,由于建筑物墙体的阻挡而使枝干生长发生改向,向外侧和上方发展。随着树木枝干的不断生长,久而久之就会造成大树的偏冠,树龄越大,偏冠现象就越严重。这种树体的畸形生长,不仅影响树体的美观,更为严重的是造成树体重心发生偏移、枝条分布不均衡,如遇冰雹、雾凇、大风等异常天气,在自然灾害的外力作用下,常枝叶折损,大枝折断,尤以阵发性大风,对树体高大的古树的破坏性更大。

2. **环境污染**

人为活动造成的环境污染,直接和间接地影响了植物的生长。古树由于其高龄更容易受到污染环境的伤害,加速其衰老的进程。

(1) 大气污染。当大气中的烟尘、二氧化硫、氮氧化物、氟化物、氯化物、一氧化碳、二氧化碳,以及喷洒农药和汽车排放的尾气等有毒气体通过叶片进入树木体内后,在树木体内累积,使生物膜的结构、功能以及酶的活性等受到破坏,进而影响其生理代谢功能,尤其是影响光合作用和呼吸作用的正常进行,从而使树木的生长发育受到抑制。主要症状为叶片卷曲、变小、出现病斑,春季发叶迟,秋季落叶早,节间变短,开花、结果少等。

（2）污染物对古树根系的伤害。有毒气体、工业及居民生活污水的大量排放，使一些病原菌及 Pb、Hg、Cd、Cr、As、Cu 等重金属，还有一些酸、碱、盐类物质进入土壤，造成土壤的污染，对树木造成直接或间接伤害。这些有毒物质对树木的伤害，一方面表现为对根系的直接伤害，如根系发黑、畸形生长，侧根萎缩、细短而稀疏，根尖坏死等；另一方面，表现为对根系的间接伤害，如抑制光合作用和蒸腾作用的正常进行，使树木生长量减少、物候期异常、生长势衰弱等，易遭受病虫危害，促使或加速其衰老。

3. 人为因素的直接损害

古树名木在其生长发育过程中，除受自然灾害、病虫害、环境污染等方面的影响和危害外，还经常遭到人为的直接损害，主要有：在树下摆摊设点；在树干周围乱堆乱放（如建筑材料：水泥、沙子、石灰等），特别是石灰，遇水产生高温常致树干灼伤，严重者可致其死亡；在有些名胜古迹或旅游点的古树名木，树干遭到个别游客的乱刻乱画，或在树干上乱钉钉子；在农村，古树成为拴套牲畜的桩杆，树皮遭受家畜啃食的现象时有发生；更为甚者，对妨碍建筑或车辆通行的古树名木，不惜砍枝伤根，致其死命。

由于高龄古树生长势减弱，伤口愈合十分缓慢，因此这些人为的直接伤害，是构成对古树生命威胁的主要因素。而这类影响有时不是一朝一夕就能发现的，但一旦出现生长受阻的情况，再要恢复就困难了。

8.2.2　研究意义

对古树名木的衰老原因进行探索和研究，不仅为制定其保护和复壮措施提供科学依据，同时还在研究树木生理、植物生态以及人类历史文化发展和自然界历史变迁等方面都有着重要的意义。

8.2.2.1　为制定古树名木的保护和复壮措施提供科学依据

只有对古树名木的衰老原因进行全面而深入的探索和研究，才能了解在它们的生活历程中，哪些因素对它们的生长发育是有利的，且这些有利因素的作用原理是什么、作用机制是怎样实现的、作用程度有多大等相关信息。只有在了解、甚至是掌握了这些相关信息后，才能有的放矢地针对不同的衰老原因，制定相应的保护和复壮措施。这样的保护和复壮措施才能"对症下药"、科学合理、事半功倍。

8.2.2.2　给树木生理和植物生态的研究提供可靠资料

一株树木由衰老到死亡不是简单的时间推移过程，而是复杂的生理、生命与生态、环境相互影响的一个动态变化过程，是树种自身遗传因素、环境因素以及人为因素综合作用的结果。由于树木的生长周期很长，对它的生长、发育、衰老、死亡以及与环境之间相互作用、相互影响的规律，我们无法用现场跟踪的方法来加以研究。而古树的存在就把树木生长、发育及其与环境的关系在时间上的顺序展现为空间上的排列，使我们能够以处于不同年龄阶段的树木作为研究对象，从中发现该树种从生到老，直到最后自然死亡的全部规律，从而为树木生理和植物生态的研究提供可靠资料。

8.2.2.3 给自然界历史变迁的探索提供重要信息

古树的生长与所经历生命周期中的自然条件,特别是气候条件与土壤条件的变化有极其密切的关系,年轮的宽窄和其他形态特征是这种变化的历史记载。因此,通过对古树年轮的宽窄及其他形态特征的观察和分析,可以从中获得与古树生命历程相应时段的自然环境的变化信息,从而给当地自然界历史变迁的探索提供重要信息。

8.2.2.4 为人类历史文化发展的研究提供佐证

在造成古树名木衰老的诸多因素中,人为因素有着极其重要的影响。因此,通过对古树名木衰老原因的追溯,可以从中了解与之相关的人类活动的变化状况,比如由于人类大量砍伐森林而造成水土流失和土壤干旱、由于工业发展和城市扩张而造成土壤和水体污染等,这些资料给人类历史文化发展的研究提供了重要的佐证。

8.3 古树名木的日常养护与管理

一方面,由于古树名木一般都长期地固定生活在同一个地点,这样会使得在根系范围内能吸收到的营养物质越来越匮乏。并且,由于古树名木在城市绿化中的特殊地位,也吸引众多的市民前来欣赏,从而造成严重的土壤践踏,使得土壤条件逐渐恶化。另一方面,由于古树一般都是老年树,本身的生长发育已经走向衰老,对外界的抵抗能力大为减弱。因此,如果不对古树名木进行及时而科学合理的养护与管理,这些宝贵的园林财富就将迅速衰败,直至消亡。所以,古树名木的养护与管理是园林绿化工作中极其重要的组成部分。

8.3.1 基本原则

8.3.1.1 恢复和保持古树原有的生境条件

古树在特定的生境下已经生活了成百或上千年,说明它十分适应其历史的生态环境,特别是土壤环境。如果古树的衰弱是由近年土壤及其他条件的剧烈变化所致,则应该尽量恢复其原有的状况,如消除挖方、填方、表土剥蚀及土壤污染等的影响。对于尚未明显衰老的古树,不应随意改变其生境条件。在古树周围进行建设时,如建厂、建房、修厕所、挖方、填方等,必须首先考虑对古树名木是否有不利影响。如有不利影响而又不能采取措施消除,就应避免建设;否则会由于环境,特别是土壤条件的剧烈变化影响古树的正常生活,导致树体衰弱,甚至死亡。此外,风景区游人践踏造成古树周围土壤板结,透气性日益减退,严重地妨碍树根的吸收作用,进而降低新根的发生和生长速度及穿透力。密实的土壤使微生物无法生存、树根无法获取土壤中的养分并缺少空气和自下而上的空间,导致古树根系因缺氧而早衰或死亡。所以应尽可能保证古树有稳定的生态环境,这样才能避免它们的非正常衰老和死亡。

8.3.1.2 养护与管理措施必须符合古树名木本身的生物学特性

任何树种都有一定的生长发育与生态学特性,如生长更新特点、对土壤的水肥要求以及对光照变化的反应等。在古树名木养护中应顺其自然,尽量满足其生理和生态要求。例如肉质根树种,多忌土壤溶液浓度过大,若在养护中大水大肥,不但不能被其吸收利用,反而容易引起植株的死亡。不同的古树名木对土壤含水量的要求也不相同,如古松柏土壤含水量一般以10%～15%为宜,沙质土以16%～20%为宜;银杏、槐树一般应在17%～19%为宜,最低土壤含水量为5%～7%。

8.3.1.3　养护与管理措施必须有利于提高古树名木的生活力和增强树体的抗性

这类措施包括灌水、排水、松土、施肥、树体支撑加固、树洞处理、防治病虫害、安装避雷器及防止其他机械损伤等。采用这些措施的数量、程度以及具体的方法等都必须以有利于提高古树名木的生活力和增强树体的抗性为前提。

8.3.2　日常管理与养护

8.3.2.1　日常管理

1. 调查摸底

调查摸底是对责任区域内的古树名木状况进行调查和分析,以便做到心中有数和有的放矢。调查内容主要包括树种、树龄、树高、冠幅、胸径、生长势、病虫害、立地条件(土壤、气候等情况)、株数、分布,以及对观赏和研究的价值、养护现状等,同时还应搜集有关古树名木的历史、诗、画、图片及神话传说等其他资料,详见表8-1。在详细调查的基础上分析它们各自的重要性和生长发育现状,并据此进行相应的等级划分,以便在日常管理时分级管理、突出重点。

表 8-1　古树名木档案卡(可兼作调查表)

植株编号:　　　　责任单位:　　　　调查时间:　　　　调查责任人:

分布位置:		相同树种株数:		
分类情况	树种名称(中文名和拉丁名)	所在科名(中文名和拉丁名)		所在属名(中文名和拉丁名)
生长与养护状况	生长势(强、中、弱)	病虫状况(有无、名称、程度)		养护水平(好、中、差)
立地条件	土壤(质地、养分、酸碱性)	水分(积水、适当、干旱)		光照(强、中、弱)
主要参数	树龄(年)	树高(m)	枝下高(m)	胸径(m)	冠幅(m)
观赏价值				
研究价值				
其他				

2. 档案建立

为了管理工作的连续性和稳定性,古树名木的档案建立必不可少。档案内容不仅应该包括所有的调查内容和分析结果,更重要的是要根据古树名木的动态变化及时更新(可参考表8-2"古树名木档案卡")。为了便于储存和更新,最好采用电子档案方式,但要注意备份和保存的安全性。

表 8-2 古树名木宣传牌

树种名称:		所在科名:		所在属名:	
树龄(年):	树高(m):		胸径(m):	冠幅(m):	
主要作用:					
主要分布:					
保护价值:					
相关法律法规:					
责任单位(电话):			责任人(电话):		

3. 广泛宣传

为了培养和强化广大公民自觉保护古树名木的意识,对保护古树名木的作用与意义、毁坏古树名木的惩罚等相关内容要进行深入浅出的广泛宣传。宣传的形式应因地制宜,最常见的是给每株古树名木悬挂或树立宣传牌,在宣传牌上简要注明该树的种类、年龄、作用、主要分布、保护价值以及保护古树名木的相关法律法规(可参考本书附录中的"古树名木宣传牌")。

4. 严格执法

尽管古树名木的保护以预防为主,但有时还是防不胜防。为了达到亡羊补牢的目的,一旦有损坏古树名木的事件发生就要及时制止和严格执法,对责任人(单位)要从快从严公开处理,并把处理结果作为典型事例对广大公民进行宣传教育。

8.3.2.2 日常养护

古树名木的日常养护工作是一项综合性很强、内容复杂多样的园林工作,归纳起来主要有以下几个方面。

1. 支撑、加固

古树由于年代久远,主干或有中空,主枝常有死亡,造成树冠失去均衡,树体容易倾斜;又因树体衰老,枝条容易下垂,因而需用他物进行支撑和加固。具体方法与其他园林树木完全相同(参见本书"7.2.2 树体保护的途径与方法"的第3项内容)。只是在支撑和加固时既要考虑设施的牢固性,又要考虑设施对古树树体的安全性。

2. 树体伤口的治疗

由于大多数古树已到生长衰退年龄,对各种伤害的恢复能力减弱,更应注意及时处理和治疗。具体的处理和治疗方法与普通园林树木相同(参见本书"7.2.2 树体保护的途径与方法"

的第 6 项内容)。只是在操作时要更加细心和周到,就好比给年老体衰的人疗伤一样。

3. 修补树洞

大树,尤其是古树名木,因各种原因造成的伤口长久不愈合,长期外露的木质部受雨水浸渍,逐渐腐烂,形成树洞,严重时树干内部中空,树皮破裂,一般称为"破肚子"。如果对这些树洞不进行及时修补,不仅严重影响古树名木的观赏价值,更是造成它们加速衰老和死亡的主要因素之一。古树名木树洞的修补方法与普通园林树木完全相同(参见本书"7.2.2 树体保护的途径与方法"第 6 项内容的第二部分)。只是古树树洞会更大,修补难度更高、要求更严。

4. 灌水、松土、施肥

古树名木的灌水、松土、施肥与其他园林树木基本相同(参见本书第 4 章"园林树木的土肥水管理"的相关内容),只是在时间上更为紧迫,在具体操作上要求更加精细。尤其是对古树名木进行灌水和施肥时必须谨慎,绝不能造成古树在短期内迅速生长而树势过旺,特别是原来树势衰弱的古树,如果在短时间内生长过盛会急剧加重根系的负担,造成地上与地下部分的严重失调,其后果是适得其反。

5. 树体喷水

对古树名木进行树体喷水,除了起到普通喷灌的作用外,还能对沉降到其树体表面的粉尘和其他有害颗粒进行及时冲洗。同时,还可以根据古树名木的具体需要,在所喷水分中加入适量的营养物质、生长调节剂或防病治虫的药剂。

6. 整形修剪

为了保持古树名木原有的树体平衡,对其进行的整形修剪一般以少整枝、少短截的轻剪、疏剪为主,以尽量保持原有树形为原则。必要时也可适当整剪,以利通风透光和减少病虫害,或促进更新、复壮。

7. 病虫防治

古树衰老,抗病虫能力差,容易招虫致病。如不及时防治,病虫危害又会使古树生长更加衰弱,从而形成恶性循环,加速古树的衰老死亡。古树名木的病虫防治和一般树木大体相同(参见本书"6.5 病虫害防治"部分的相关内容),只是更强调预防的重要性、防治的及时性和方法的安全性。

8. 设围栏、堆土、筑台

对那些处于广场、街道、公园、路旁等游人容易接近的古树名木,最好设置围栏来对古树进行保护(参见图 7-2)。围栏一般要距树干 3~4 m,或在树冠的投影范围之外。对人流密度大、树木根系延伸较长者,围栏外的地面还要作透气铺装处理。此外,在古树名木树干基部堆土或砌筑土台也可起到较好的保护作用(参见图 7-1),砌筑土台时应在台边留孔排水,否则容易造成根部积水。

9. 防止雷击

古树容易遭到雷电袭击,所以,生长在高处、空旷地域或树体高大的古树应安装避雷设施(参见本书"6.4 雷电的危害及防治"部分的相关内容)。

8.4 古树名木的复壮

8.4.1 概述

古树名木的复壮是指根据它们自身的生命活动特点,运用科学合理的园林技术,使原本已经衰弱的古树名木重新恢复正常生长、延续其生命的措施。当然必须指出的是,古树复壮技术的运用是有前提的,它只对那些虽说老龄、生长衰弱,但仍在其生物寿命极限之内的树木个体有效,而对那些已经到达生命极限的古树,复壮技术是难以奏效的,因为"死马"毕竟不可能"医活"。

8.4.2 复壮技术

由于我国的古树名木资源十分丰富,因此在古树复壮方面的研究有着得天独厚的先天优势,其研究水平也处于世界前列。目前,已经研发的古树名木的复壮技术多种多样,其中相对较为成熟且应用较为普遍的主要有下面几种。

8.4.2.1 开沟埋条

在土壤板结、通透性差的地方,可以采用开沟埋条的方法,增强土壤的通透性,同时也可起到截根再生及树体复壮的作用。

开沟方式和树木开沟施肥时基本一致,只是深度要求为 60~80 cm,而且最好能通过地下径流向外排水。沟挖好后先回填 10 cm 厚的疏松土壤,将树枝(最好是阔叶树的)打包成直径约 20~40 cm 的松散枝捆,铺在沟底,再回填松碎土壤,震动踩实,直到和原有地面平齐为止,需要时还可在回填土壤中拌入适量的饼肥、厩肥、磷肥、尿素及其他微量元素肥等。经过开沟埋条处理,不但改善了土壤的通透性,而且增加了土壤营养,为古树名木根系复壮创造了良好的条件。

8.4.2.2 设置复壮沟—通气—渗水系统(见图8-2)

城市及公园中严重衰弱的古树名木,地下环境复杂,有各种管线和砖石,且土壤贫瘠、营养面积小、内渍(有些是污水)严重。必须用挖复壮沟、铺通气管和砌渗水井的方法,改善土壤的营养状况,增加土壤的通透性,使积水通过管道、渗井排出或用水泵抽出。

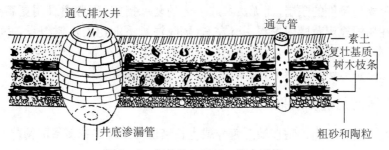

图8-2 复壮沟—通气—渗水系统

1. 复壮沟的挖掘与处理

复壮沟的位置应在古树名木树冠投影外侧,沟深 80～100 cm,宽 80～100 cm,长度和形状因地形而定。回填处理时从地表往下纵向分层,表层为 10 cm 素土,第二层为 20 cm 的复壮基质,第三层为厚约 10 cm 的树枝,第四层又是 20 cm 的复壮基质,第五层是 10 cm 厚的树枝,第六层为 10～20 cm 厚的粗砂或陶粒,或两者的混合物。

复壮基质多用松、栎、槲等树种的落叶(60％腐熟落叶＋40％半腐熟落叶混合),再加少量 N、P、K、Mn 等营养元素配制而成。这种基质含有多种矿物质元素,可以促进古树根系生长。同时有机物逐年分解与土壤颗粒胶合成团粒结构,从而改善了土壤的物理性状,促进微生物活动,将原来被土壤固定的多种营养元素逐年释放出来。当然复壮基质的配方应视古树及其土壤的具体需要而定。

埋入的树枝多为紫穗槐、杨树等阔叶树种的枝条,截成 40 cm 的枝段后埋入沟内,树枝之间以及树枝与土壤之间形成较大空隙,古树的根系可以在枝间空隙穿行生长。复壮沟内的枝条也可分两层铺设,每层 10 cm。

2. 通气管道的安置

通气管道多用金属、陶瓦或塑料制品,管径 10 cm,管长 80～100 cm,管壁打孔,外围包棕片等疏松透水物质,以防堵塞。每棵树约 2～4 根,垂直埋设,下端与复壮沟内的枝层相连,上部开口加上带孔的盖,既便于开启通气、施肥、灌水,又不会堵塞。

3. 渗水井的构筑

是在复壮沟的一端或中间,为深 1.3～1.7 m、直径 1.2 m 的竖井,四周用砖垒砌而成,但井壁和下部都不用水泥勾缝,以便周围多余水分向内渗漏。井口周围抹水泥,上面加铁盖。井底要向下埋设 80～100 cm 长的渗漏管,有条件的地方最好让渗漏管直接连通城市的地下排水管道。雨季水大时,雨水如不能尽快渗走,可用水泵抽出。

8.4.2.3 进行透性铺装或种植地被

为了解决古树名木表层土壤的通气透水问题,常在树下、林地人流密集的地方加铺具有通气透水性能的地砖。透性砖的材料和形状可根据需要设计,铺设垫料也必须具有相应的通气透水性能。在人流少的地方,种植豆科植物,如苜蓿、白三叶、紫云英等地被植物,除了改善土壤结构、提高土壤肥力外,还可增加景观效果。

8.4.2.4 换土

古树成百上千年地生长在同一个地方,而这个地方的土壤里所含的养分毕竟是有限的,因而常呈现缺肥症状,如果采用上述复壮措施仍无法满足古树的需要,或者由于生长位置受到地形、生长空间等立地条件的限制,而无法实施上述的复壮措施,可考虑采用更新土壤的复壮办法。换土时,在树冠投影范围内挖深 1 m 左右(随时注意不能挖伤古树根系,并将暴露出来的根系用浸湿的草袋子及时盖上),将原来的旧土取走 1/3～1/2,剩余部分与沙土、腐叶土、腐熟的人畜粪尿(或其他有机肥)、锯末、少量化肥混合均匀之后填埋其中。

8.4.2.5 化学药剂疏花疏果

根据植物生理特点,当植物在缺乏营养或生长衰退时出现多花多果的情况,这是植物生长过程中的自我调节现象,但这样的结果却是造成植物营养的进一步失调,进而更加衰退的恶性循环。对于本身就衰老的古树而言,发生这种现象的后果更为严重。这时如采用疏花疏果的措施,则可以降低古树的生殖生长,增强营养生长,逐渐恢复树势而达到复壮的目的。

当然,疏花疏果的关键是疏花。由于古树一般都较高大,手工疏花操作困难,且效率低下,故宜采用化学药剂来进行,只是在具体运用时要注意避免化学药剂对古树的副作用。

8.4.2.6 施用生长调节剂

给古树根部及叶面施用一定浓度的植物生长调节剂,如 6-苄基腺嘌呤(6-BA)、细胞分裂素(CTK)、赤霉素(GA_3)、吲哚乙酸(IAA)、吲哚丁酸(IBA)等,有促进生长、延缓衰老的作用。具体使用浓度和方式需根据不同的树种和生长状况逐渐摸索、小心慎用,否则会劳而无功,甚至适得其反。

8.4.2.7 靠接小树

靠接(或桥接)小树复壮遭受严重病虫、冻伤、机械损伤的古树名木,具有激发其生理活性、诱发新叶、帮助复壮等作用。在需要靠接(或桥接)的古树名木周围均匀栽植 2~3 株同种幼树,待幼树生长旺盛后,将幼树枝条靠接(或桥接)在古树名木枝干上,涂上保护剂,用绳子扎紧,愈合后,在一定程度上增加了古树名木体内的水分和营养供应,对恢复古树名木长势有较好效果。靠接和桥接的具体方法请分别参见图 2-8 和图 7-7。

8.4.2.8 树体输液

对于生长极度衰退的古树名木,可用活力素(或其他类似药剂)进行输液,也可以自行用适量激素和磷钾元素配制成营养液来输液。这样可以用人工方式直接给它们补充营养,有利于古树名木的尽快复壮,具体方法参见图 3-23。

附录　我国南方地区园林树木栽植与养护管理月历

　　我们这里所说的南方,主要是指秦(岭)淮(河)以南的亚热带和热带地区。即便如此,我国的这一地区仍然包括辽阔的地域面积、多种多样的地形地势以及各有千秋的环境条件。所以,为了突出重点和节约篇幅,这里主要列出了我国南方地区的中心地带——长江沿岸地区一般情况下的园林树木栽植与管护月历。在不同情况下的具体运用,还要根据当地当年的气候条件进行相应的调整,才能获得较为满意的效果。

　　一月(小寒、大寒):全年中气温最低的月份,落叶树木处于休眠状态

　　(1) 行道树、观果树、盆栽花木的整形修剪。

　　松柏类:只剪干枯枝、折损枝、严重病虫枝,剪口要稍离主干,且不宜一次修剪过多,以防止伤口过大、流胶过多而影响树势。

　　其他树木:本着去弱留强的原则整理树形,及时疏掉过密枝、枯死枝、病虫枝等,但常绿树也要防止剪口过多过大,以免影响树势或造成低温伤害。

　　(2) 挖掘、移植、定植各种落叶树木,但应避免在寒潮、雨雪、冰冻天进行。

　　(3) 冬耕翻地,施足基肥。

　　(4) 储藏好硬枝插条,安排好吊扎盆景和挖掘树桩。

　　(5) 大量积肥,沤制堆肥,配制培养土。

　　(6) 经常注意检查防寒设备、设施及苗木防寒包扎物的完好情况。随时注意温室、温床和常绿树木的管理。在有积雪的地区,雪后在树下根盘部位堆雪可防寒、防旱,但切忌堆放撒过化雪盐或被严重污染的积雪。

　　(7) 冬季是控制越冬病虫害的有利时机,应采取捉(幼虫和蛹)、挖(蛹和茧)、刷(树干上卵、茧和虫体)、刮(树干或建筑物土的卵块)、剪(树枝上虫卵或树枝内虫体)、杀(在种子内越冬虫源)、清除(清理落叶及树干周围砖瓦石块中的虫源)、处理(把剪伐下来带虫的枝干集中销毁)、树干涂白等多种方法消灭越冬的园林树木虫害,同时也可减少越冬的病原菌,防止今后的病害发生。

　　二月(立春、雨水):气温较上月有所回升,多数落叶树木仍处于休眠状态

　　(1) 继续进行落叶树冬季修剪。

　　(2) 继续挖、运、栽各种落叶树及耐寒的常绿树,但必须掌握随挖、随运、随种的原则。

　　(3) 继续积肥和制造堆肥,配置培养土,继续对落叶树施基肥。

　　(4) 完成硬枝扦穗的采集、剪截工作,并可在月底对杨树、柳树、悬铃木等落叶树种进行扦插。

（5）完成育苗地的整理及施基肥等准备工作。

（6）继续剪除病虫枝，并注意观察病虫害的发生情况（尤其是蚧壳虫），可在树干上设西维因药环或在树干基部围钉塑料薄膜环，防止若虫上树。若发现草履蚧幼虫，应及时喷速蚧克、康福多等药剂灭杀。

（7）本月有些越冬树木易发生生理干旱，对这些树木除了要特别注意防寒保暖外，在小气候好的地区，在下旬晴天的最温暖时候对这些树木适当补水可减轻危害，必要时可喷施抗蒸腾剂。

（8）本月虽然气温略有回升，但大多数地区气温仍较低，仍需注意做好温室、温床的通风、遮阴、防寒等各项管理工作。

三月（惊蛰、春分）：气温继续上升，中旬以后，树木开始萌芽，下旬有些树木开花

（1）3 月 12 日是植树节，组织好春季植树工作，做到随运苗、随修剪、随浇水、随封堰，以提高植树的成活率。

（2）全部完成育苗地的整地做畦工作，保证播种、扦插及移植苗木的顺利进行。

（3）对落叶树的休眠期修剪以及冬季开花植物（蜡梅、梅花、茶花等）的修剪、清理等工作最好在月初结束。

（4）当新梢生长 5～10 cm 时可对绿篱、绿雕塑、木本地被等进行整形修剪。

（5）根据气温、地温、土壤含水量、不同植物根系活动和萌芽情况等综合因素，科学、及时地安排浇水时间和确定浇水量，并结合浇水进行适量追肥。

（6）及时对各种园林树木进行扦插、压条、分株以及部分花木、果树的嫁接繁殖工作；适时对盆栽植物进行翻盆换土和播种春播类树木，并注意随后的管护工作。

（7）由于春季易发生寒潮（倒春寒），注意寒潮来临时的保温工作，温室内的植物不宜过早地移出，可根据植物种类和气候情况，逐步将植株移出温室。露地越冬的植物，根据植物种类和气候情况，逐渐拆除保温设施。

（8）天气渐暖，许多病虫害即将发生。要注意维护好各种除虫防病器械并准备好药品，特别注意蚜虫、草履蚧的发生，以便做到及时防治。

四月（清明、谷雨）：气温继续上升，树木均萌芽开花或展叶，并开始进入生长旺盛期

（1）本月最好不再挖掘和种植落叶树，但要抓紧常绿树的挖掘、栽种和盆栽植物的翻盆、换土工作。

（2）加强新栽植物的养护管理工作。

（3）做好树木的整形修剪，随时除去多余嫩芽和生长部位不当的枝条，对根部发生的萌蘖小苗随时修剪剔除，以保持优良树形和减少水分与养分的浪费。

（4）如在 3 月还没有对绿篱、绿雕塑、木本地被等进行整形修剪，在本月必须完成。

（5）做好盆栽、地栽花木的松土、除草、花前施肥等工作。

（6）防治病虫：

① 蚧壳虫在第二次蜕皮后陆续转移到树皮裂缝内、树洞、树干基部、墙角等处分泌白色蜡质做茧化蛹，可以用较硬的竹扫帚扫除，然后集中深埋或焚烧；

② 天牛开始活动，可以采用嫁接刀或自制钢丝挑除幼虫，但是伤口越小越好；

③ 其他病虫害的防治工作。

五月（立夏、小满）：气温上升加快，树木生长迅速，大部分地区在本月进入初汛期

（1）春季开花灌木的花后修剪，绿篱、绿雕塑、木本地被等的整形修剪。

(2) 继续加强新栽植物的养护管理工作,做好补苗、间苗、定苗工作。

(3) 本月是大多数树木枝、叶速长期和开花期,对肥、水的需要量都很大,要注意防止干旱、及时灌水,并应根据营养状况及时追肥。

(4) 对绿地、苗圃进行中耕除草,防止杂草滋生。

(5) 进入初汛期后,要注意防止土壤积水和地表冲刷的发生。

(6) 病虫防治继续以捕捉天牛为主;刺蛾第一代孵化,但尚未达到危害程度,可以根据实际情况采取相应措施;由蚧壳虫、蚜虫等引起的煤污病也进入了盛发期(紫薇、海桐、夹竹桃等容易发生),注意及时对其进行防治。

六月(芒种、夏至):气温继续上升,进入雨季,容易出现暴雨、冰雹等极端天气

(1) 继续做好新栽树木的养护管理工作。

(2) 对已成活的弱树和珍贵树木可结合浇水施追肥。

(3) 进入雨季后,气温高、湿度大,应抓紧进行补植、嫩枝扦插和常绿树木的栽植。本月杂草生长快,要注意杂草防除。

(4) 对开花灌木进行花后修剪、施肥。雨季来临前,适当疏剪树冠和修剪与周围物体容易发生空间矛盾的枝条。

(5) 注意雨后对土壤水分状况的检查,尤其是新种植的树木,发现土壤积水,立即进行排水。

(6) 继续做好病虫害防治工作。本月着重防治袋蛾、刺蛾、毒蛾等害虫和叶斑病、炭疽病、煤污病等病害。

(7) 初夏易发生大风、暴雨和冰雹等极端天气,应随时关注天气变化。新种植的乔木,在大风、暴雨来临前,应检查支撑是否稳固,对在暴风雨中倒伏的树木应立即进行扶正,还要注意排查高大乔木在暴风雨中倒伏或树枝折断的潜在危险,以及危险发生后的及时抢险工作。

七月(小暑、大暑):气温仍在上升,既是高温伏天,又是暴雨较多的月份

(1) 继续中耕除草、疏松土壤。

(2) 由于本月既是高温伏天,又是暴雨较多的月份,所以既要及时灌溉抗旱,又要注意排水防涝。

(3) 本月也有暴风雨和冰雹天气出现,要注意相应的防范工作。

(4) 对幼苗幼树和新栽树木要及时遮荫、浇水,做到薄肥勤施。

(5) 袋蛾、刺蛾、天牛、龟腊断、盾蚧、第二代吹绵蚧、螨类等害虫在本月容易大量发生,应注意防治,同时要继续防治炭疽病、白粉病、叶斑病等树木病害。

八月(立秋、处暑):气温达到一年的最高点,既容易产生狂风暴雨,又容易出现高温干旱

(1) 继续中耕除草、疏松土壤。

(2) 继续做好防旱排涝工作,保证园林树木正常生长。

(3) 注意检查幼苗幼树和新栽树木的遮荫防晒情况;本月苗木生长旺盛,要及时浇水和追施肥料,对小苗要薄肥多施。

(4) 继续做好暴风雨和冰雹天气的防范工作。

(5) 继续做好防治病虫害工作,要认真防治危害树木的主要害虫(袋蛾、第二代刺蛾、天牛、螨类等)及主要病害(白粉病、炭疽病、叶斑病等)。

九月(白露、秋分)：气温开始下降,国庆佳节即将来临

(1) 继续进行中耕除草和疏松土壤。

(2) 对经过春夏生长、已经变形的绿篱、绿雕塑、木本地被等整形灌木进行整形修剪,同时进行一次追肥。

(3) 对生长较弱的树木追施磷、钾肥。

(4) 扦插月季、蔷薇等秋插植物,在本月下旬至10月上旬分栽、移植牡丹、芍药。

(5) 继续抓好防治病虫害工作,特别要检查发生较多的蚜虫、袋蛾、刺蛾、褐斑病、煤污病等病虫情况,做到及时防治。

(6) 对厂区、道路及公园绿地配置色彩艳丽的花卉,准备迎接国庆佳节。

十月(寒露、霜降)：气温继续下降,迎来国庆和中秋两个节日,部分树木在月末开始落叶

(1) 继续进行中耕除草和疏松土壤。

(2) 继续扦插和嫁接月季、蔷薇等适合秋季扦插和嫁接的植物。

(3) 采集成熟的树木种子,并及时进行干制后科学收藏。

(4) 冬季开花的园林树木(如茶花、蜡梅、梅花等)可在此时追肥1次,以腐熟的有机肥为主,结合中耕除草,挖沟穴施。冬季不开花的常绿植物,如需追肥,时间不得晚于10月底。

(5) 继续做好防治病虫害工作,消灭成虫和虫卵,重点是清除枯枝、落叶并烧掉,避免病虫害蔓延。

十一月(立冬、小雪)：气温明显下降,开始进入冬季,大多数落叶树在本月进入休眠

(1) 利用本月"十月(农历)小阳春"的气候特点,可以移植许多常绿树和少数落叶树,但要注意移栽后的保活管护。

(2) 播种山桃、杏、梨树、黄杨等秋播树木。

(3) 开始进行冬季树木的整形修剪,剪去病虫枝、干枯枝和竞争枝、过密枝等;完成绿篱、绿雕塑、木本地被等整形灌木的入冬前修剪。

(4) 开始进行土壤冬翻并结合施肥,以改良土壤。

(5) 在开始树木落叶后,采集、剪制、储藏落叶树的硬枝插条。

(6) 做好防寒工作,对部分树木进行枝干涂白,或用草绳包扎,或设风障;对温室进行消毒和整理,做好花木入室前的准备工作,并根据不同花卉的耐寒性,及时将不耐寒花卉移入温室越冬。

(7) 继续做好除虫灭病工作,特别是注意清除袋蛾囊、刺蛾茧等害虫的越冬载体。

(8) 苗木和新栽树木停止生长后,检查成活率,以便摸清家底、总结分析,以保证下一步工作的顺利进行。

十二月(大雪、冬至)：气温仍在下降,空气干冷、日照最短,落叶树全部进入深休眠

(1) 继续做好冬季树木的整形修剪工作。

(2) 除雨、雪、冰冻天气外,可以挖掘种植大部分落叶树。

(3) 大量积肥;冬耕翻地,改良土壤。

(4) 继续做好防寒保暖工作,随时检查温室、温床、覆盖物、包扎物等设备设施,发现问题,迅速采取措施;对秋季新种植的耐寒性差的暖地树种(如高山榕、垂叶榕等),可搭架用塑料薄膜将树冠罩住,切实做好防寒工作。

（5）继续采集、剪取、储藏落叶树的硬枝插条。

（6）继续抓好防治病虫害工作，剪除病虫枝条、干枯枝叶，消灭越冬病虫源头，并结合冬季大扫除搞好绿地卫生工作，消除病虫滋生环境。

（7）维修和保养管护工具与机械设备。

（8）做好年度总结评比工作，制定翌年工作计划。

参 考 文 献

[1]　艾铁民.药用植物学[M].北京:北京大学医学出版社,2004.

[2]　包志毅.世界园林乔灌木[M].北京:中国林业出版社,2004.

[3]　陈存及,陈伙法.阔叶树种栽培[M].北京:中国林业出版社,2000.

[4]　陈家宽,杨继.植物进化生物学[M].武汉:武汉大学出版社,1994.

[5]　陈有民.园林树木学[M].北京:中国林业出版社,1990.

[6]　陈裕,梁育勤,李世全.中国市花培育与欣赏[M].北京:金盾出版社,2005.

[7]　陈之端,冯曼.植物系统学进展[M].北京:科学出版社,1998.

[8]　邓莉兰.常见树木(南方)[M].北京:中国林业出版社,2007.

[9]　邓莉兰.风景园林树木学[M].北京:中国林业出版社,2010.

[10]　丁梦然,夏稀纳.园林花卉病虫害防治彩色图谱[M].北京:中国农业出版社,2002.

[11]　董保华,龙雅宜.园林绿化植物的选择与栽培[M].北京:中国建筑工业出版社,2007.

[12]　傅立国,陈潭清,郎俗水,等.中国高等植物[M].青岛:青岛出版社,2000—2004.

[13]　福建省科委福建植物志编写组.福建植物志[M].福州:福建科学技术出版社,1990—1995.

[14]　广西科学院广西植物研究所.广西植物志[M].南宁:广西科学技术出版社,1991.

[15]　何小颜.花与中国文化[M].北京:人民出版社,1999.

[16]　胡宝忠,胡国宣.植物学[M].北京:中国农业出版社,2002.

[17]　胡善美.世界国花集锦[M].南京:江苏科学技术出版社,1983.

[18]　胡长龙.观货花木整形修剪图说.上海:上海科学技术出版社,1996.

[19]　湖南植物志编辑委员会.湖南植物志[M].长沙:湖南科学技术出版,2000.

[20]　黄莹,邓荣艳.中国桂花栽培与鉴赏[M].北京:金盾出版社,2008.

[21]　金波.园林花木病虫害识别与防治[M].北京:化学工业出版社,2001.

[22]　楼炉焕.观赏树木学[M].北京:中国农业出版社,2000.

[23]　李作文,汤天鹏.中国园林树木[M].沈阳:辽宁科学技术出版社,2008.

[24]　李时珍.本草纲目(下册)[M].刘衡阳,刘山水校注.北京:华夏出版社,2002.

[25]　梁伊任.园林建设工程.北京:中国城市出版社,2000.

[26]　龙雅宜.常见园林植物认知手册[M].北京:中国林业出版社,2006.

[27]　毛龙生.观赏树木学[M].江苏:东南大学出版社,2003.

[28]　毛春英.园林植物栽培技术.北京:中国林业出版社,1998.

[29]　祁承经,汤庚国.树木学(2版)[M].北京:中国林业出版社,2005.

[30]　秦燕.中国城市市花[M].北京:华夏出版社,1989.

[31]　全国绿化委员会办公室.中华古树名木大型画册[M].北京:中国大地出版社,2008.

[32]　孙伯筠.花卉鉴赏与花文化[M].北京:中国农业出版社,2006.

[33]　孙余杰.园林树木学[M].北京:中国建筑工业出版社,1999.

[34]　申晓辉.园林树木学[M].重庆:重庆大学出版社,2013.

[35]　盛水利.图解园林植物设计[M].北京:机械工业出版社,2009.

［36］ 施振周,刘祖祺. 园林花卉栽培新技术. 北京：中国农业出版社,1999.

［37］ 石宝铱. 园林树木栽培学. 北京：中国建筑工业出版社,1999.

［38］ 田如男,祝遵凌. 园林树木栽培学. 南京：东南大学出版社,2000.

［39］ 王慷林. 观赏竹类［M］. 北京：中国建筑工业出版社,2004

［40］ 吴征镒. 中国被子植物科属综论［M］. 北京：科学出版社,2003.

［41］ 向其柏. 中国桂花［M］. 长春：吉林科技出版社,2002.

［42］ 夏稀纳,丁梦然. 园林观赏树木病虫害无公害防治［M］. 北京：中国农业出版社,2004.

［43］ 熊济华. 观赏树木学［M］. 北京：中国农业出版社,1998.

［44］ 杨继. 植物生物学［M］. 2 版. 北京：高等教育出版社,2007.

［45］ 杨康民. 中国桂花集成［M］. 上海：上海科学技术出版社,2005.

［46］ 杨先芬. 花卉文化与园林观赏［M］. 北京：中国农业出版社,2005.

［47］ 叶创新. 植物学(系统分类部分)［M］,广州：中山大学出版社,2000.

［48］ 余树勋,吴应样. 花卉词典［M］. 北京：农业出版社,1993.

［49］ 威德奎. 园林树木学［M］. 北京：中国建筑工业出版社,2007.

［50］ 张天鳞. 园林树木 1200 种［M］. 北京：中国建筑工业出版社,2005.

［51］ 张艳芳. 梅花欣赏栽培 166 问［M］. 北京：中国农业出版社,2007.

［52］ 张福民. 树木定植施工常识. 北京：中国林业出版社,1984.

［53］ 郑万钧. 中国树木志［M］. 北京：中国林业出版社,1983—2006.

［54］ 周维权. 中国古典园林史(2 版)［M］. 北京：清华大学出版社,1999.

［55］ 朱太平,刘亮,朱明. 中国资源植物［M］. 北京：科学出版社,2007.

［56］ 庄雪影. 园林树木学［M］. 武汉：华南理工大学出版社,2002.

［57］ 卓丽环. 园林树木学［M］. 北京：中国农业出版社,2004.

［58］ 自然探索与创新网站 http://nature. sdu. edu. cn.

［59］ 中国数字植物标本馆 http://www. cvh. org. cn.

［60］ 中国植物物种信息数据库 http://www. plants. csdb. cn.